高等职业教育集成电路类专业新形态教材

集成电路设计与仿真项目教程

主　编　李　亮

副主编　邓建平

参　编　吴　尘　　刘　坤　　瞿　敏

机械工业出版社

CHINA MACHINE PRESS

本书主要介绍集成电路设计与仿真，涵盖晶体管级数字集成电路与模拟集成电路设计。内容包括集成电路设计认知、MOS 晶体管认知、CMOS 反相器设计与仿真、静态组合逻辑门设计与仿真、时序逻辑门设计与仿真、动态逻辑门设计与仿真、电流镜设计与仿真、单管放大器设计与仿真、运算放大器设计与仿真、电压基准源设计与仿真等。内容安排上实现了理论与实践衔接，由浅入深，循序渐进，使读者能够获得对集成电路设计更深层次的理解。选用的实践项目源自企业通用设计，由简单到复杂，逐步升级。每个项目都配有电子资源、讲解视频和详细的实施步骤，方便读者学习与应用。

本书可作为职业本科、高职高专集成电路设计课程的教材，也可作为集成电路设计开发人员和爱好者的参考书。

本书配有微课视频，扫描二维码即可观看。另外，本书配有电子课件，需要的教师可登录机械工业出版社教育服务网（www.cmpedu.com）免费注册，审核通过后下载，或联系编辑索取（微信：13261377872，电话：010-88379739）。

图书在版编目（CIP）数据

集成电路设计与仿真项目教程 / 李亮主编. -- 北京：
机械工业出版社, 2025. 6. --(高等职业教育集成电路
类专业新形态教材). -- ISBN 978-7-111-77967-4

Ⅰ. TN402；TN79

中国国家版本馆 CIP 数据核字第 2025YQ7793 号

机械工业出版社（北京市百万庄大街 22 号　邮政编码 100037）
策划编辑：和庆娣　　　　　　　　责任编辑：和庆娣
责任校对：刘　雪　张慧敏　景　飞　封面设计：王　旭
责任印制：张　博
北京建宏印刷有限公司印刷
2025 年 6 月第 1 版第 1 次印刷
184mm × 260mm · 15.25 印张 · 385 千字
标准书号：ISBN 978-7-111-77967-4
定价：65.00 元

电话服务　　　　　　　　　　网络服务
客服电话：010-88361066　　　机 工 官 网：www.cmpbook.com
　　　　　010-88379833　　　机 工 官 博：weibo.com/cmp1952
　　　　　010-68326294　　　金 书 网：www.golden-book.com
封底无防伪标均为盗版　　　机工教育服务网：www.cmpedu.com

前　言

党的二十大报告指出："构建新一代信息技术、人工智能、生物技术、新能源、新材料、高端装备、绿色环保等一批新的增长引擎。"集成电路产业是国民经济和社会发展的先导性、基础性、战略性产业，不仅是电子信息产业的核心，更是现代科技的重要组成部分。

本书从集成电路的发展讲起，逐步深入探讨其发展历程和现状，帮助读者对集成电路设计平台和 EDA 工具有全面的认识。详述了集成电路的分类、发展、应用以及集成电路设计流程，并探讨了摩尔定律和比例缩小法则。在详细阐述 MOS 晶体管的工作原理的基础上，把集成电路设计分为"数字集成电路设计"和"模拟集成电路设计"这两部分展开讨论，确保项目清晰、任务明确。

在数字集成电路方面，从 CMOS 反相器开始，深入剖析了反相器的工作原理、阈值电压、电压转移特性等，并仿真验证。反相器的学习至关重要，只有学好反相器，才可以轻松学习后续的各种数字逻辑门电路。逻辑门电路分为组合逻辑门和时序逻辑门这两大类，对常用的组合逻辑门电路，如与非（或非）门、与或非（或与非）门、同或（异或）门、复杂逻辑门等，进行了电路结构分析，阐述其工作原理，并对关键组合门电路进行了功能仿真验证；对常用的时序逻辑门电路，如 SR 锁存器、D 锁存器、SR 触发器、D 触发器等，进行了电路结构分析，阐述其工作原理，并对关键时序门电路进行了功能仿真验证；对常用的动态逻辑门电路，如传输门动态 D 锁存器、真单相时钟动态 D 触发器、施密特触发器等，进行了电路结构分析，阐述其工作原理，并对关键动态门电路进行了功能仿真验证。

在模拟集成电路方面，在介绍电流镜电路基本原理的基础上，阐述了电流镜基准电路、电流镜的各种拓扑电路、偏置电路等的结构与工作原理，并对关键电流镜电路进行了功能仿真验证；放大器是模拟集成电路的重要单元，在深入理解其基本原理的基础上，阐述了单管共源、共漏、共栅放大器和差分放大器、运算放大器的电路结构与工作原理，并对关键放大器电路进行了功能仿真验证；电压基准源为芯片电路提供参考电压，至关重要，阐述了正、负温度系数电压电路、零温度系数自偏置带隙基准源、LDO 稳压器的电路结构与工作原理，并对关键电路进行了功能仿真验证。

本书共有 10 个项目，内容包括项目 1 集成电路设计认知；项目 2 MOS 晶体管认知；项目 3 CMOS 反相器设计与仿真；项目 4 静态组合逻辑门设计与仿真；项目 5 时序逻辑门设计与仿真；项目 6 动态逻辑门设计与仿真；项目 7 电流镜设计与仿真；项目 8 单管放大器设计与仿真；项目 9 运算放大器设计与仿真；项目 10 电压基准源设计与仿真。

　　教学安排上，"数字集成电路设计与仿真"可先学习项目 1 中任务 1.1 和任务 1.2，然后学习项目 2～项目 6；"模拟集成电路设计与仿真"可先学习项目 1 中任务 1.1 和任务 1.3，再学习项目 2，然后学习项目 7～项目 10。课时量允许的情况下，数字和模拟集成电路都学习。项目与任务安排层层推进，连贯性强，切莫跳跃式学习。

　　本书电路图中保留了绘图软件自带的符号，有些符号可能与国家标准中的符号不一致，读者可查阅相关资料。

　　本书由苏州市职业大学李亮担任主编，邓建平担任副主编，吴尘、刘坤和瞿敏担任参编。

　　由于编者水平有限，书中难免存在疏漏与不足之处，恳请读者批评指正。

编　者

二维码资源清单

名称	二维码	页码	名称	二维码	页码
2.2.4 实操训练-1		24	4.5.4 实操训练-2		96
2.2.4 实操训练-2		25	5.2.7 实操训练		117
2.3.3 实操训练		29	5.3.4 实操训练		122
2.5.5 实操训练		36	6.2.4 实操训练		130
3.3.5 实操训练-1		51	6.3.5 实操训练		140
3.3.5 实操训练-2		52	7.1.4 实操训练		150
3.4.6 实操训练		57	7.2.4 实操训练		155
3.5.3 实操训练		60	7.3.4 实操训练-1		160
4.3.8 实操训练		80	7.3.4 实操训练-2		161
4.4.6 实操训练		88	7.4.3 实操训练-1		164
4.5.4 实操训练-1		95	7.4.3 实操训练-2		165

（续）

名称	二维码	页码	名称	二维码	页码
8.2.5 实操训练-1		174	例 9-4		204
8.2.5 实操训练-2		176	例 9-5		205
例 8-1		178	例 9-6		206
例 8-2		180	例 9-7		207
例 8-3		182	例 9-8		208
例 8-4		184	例 9-9		209
8.3.9 实操训练-1		187	例 9-10		210
8.3.9 实操训练-2		188	例 9-11		212
例 9-1		193	10.1.4 实操训练-1		218
例 9-2		195	10.1.4 实操训练-2		220
9.1.4 实操训练		197	10.1.4 实操训练-3		221
9.2.3 实操训练		201	10.2.3 实操训练		223
例 9-3		202	10.3.4 实操训练		227

目　录　Contents

Contents 目录

项目8 单管放大器设计与仿真 ················· 168

项目9 运算放大器设计与仿真 ················· 191

项目10 / 电压基准源设计与仿真 ············· 215

参考文献 / ································· 231

项目 1 集成电路设计认知

【项目描述】

本项目从集成电路的发展讲起，逐步深入探讨集成电路的发展历程与现状，使读者熟悉集成电路设计平台和 EDA 工具，了解集成电路分类与封装类型。集成电路设计分为数字集成电路设计和模拟集成电路设计。在数字集成电路方面，本项目介绍了集成电路分类以及专用集成电路设计流程，论述了摩尔定律和比例缩小法则。在模拟集成电路方面，本项目介绍了模拟集成电路用途、现状、发展、分类与应用，重点阐述了模拟集成电路设计流程。

【项目导航】

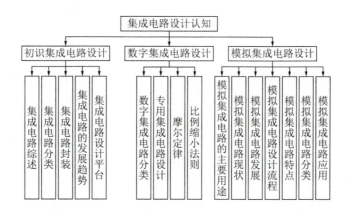

《国务院关于印发新时期促进集成电路产业和软件产业高质量发展若干政策的通知》（国发〔2020〕8号）指出：我国集成电路产业和软件产业快速发展，有力支撑了国家信息化建设，促进了国民经济和社会持续健康发展。为进一步优化集成电路产业和软件产业发展环境，深化产业国际合作，提升产业创新能力和发展质量，国家鼓励集成电路全产业链包括集成电路设计、装备、材料、制造、封装、测试等行业的可持续发展。

集成电路是信息产业的核心之一，是现代科技的重要组成部分。目前，各个国家都在加快集成电路产业的发展。而我国作为世界上最大的电子消费市场，也是全球最大的制造业中心之一，具有巨大的优势和潜力。然而，集成电路全产业链中存在的短板成为制约我国数字经济高质量发展的因素之一，仍存在一些亟须解决的问题。一是国内市场供给明显不足。二是我国集成电路产业人才匮乏。因此，我国要大力发展集成电路，提升国家核心竞争力。

集成电路产业是国民经济和社会发展的先导性、基础性、战略性产业。因此，我辈当刻苦努力学习集成电路专业知识，为国家的集成电路发展添砖加瓦。

任务 1.1 初识集成电路设计

【任务导航】

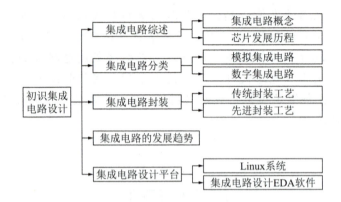

1.1.1 集成电路综述

集成电路（Integrated Circuit，IC）是一种微型电子器件或部件。将晶体管、电阻、电容和电感等元器件及布线集成于一小块或几小块半导体晶片或介质基片上，并封装在管壳内，成为具有一定电路功能的芯片（Chip）。

芯片是一种集成电路，可以将其比作电子设备的大脑，芯片上的元件可以执行各种任务，例如处理信息、存储数据、执行计算和控制操作等。芯片广泛应用于数据处理、存储、控制、通信和感知等领域，是计算机、手机、汽车等设备处理数据、执行算法和运行软件程序的核心。芯片具有高度的集成度，它在一个小的物理空间内集成了大量的电子元器件和电路，可能包含数十亿的元器件，形成复杂的电路结构。芯片如此重要和复杂，因此了解芯片的发展史是必要的，表 1-1 所示为芯片发展历程。

表 1-1 芯片发展历程

名称	时间		事件
第一代芯片	1958 年	基于晶体管的集成电路	德州仪器公司的杰克·基尔比成功研制出世界上第一块基于晶体管的集成电路。2000 年，基尔比因集成电路的发明被授予诺贝尔物理学奖
第二代芯片	20 世纪 60 年代	集成电路芯片	仙童半导体公司的罗伯特·诺伊斯发明了一种将所有器件制作在单晶晶圆中的方法，从而使大规模生产集成电路成为可能
第三代芯片	1971 年	微处理器芯片	全球第一个微处理器 4004 由英特尔公司推出，采用的是 MOS 工艺，这是一个里程碑式的发明
第四代芯片	20 世纪 80 年代	超大规模集成电路芯片	64KB 动态随机存储器诞生，不足 $0.5cm^2$ 的硅片上集成了 14 万个晶体管，标志着超大规模集成电路（VLSI）时代的来临

（续）

名称	时间	事件
第五代芯片	21 世纪初	系统级芯片	系统级芯片（System on Chip，SoC），也称片上系统，是由多个具有特定功能的集成电路组合在一个芯片上形成的系统，包含完整的硬件系统，如处理器、存储器、各种接口控制模块等及其承载的嵌入式软件

1.1.2　集成电路分类

集成电路根据其功能、制造工艺、导电类型、应用领域等不同，有多种分类方式。表 1-2 所示为一些常见的集成电路分类。

表 1-2　常见的集成电路分类

分类方式	名称	应用
功能	数字集成电路	主要用于数字信号处理，包括逻辑门、寄存器、计数器等
	模拟集成电路	主要用于模拟信号处理，包括放大器、滤波器、模拟-数字转换器等
	混合集成电路	结合了数字电路和模拟电路功能，用于数字与模拟信号的转换和处理
制造工艺	半导体集成电路	在硅基片上制作包括电阻、电容、晶体管、二极管等元器件且具有某种电路功能的集成电路
	膜集成电路	在玻璃或陶瓷片等绝缘物体上，以"膜"的形式制作电阻、电容等无源元件
	混合集成电路	在无源膜电路上外加半导体集成电路或分立元器件的二极管、晶体管等有源器件，使之构成一个整体
导电类型	双极型集成电路	制作工艺复杂，功耗较大，代表集成电路有 TTL、ECL 等类型
	单极型集成电路	制作工艺简单，功耗也较低，易于制成大规模集成电路，代表集成电路有 CMOS、NMOS、PMOS 等类型
应用领域	通用集成电路	如放大器、稳压电路、AD/DA 等，适用于多种应用领域
	专用集成电路	针对特定应用领域设计的集成电路

　　说明：本书主要介绍 CMOS 数字集成电路和 CMOS 模拟集成电路。

1.1.3　集成电路封装

集成电路封装（Package）是把集成电路装配为芯片最终产品的过程，它把生产出来的晶圆（Wafer）划片切割成集成电路裸片（Die），并放在一块起承载作用的基板上，把引脚引出来，然后固定包装成为一个整体，如图 1-1 所示。

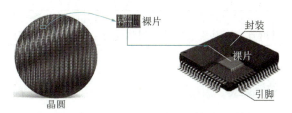

晶圆　　　裸片　　　封装　　　裸片　　　引脚

图 1-1　集成电路封装流程

集成电路封装不仅起到集成电路芯片内键合点与外部进行电气连接的作用，而且为集成电路芯片提供了一个稳定可靠的工作环境，对集成电路芯片起到机械和环境保护的作用，从而使集成电路芯片能够发挥正常的功能，并保证其具有高稳定性和可靠性。总之，集成电路封装质量对其总体性能的影响很大。封装应具有较强的力学性能和良好的电气性能、散热性能和化学稳定性。

芯片封装技术已经历了数代的演进，从最初的双列直插式封装（Dual In-line Package，DIP）、四侧引脚扁平封装（Quad Flat Package，QFP）、插针网格阵列封装（Pin Grid Array，PGA）、球栅阵列封装（Ball Grid Array，BGA），发展至芯片尺寸封装（Chip-Scale Package，CSP），直至现在的多芯片组件（Multi-Chip Module，MCM）。每一代技术都在性能指标上取得了显著的进步，芯片面积与封装面积的比例不断接近 1∶1，适用的频率范围持续提升，耐温性能也得到了显著增强。随着引脚数量的增加和引脚间距的缩小，封装的重量减轻，可靠性得到提高，使得芯片的使用变得更加便捷。

封装主要分为插装型和表面贴装型两种。从结构方面看，封装由最早期的晶体管封装（Transistor Outline，TO）发展到双列直插式封装，再发展到现在的先进封装形式。表 1-3 所示为集成电路封装形式。

表 1-3　集成电路封装形式

分类	封装形式	说明
传统封装	TO	是一种直插式封装形式，常见于大功率晶体管和中小规模集成电路
	DIP	插装型封装之一，引脚从封装两侧引出，封装材料有塑料和陶瓷两种
	SOP	表面贴装型封装之一，引脚从封装两侧引出呈海鸥翼状（L 字形）。材料有塑料和陶瓷两种
	QFP	表面贴装型封装之一，引脚从四个侧面引出呈海鸥翼状（L 字形）。基材有陶瓷、金属和塑料三种
	PGA	插装型封装之一，其底面的垂直引脚呈阵列状排列，封装基材基本上都采用多层陶瓷基板
	BGA	表面贴装型封装之一。在印制基板的背面按阵列方式制作出球形凸点用以代替引脚，在印制基板的正面装配芯片，然后用模压树脂或灌封方法进行密封
先进封装	FC	是一种先进的集成电路封装技术。在传统封装技术中，芯片被封装在底部，并通过金线连接到封装基板上。而 FC 技术则将芯片直接翻转并安装在封装基板上，然后使用微小的焊点或导电胶水将其连接
	2.5D	可以实现多个芯片的高密度线路连接，集合成为一个封装。多裸片堆叠并排放置在具有硅通孔的中介层顶部，中介层是先进封装中多芯片模块传递电信号的管道
	3D	在芯片内部直接制作中介层，从而实现芯片之间的垂直互连
	WLP	晶圆级封装，是指晶圆切割前的工艺，分为扇入型晶圆级芯片封装和扇出型晶圆级芯片封装，其特点是在整个封装过程中，晶圆始终保持完整
	Chiplet	可实现多维异质集成功能，通过并排或堆叠的方式对多颗裸芯片进行高密度互连，并集成到同一封装模块中，进而提高集成电路系统的集成度

1.1.4　集成电路的发展趋势

集成电路的发展趋势主要体现在技术创新、应用领域的不断扩展，以及面临的挑战和机遇。

（1）技术创新

集成电路的发展是一个不断创新和突破的过程。从最初的简单电路到现在的复杂系统，集成电路技术的进步不仅推动了电子设备的发展，也对人类社会的各个方面产生了深远的影响。例如，纳米技术的应用、三维集成、第三代半导体新材料的应用等，这些技术创新不仅提高了电路的性能，还降低了功耗，提高了集成度。

（2）应用领域的不断扩展

集成电路的应用领域正在不断扩展，除了传统的数字集成电路，模拟集成电路、混合信号集成电路、射频集成电路等也得到了广泛的应用。同时，集成电路在汽车电子、医疗设备、物联网等领域也发挥着越来越重要的作用。

（3）面临的挑战和机遇

尽管集成电路技术取得了巨大的成功，但在发展中仍面临一些挑战，如物理尺寸的极限、功耗问题、安全性问题等。为了应对这些挑战，研究人员正在探索新的材料、设计和制造技术。随着人工智能、物联网等新兴技术的发展，集成电路的应用领域将继续扩大，其发展趋势也将更加多元化。

随着技术的不断进步和应用领域的扩展，集成电路产业将继续保持快速发展的趋势，同时也会面临许多新的挑战和机遇。现在，我国非常重视集成电路产业的发展，集成电路产业是一个全球高效协调、彼此制约、共同发展的一个高科技支柱性产业，任何一个国家都很难独立支配，需要协同共进，建立良好的全球发展态势，实现互惠互赢。

1.1.5　集成电路设计平台

集成电路设计使用专业电子设计自动化（Electronic Design Automation，EDA）工具，而这些工具的运行环境一般为 UNIX/Linux 系统。本书所介绍的设计平台基于 Linux 系统。下面介绍 Linux 系统和集成电路设计软件的应用。

1.　Linux 系统

在操作系统领域，Linux 是一个开源的、跨平台的、多用户的、多任务的操作系统，它具有高度的可定制性、稳定性和安全性，广泛应用于服务器、云计算、物联网、嵌入式设备等领域。

通常情况下，Linux 被打包成供个人计算机和服务器使用的 Linux 发行版，一些流行的主流 Linux 发行版包括 Debian（及其派生版本 Ubuntu、Linux Mint）、Fedora（及其相关版本 Red Hat Enterprise Linux）和 openSUSE 等。

（1）Linux 发展

Linux 的历史可以追溯到 1969 年，当时在贝尔实验室工作的肯·汤普森和丹尼斯·里奇共同开发了第一个 UNIX 操作系统。UNIX 成了早期计算机科学界和学术界的重要操作系统。然而，UNIX 是一种闭源的商业产品，使得它无法被广泛传播和修改。20 世纪 80 年代，理查德·斯托曼发起了 GNU 项目，旨在开发一个完全自由和开源的操作系统。GNU 项目虽然开发了许多组件，但缺少一个内核。

1991 年，来自芬兰的大学生林纳斯·托瓦兹开始开发一个名为 Linux 的内核，他将其发布为自由软件，并在互联网上共享。Linux 内核吸引了许多开发者的关注和贡献，逐渐发展成为一个稳定、高性能的操作系统核心。

Linux 内核与 GNU 项目的软件组件相结合，共同构建了现代的 Linux 操作系统。Linux 操作系统基于开源和自由软件的原则，允许用户自由地使用、修改和分发。

随着时间的推移，Linux 得到了广泛的支持和采用。它在服务器领域得到了广泛应用，成为互联网基础设施的关键组成部分。同时，Linux 也在个人计算机和移动设备领域得到了应用，如便携式计算机、智能手机和平板计算机等。

（2）常用 Linux 系统

Linux 的开放性和灵活性促进了各种发行版的兴起，如 Ubuntu、Debian、CentOS、Fedora 等，如图 1-2 所示。这些发行版提供了不同的用户界面、软件包管理工具和配置选项，以满足不同用户的需求。

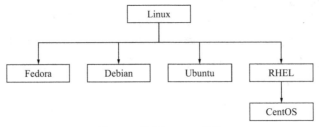

图 1-2　常用 Linux 系统

1）Fedora。Fedora 被誉为最好的 Linux 服务器发行版之一，它融合了商业 Linux 发行版开发的实验性技术，为用户提供更多可能性。

2）Debian。Debian 曾被誉为 Linux 发行版之王，也是目前最流行的 Linux 服务器发行版。它提供了稳定的服务器环境。

3）Ubuntu。Ubuntu 是一款基于 Debian 派生的产品，对新款硬件具有极强的兼容能力。Ubuntu 与 Fedora 都是极其出色的 Linux 桌面系统。

4）Red Hat Enterprise Linux（RHEL）。Red Hat Enterprise Linux 俗称红帽子，是目前最为广泛应用的 Linux 发行版本之一。Red Hat Enterprise Linux 是企业级 Linux 解决方案系列的旗舰产品。集成电路设计软件大部分的服务器系统主要基于 Red Hat Enterprise Linux 系统。

5）CentOS。CentOS 是一个社区支持的发行版本，它基于红帽子按照开源许可证发布的 RHEL 源代码，并去除了商标等商业信息后重构的版本。从产品特性和使用上来说，CentOS 和 RHEL 几无二致。由于 CentOS 的免费和兼容性，它在服务器领域赢得了广泛的用户和市场份额。

今天，Linux 是全球最受欢迎和广泛使用的开源操作系统之一。它在各个领域展示了强大的稳定性、安全性和可定制性，成为技术发展和创新的驱动力。同时，Linux 社区的开发者和用户继续努力改进和推动 Linux 的发展，使其保持在不断演化和前进的状态。

（3）Linux 常用命令

如果要学习好集成电路设计，必须熟悉设计软件和 Linux 系统。这里先学习 Linux 系统命令。打开终端（Terminal），可以在其中执行各种命令。Linux 系统包含了很多日常用到的命令（有 2000 多条）。Linux 常用命令如表 1-4 所示。

表 1-4　Linux 常用命令

命令	功能	例子
cd	改变目录	cd/home/muluming; cd muluming
pwd	判定当前目录	pwd
ls	查看当前目录下内容	ls; ls-a; ls-l
touch	创建文件	touch wenjianming
mkdir	创建目录	mkdir muluming
cp	复制	cp wenjian xinwenjian; cp-r mulu xinmulu
mv	移动	mv jiuwenjian xinwenjian; mv-r mulu xinmulu
rm	删除	rm wenjianming; rm-r muluming
tar	打包	tar-cvf tarming.tar wenjian; tar-cvf tarming.tar mulu
	解包	tar-xvf tarming.tar; tar-xvf tarming.tar-C mulu
zip	压缩，与 tar 联用	tar-czvf tarming.tar wenjian; tar-czvf tarming.tar mulu
	解压缩，与 tar 联用	tar-xzvf tarming.tar; tar-xzvf tarming.tar-C mulu

2. EDA 工具

（1）集成电路设计 EDA 软件

EDA 是集成电路（IC）设计必需的，也是最重要的软件设计工具，EDA 产业是 IC 设计的上游产业。经过多年发展，从仿真、综合到版图，从前端到后端，从模拟到数字再到混合设计，以及后面的工艺制造等，现代 EDA 工具几乎涵盖了 IC 设计的方方面面，其功能十分全面。EDA 软件可以粗略地划分为前端设计软件、后端设计软件和物理验证软件，各个软件之间有所重合。

目前国内从事 EDA 研究的公司主要有华大九天、芯禾科技、广立微、博达微、芯愿景、圣景微、技业思等。全球 IC 设计 EDA 产业竞争格局主要由 Cadence、Synopsys 和西门子旗下的 Mentor Graphics 主导。

（2）Virtuoso 设计工具

集成电路的蓬勃发展有赖于 EDA 工具。众多设计工具中，Cadence 系列工具占据了主导地位，它几乎涵盖了电子设计的方方面面。Virtuoso 设计平台是 Cadence 旗下的一款设计软件，Virtuoso 设计平台是一套全面的系统，为定制模拟、射频和混合信号电路提供了极其迅速而精确的设计方式。Virtuoso 的模拟电路设计平台是一个全定制的模拟电路设计与仿真环境，用于仿真和分析全定制、模拟电路和射频集成电路设计。模拟电路设计环境有图形用户界面、集成波形显示和分析、分布式处理等，包括原理图编辑器、版图编辑器、设计规则检查器（DRC）、版图原理图（LVS）验证器、寄生参数提取（RCX）工具等。

（3）Spectre 仿真验证工具

Spectre Circuit Simulator 是由 Cadence 开发的一款电路仿真工具，用于分析和验证集成电路设计，可为模拟、射频（RF）和混合信号电路提供快速、准确的仿真。它与 Cadence Virtuoso 定制设计平台紧密集成，并在多个领域提供详细的晶体管级分析。

（4）华大九天 EDA

华大九天模拟电路设计全流程 EDA 工具系统，包括原理图编辑工具、版图编辑工具、电路仿真工具、物理验证工具、寄生参数提取工具和可靠性分析工具等，为用户提供了从电路到版图、从设计到验证的一站式完整解决方案。

3. 虚拟机 Vmware 安装 Linux 系统与设计软件

目前，集成电路设计软件大多数安装在 Linux 服务器里。为了学习的便利，可以采用虚拟机 Vmware 来安装集成电路设计软件。首先安装虚拟机 Vmware，然后在虚拟机里安装 Linux 系统，再在 Linux 系统里安装集成电路设计软件。

任务 1.2　数字集成电路设计

【任务导航】

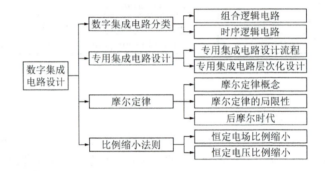

1.2.1　数字集成电路分类

数字集成电路是将元器件和连线集成于同一半导体芯片上而制成的数字逻辑电路或系统。根据数字集成电路中包含的逻辑门电路或元器件数量，可将数字集成电路分为小规模集成电路（Small Scale Integrated circuits，SSI）、中规模集成电路（Medium Scale Integrated circuits，MSI）、大规模集成电路（Large Scale Integrated circuits，LSI）、超大规模集成电路（Very Large Scale Integrated circuits，VLSI）和特大规模集成电路（Ultra Large Scale Integrated circuits，ULSI）。

（1）结构分类

数字集成电路按电路结构来分，可分成 TTL 和 CMOS 两大系列。

1）TTL 数字集成电路。TTL 数字集成电路是利用电子和空穴两种载流子导电的，所以又称作双极性电路。

2）CMOS 数字集成电路。CMOS 数字集成电路是只用一种载流子导电的电路。其中电子导电的称为 NMOS 晶体管电路；空穴导电的称为 PMOS 晶体管电路；用 NMOS 及 PMOS 组成的电路，则称为 CMOS 电路。

CMOS 数字集成电路与 TTL 数字集成电路相比，有许多优点，如工作电源电压范围宽，静态功耗低，抗干扰能力强，输入阻抗高，成本低等。因而，CMOS 数字集成电路得到了广泛的应用。

（2）功能分类

数字集成电路按照逻辑功能，可分成组合逻辑电路和时序逻辑电路两大类，如表 1-5 所示。在组合逻辑电路中，任意时刻的输出仅取决于当时的输入，而与电路以前的工作状态无关；在时序逻辑电路中，任意时刻的输出不仅取决于该时刻的输入，还与电路原来的状态有关。这两类逻辑电路是数字集成电路的基础和核心，本书将重点讲解。

表 1-5 按逻辑功能分类

名称	逻辑门电路
组合逻辑电路	各种逻辑门电路：反相器（Inverter）、与非门（NAND）、或非门（NOR）、与门（AND）、或门（OR）、缓冲器（Buffer）、多路选择器（MUX）、异或门（XOR）、同或门（XNOR）、与或非门（AOI）、或与非门（OAI）、加法器（Adder，包括全加器和半加器） 其他功能电路：Clock 时钟缓冲、编码器、译码器、量化器、乘法器等
时序逻辑电路	触发器（Flip-Flop）：SR 触发器、D 触发器、JK 触发器、T 触发器等。按功能分类：复位、置位、复位/置位端组合、单端输出或双端输出、单沿触发或双沿触发等 锁存器（Latch）：SR 锁存器、D 锁存器等，一般是电平触发。其电路结构一般是对应触发器的一半电路，其中包括功能类型与 D 触发器类似 寄存器（Register）：数码寄存器、移位寄存器、计数器等

（3）工作模式

数字集成电路按照基本工作模式可分成静态电路和动态电路两大类。静态电路分为标准 CMOS 电路（完全互补型）、传输门逻辑电路、传输晶体管逻辑电路等。动态电路分为多米诺动态逻辑电路、C^2MOS 动态逻辑电路、真正的单相时钟逻辑电路（TSPC）等。

具体的组合逻辑电路和时序逻辑电路不胜枚举。由于它们的应用十分广泛，所以都有标准化、系列化的集成电路产品，通常把这些产品称为通用集成电路。与此相对应，把那些为专门用途而设计制作的集成电路称为专用集成电路（ASIC）。

1.2.2 专用集成电路设计

专用集成电路芯片设计分为前端设计和后端设计。前端设计（也称逻辑设计）和后端设计（也称物理设计）并没有统一严格的界限，与工艺有关的设计就是后端设计。

（1）专用集成电路设计流程

专用集成电路设计流程如图 1-3 所示，采用自顶向下的设计过程。尽管用线性流程图简化了设计过程，但实际上在相邻的两步之间，有时甚至在相距较远、相互独立的两部分之间也会有许多重复。数字专用集成电路设计往往将自顶向下与自底向上的方法结合起来。

专用集成电路设计流程主要包括以下几个阶段。

1）需求分析：这是设计的起点，设计团队与用户合作，明确需求和功能要求。团队需要深入了解应用场景，分析系统的要求和限制，明确性能指标和功耗要求等。

2）设计阶段：基于需求分析的结果，设计团队使用硬件描述语言（如 VHDL 或 Verilog）进行逻辑设计，完成电路的功能设计和结构设计。设计的输出是硬件描述代码，描述电路的逻辑和结构。

3）验证阶段：使用仿真工具对设计进行验证，模拟电路的行为和逻辑，验证电路的正确性和性能。此外，还可以使用形式验证工具进行形式验证，确保电路的功能和逻辑正确。

4）布局布线阶段：将电路的逻辑模型转化为物理布局，包括版图设计和布线设计。目标是最小化电路的面积和功耗，并满足电路的时序和容忍度要求。

5）制造阶段：将电路的版图发送给制造厂进行制造。制造过程包括掩膜制作、晶圆制造、掩膜印刷和封装等步骤。

6）测试阶段：芯片经过测试以验证其功能和性能是否符合设计要求。测试方法包括功能测试、性能测试和可靠性测试等，确保芯片的质量和稳定性。

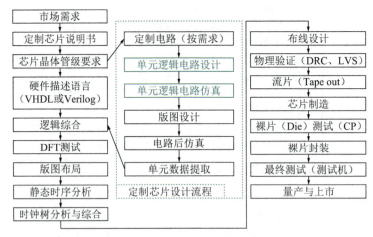

图 1-3　专用集成电路设计流程

专用集成电路的特点在于其高度集成性，此外，专用集成电路的使用还能有效降低系统的成本，为了提高系统的性能和效率，采用定制知识产权（Intellectual Property，IP）芯片。图 1-3 虚线框中为定制芯片设计流程，其中单元逻辑电路设计与单元逻辑电路仿真为本书主要介绍的内容。

定制芯片关键流程主要包括以下几个步骤。

1）电路设计：根据定制电路需求选择合适的电路结构，根据电路结构选择元器件的组合与尺寸，根据环境确定负载类型和大小。

2）电路前仿真：验证设计电路的功能是否符合需求，同时提供电路参数修改的依据，并根据模拟结果得到版图设计的关键要素，如关键信号线的 Metal 层次、线宽等。

3）电路后仿真：验证设计电路的性能是否符合需求，后仿真包括 RC 分布参数提取和仿真，时序信息更为准确。

4）模型数据抽取：提供后端物理设计所需的各类视图（Views）文件（包括 CDL、GDS、LEF、Lib、Verilog HDL 等）。

（2）专用集成电路层次化设计

1）系统级设计：系统级设计就是制定系统规格，即在明确需求后，将需求转化为芯片的规格指标，然后形成芯片规格说明书，详细描述这款芯片的功能、性能、尺寸、封装、应用等内容。接着，研发人员制定设计解决方案和具体实现架构，进一步划分模块功能。

2）模块级设计：模块级设计包括创建和划分功能模块，以及定义接口、时序、性能、面积和功率限制。模块级设计需要使用硬件描述语言（Hardware Description Language，HDL）搭建功能模块。对于数字电路，这个阶段称为寄存器传输级（Register Transfer Level，RTL）设计，通常是用 Verilog 来进行；对于模拟电路，使用 Spectre 或 Hspice 软件进行设计。功能模块搭建完成后，随即进行逻辑功能的仿真验证（称之为前仿真），这是确保芯片功能性和正确性的关键步骤。

3）逻辑门级设计：门级设计又称逻辑综合，其结果就是把设计实现的 HDL 代码转化成门级网表。在逻辑综合时，必须加入设定的约束条件，也就是综合出来的电路要在面积、时序等目标参数上达到的标准。逻辑综合需要基于特定的综合库,不同库的门电路基本标准单元,其面积和时序参数是不一样的。所以,选用的综合库不一样,综合出来的电路在时序、面积上是有差异的。一般来说,综合完成后需要再次做仿真验证(称之为后仿真)。

4)晶体管级设计:逻辑门级电路设计好以后,需要通过具体的晶体管级电路来实现逻辑功能。

图 1-4 所示为专用集成电路层次化设计。在每一个设计层次上,一个复杂芯片的内部细节可以被逐级细化为具体的逻辑门级电路与晶体管级电路,本书专注于晶体管级设计。

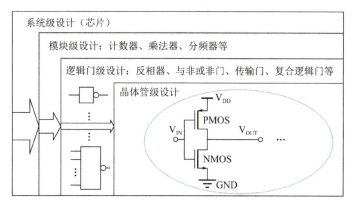

图 1-4　专用集成电路层次化设计

1.2.3　摩尔定律

(1)摩尔定律概念

摩尔定律是英特尔创始人之一戈登·摩尔的经验之谈,其核心内容为:集成电路上可以容纳的晶体管数目,每经过 18~24 个月便会增加一倍。换言之,处理器的性能大约每两年翻一倍,同时价格下降为之前的一半。

摩尔定律所揭示的就是集成电路上的晶体管特征尺寸在不断缩小,所集成的晶体管数量呈指数增加。1971 年,第一款商用微处理器 Intel 4004 问世,它采用 10μm 工艺制程,有 2250 个晶体管。现在,最先进的工艺制程达到了 5nm,单一芯片上集成的晶体管的数量已经达到 1000 亿个。单一芯片上有更多的晶体管和元器件,这意味着计算能力更强、效率更高和功能更复杂。摩尔定律的一个必然结果是计算成本下降,从而使半导体能够在广泛的技术范围内得到采用。速度更快、成本更低,这正是摩尔定律的核心所在。

图 1-5 所示为微处理器芯片集成的晶体管数量随年份变化的趋势图,验证了摩尔定律的正确性。注意图中纵坐标单位是非线性的,是 10 倍跨度,因此是指数增长。

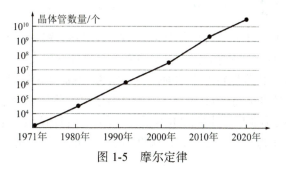

图 1-5　摩尔定律

（2）摩尔定律的局限性

虽然在过去的五十多年间，摩尔定律使单个芯片上集成的晶体管数量从几千个增加到几百亿个，对半导体、计算机行业发展产生了举足轻重的作用，但摩尔定律的局限性也日益凸显，甚至致使摩尔定律终结。

摩尔定律正接近基本的物理极限。随着芯片集成度越来越高，晶体管尺寸越来越小。但是物理元器件不可能无限缩小。当元器件尺寸缩小到了分子或原子量级（0.5nm），仅需少量电子或单个电子就可完成信号处理功能，此时基于统计分布理论的描述已经失效，而小尺寸下的量子效应开始显现，如量子限制效应、量子隧穿、量子干涉和库仑阻塞效应等。此时，如何定义1和0也成为一个大问题。传统的物理学将不再适用，而是进入到神秘的量子领域。

另外，超微纳尺度下光刻工艺挑战、高集成度下互连信号传输延迟、器件小尺寸下隧道效应引起的漏电流增加、高集成度下芯片功耗和散热问题、未来芯片设计和制造高额投入的经济成本限制等多种因素都制约着摩尔定律。

（3）后摩尔时代

过去的半个多世纪，半导体行业一直遵循着摩尔定律的轨迹高速地发展。如今半导体制造工艺节点已经来到了5nm，借助于EUV光刻等先进技术，正在向3nm甚至更小的节点推进，每前进1nm，都需要付出巨大的努力，单纯靠提升工艺来增强芯片性能的方法，已难以满足时代的需求，尽管经济、技术、物理等多方面的制约使得摩尔定律一再被宣称已达到极限，但摩尔定律仍向前推进，迎来了后摩尔时代。

为了推动摩尔定律在未来持续有效，中芯国际、英特尔、台积电等公司和许多科研机构积极研究纳米线晶体管、碳纳米管晶体管、石墨烯晶体管、第三代半导体材料（GaN、GaAs、SiC等）的晶体管技术，同时致力于硅芯片的3D堆叠、高密度内存、下一代极紫外（EUV）光刻技术、异质集成、Chiplet、自旋电子、光子芯片、神经元计算等前沿技术，寻求突破瓶颈。后摩尔时代高速低功耗芯片的关键新材料与新架构三维异质集成，为开发突破硅基晶体管极限的未来芯片技术带来新机遇。

在后摩尔时代，技术路线基本按照两个不同的维度继续推进。

1）More Moore：继续延续摩尔定律的精髓，以缩小数字集成电路的尺寸为目的，同时器件优化重心兼顾性能及功耗。

2）More than Moore：芯片性能的提升不再靠单纯的堆叠晶体管，而更多地靠电路设计以及系统算法优化；同时，借助于先进封装技术，实现异质集成，即把依靠先进工艺实现的数字芯片模块和依靠成熟工艺实现的模拟/射频等模块集成到一起，以提升芯片性能。

1.2.4 比例缩小法则

比例缩小法则是在集成电路设计时经常应用的一个规则，跟摩尔定律类似，也是人为总结出来的微电子工艺发展的一个规律，只是其更客观，有物理理论支撑。具体来说，"比例缩小"是指，在电场强度和电流密度保持不变的前提下，如果MOS晶体管的尺寸和电压、电流缩小到 $1/k$，有源区的掺杂浓度提高k倍，那么晶体管的延迟时间将缩短为原来的 $1/k$，功耗降低为原来的 $1/k^2$。k为比例缩小系数。其中，MOS晶体管的尺寸包括沟道长度（即特征尺寸）、栅长（沟道宽度）、栅氧化膜的厚度等。显然，按比例缩小后，能提升集成电路的性能，并且降低功耗，而且晶体管的尺寸减小了，整个芯片占用的面积也会减小，降低了成本。

比例缩小法则的一个前提是保持电场强度恒定不变，因此它也称"恒定电场比例缩小"，这是一种理想化的全方位按比例缩小的模型。实际上使用的是"恒定电压比例缩小"，即只有元器件的尺寸缩小，电压保持不变。

（1）恒定电场比例缩小

恒定电场比例缩小方式中，MOS 晶体管内部电场强度保持不变，而各尺寸按因子 S 缩小。为了实现这个目的，所有电位必须以同一收缩因子按比例减小。因而电源电压和所有的端点电压都随器件尺寸的减小而按比例减小，但是在许多情况下，减小电压并不切实际。特别是，外围器件和接口电路往往要求输入和输出电压达到特定电平，这就需要增加多个电源电压和多电平转换器。

（2）恒定电压比例缩小

在恒定电压比例缩小方式中，MOS 晶体管的所有尺寸都按因子 S 减小，但电源电压和端点电压保持不变。为了保持电荷与电场的关系，掺杂浓度必须按因子 S^2 增大。表 1-6 所示为特征尺寸、电压和掺杂浓度的恒定电压比例缩小。

表 1-6   恒定电压比例缩小

参数	缩小前	缩小后
特征尺寸	W，L，t_{ox}，x_j	按 S 减小（$W' = W/S,\cdots$）
电压	V_{DD}，V_{TH}	不变
掺杂浓度	N_A，N_D	按 S^2 增大（$N'_A = S^2 N_A,\cdots$）

任务 1.3   模拟集成电路设计

【任务导航】

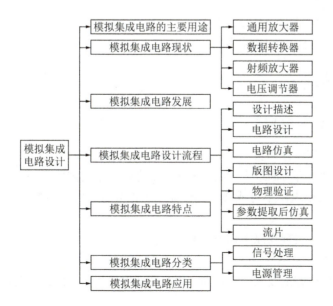

自然界的信号在时间和量方面的变化是连续的，比如风声、水流量、光强度等，这样的信号称为模拟信号。模拟信号是在时间和幅值上都连续的信号，数字信号则是时间和幅值上都不连续的信号。模拟芯片是处理外界信号的第一关，所有数据的源头是模拟信号，模拟芯片专用于处理模拟信号。外界信号经传感器转化为模拟电信号后，在模拟芯片构成的系统里进行进一步的放大、滤波等处理。处理后的模拟信号既可以通过模/数转换器（ADC）输出到数字系统进行处理，经过数字系统处理后，再重新经过数/模转换器（DAC）转换为模拟信号输出，也可以直接输出到后续电路。图 1-6 所示为模拟信号处理过程。

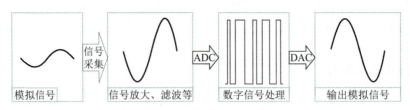

图 1-6　模拟信号处理过程

1.3.1　模拟集成电路的主要用途

模拟集成电路作为数字世界与现实世界的物理桥梁，主要分为信号链和电源链两类。

（1）信号链：连接现实世界与数字世界的桥梁

现实世界的信号以连续的线性信号方式出现，比如光、运动（位移、速度和加速度）、声音、压力等，而在数字世界中信号是瞬时变化的，比如数字芯片仅能识别地电压"0"和供电电压"1"两种状态，而不能识别介于两者之间的信号，因此需要由传感器收集信号，然后模拟芯片将这类可量化的信号转换为数字信号"0"和"1"，再交由数字芯片处理。主要包括线性产品放大器、转换器（ADC、DAC）、接口三大类。

（2）电源链：管理和分配电源

电源管理类产品可以提供电路保护，并为内部的各种电路模块提供稳定、适当的电压和电流，其包括四大类：

1）以市电 AC 为电源的 AC/DC 芯片。

2）以电池 DC 为电源的管理芯片。

3）通用负载解决方案（DC/DC 转换）。

4）特殊负载解决方案（LED 驱动）。

1.3.2　模拟集成电路现状

模拟集成电路在其设计和工艺技术的发展过程中，形成了独具特色的设计思想和工艺体系，在技术水平、产品种类等方面最大限度地满足了信息化技术的需要。在信息化的各类应用场景中，高性能的模拟集成电路不可或缺，其性能水平的高低常常决定着电子产品或系统的整体性能。

模拟集成电路现状表现在以下几个方面。

（1）通用放大器

应用对模拟集成电路的要求千差万别，因此在通用放大器方面，不仅开发出十余大类的模拟集成电路产品，每一大类下又包含了数百乃至数千种产品。这些产品种类丰富、性能各异，能充分满足各类应用场景的不同需求。

（2）数据转换器

数据转换器是模拟和数字混合信号处理电路。早在 1986 年，美国的 Gray 教授就提出"鸡蛋模型"，形象地表示了数字集成电路、模拟集成电路以及模拟/数字（A/D）转换电路、数字/模拟（D/A）转换电路间的关系。他把数字集成电路比作蛋黄，模拟集成电路比作蛋壳，A/D 和 D/A 转换电路则为连接二者的蛋清。可见，三者是一个有机整体，现实世界的非物理信号可以通过模拟电路以及 A/D 转换电路转换成数字信号进行加工处理，再由 D/A 转换电路和模拟电路转换为能被感知的模拟信号。在数据转换器方面，8～14 位 1～80MHz 高速 A/D 技术已很成熟，也可见到 16 位以上 30MHz 以上的 A/D 转换器。同时在 A/D 转换器中集成了多种功能模拟集成电路，如多路转换器、仪器放大器、采/保放大器等 A/D 转换器的子系统。

（3）射频放大器

射频采用 SiGe 双极技术，以满足应用的高性能要求。射频放大器可应用于通信收发机、通用增益放大系统、A/D 缓冲器、高速数据接口驱动器等。

（4）电压调节器

目前已有适用于 1.8～5V 电源的电压调节器。具有开关电流低、噪声低、静态电流极小的特点，即使在电池电源的额定电压下降到 0.2V 以下，仍有良好的调整性能，很适合电池供电系统，如蜂窝电话、无绳电话及需要长寿命电池供电的射频控制系统。

1.3.3　模拟集成电路发展

模拟集成电路发展当前呈现三个突出趋势：高性能分立元器件、模数混合和 SoC。模拟集成电路种类繁多，其性能要求也各不相同。追求更高的性能是模拟器件未来主要发展方向。可精简概括为"三升三降"，即速度、精度、效率持续提升，而功耗、尺寸与外围元器件数量不断下降。

模拟芯片发展趋势：对放大器而言，将向更高速度、更低噪声、更大动态范围等方向发展；对数据转换器而言，将向更高速度、更高精度等方向发展；在信号处理、射频电路、电源管理等领域，将向更高精度、速度与效率方向发展。同时功耗、尺寸及外围元器件数量则将不断下降。以手机为例，消费者要求更清晰的语音、更加绚丽的屏幕，同时还要有更长的待机时间，这些都给模拟元器件制造商提出了更高的要求，也为设计人员带来了更大的挑战。

随着工艺水平的提高，EDA 工具、工艺设计包（Process Design Kit，PDK）的完善以及设计水平的提高，模拟集成电路正在步入新的发展时代。为了保证最佳的系统性能、最高的可靠性、最小的体积和最低的成本，数字和模拟集成电路的设计及制造正在趋向于统一的加工平台，由单一的功能电路向系统级电路发展，这也是最具潜力的集成电路发展方向 SoC。SoC 是集成电路设计领域的一场革命，它从整个系统出发，把越来越多的电路设计在同一个芯片中，这里面可能包含中央处理器、嵌入式内存、数字信号处理器、数字功能模块、模拟功能模块、模/数转换器以及各种外围配置等。

我国集成电路产业经过多年的发展，现已形成良好的产业基础。我国消费电子产业保持快速增长，对集成电路产品需求大幅度增加，模拟集成电路可以作为我国未来集成电路发展的切入点。我国广阔的模拟集成电路应用市场，给模拟集成电路技术带来足够的发展空间。

1.3.4 模拟集成电路设计流程

模拟集成电路设计流程是从设计目标开始的，设计者在这个阶段就要明确设计的具体要求和性能参数。下一步是对设计电路进行模拟仿真以评估电路性能。这时可能要根据仿真结果对电路做进一步改进，反复进行仿真。一旦电路性能的仿真结果能满足设计要求，就需要进行电路版图设计。版图完成，经过物理验证，并将布局、布线形成的寄生效应考虑进来，再次进行仿真验证。如果仿真结果也满足设计要求就可以进行制造与封测。模拟集成电路设计流程如图 1-7 所示。

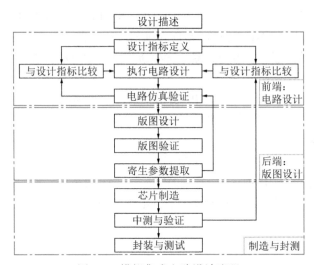

图 1-7　模拟集成电路设计流程

下面将详细介绍模拟集成电路设计流程中的关键阶段。

（1）设计描述

系统工程师把整个设计系统描述为只有输入/输出关系的"黑盒子"，不仅要对整个系统及其中的每一个子系统进行功能定义，还要提出时序、功耗、面积、信噪比等性能参数的范围要求。

（2）电路设计

设计工程师根据设计描述要求，选择合适的工艺库，并据此合理地构建系统架构。由于模拟集成电路的复杂性和多样性，目前还没有能够完全实现模拟集成电路设计自动化的工具，因此模拟集成电路的设计仍然依赖手工完成。

（3）电路仿真

设计工程师必须确认设计是否正确，为此要基于晶体管模型，借助 EDA 工具来进行电路仿真并对性能进行评估、分析。在这个阶段，需依据电路仿真结果调整晶体管参数，根据工艺库参数的变化来确定电路指标与性能，最终利用仿真结果指导后续的版图设计工作。

（4）版图设计

电路的设计与仿真虽决定了电路的组成及相关参数，但是它们并不能直接用于晶圆生产。设计工程师需要提供集成电路的物理几何描述，即"版图"，这个环节就是把设计的电路转换为图形描述文件。模拟集成电路通常是以全定制方法进行手工版图设计的，在设计过程中，设计工程师需要考虑设计规则、匹配性、噪声、干扰、寄生效应等对电路性能和可制造性的影响。

（5）物理验证

版图设计是否满足晶圆制造的可靠性需求，或者从电路转换到版图过程中是否引入了新的错误，这些问题需要进行版图物理验证。物理验证阶段，通过设计规则检查（Design Rule Check，DRC）和版图与电路原理图的比对（Layout Versus Schematic，LVS）可解决上述两类验证问题。DRC 用于保证版图在工艺上的可实现性，它以制造工厂给定设计规则为标准，对最小线宽、最小图形间距、孔尺寸、栅和源漏区的最小重叠面积等工艺限制值进行检查。LVS 用来保证版图设计与其电路设计的匹配。LVS 工具从版图中提取包含电气连接属性和尺寸大小的电路网表，然后与原理图得到的电路网表进行比较，检查两者是否一致。

（6）参数提取后仿真

在版图完成之前的电路仿真都是比较理想的仿真，不包含来自版图中的寄生参数，称为前仿真；加入版图中的寄生参数进行的仿真称为后仿真。模拟集成电路相对数字集成电路来说，对寄生参数更加敏感，前仿真的结果满足设计要求并不代表后仿真也能满足设计要求。在深亚微米阶段，寄生效应更加明显，后仿真分析将显得尤为重要。与前仿真一样，当结果不满足设计要求时，需要修改晶体管参数，甚至某些结构。对于高性能的设计，这个过程需要进行多次反复，直到后仿真满足系统的设计要求。

（7）流片

通过后仿真后，设计的最后一步就是导出版图数据（GDSII）文件，将该文件提交给晶圆制造工厂，就可以进行芯片制造了，这个过程称为"流片"。

1.3.5　模拟集成电路特点

模拟集成电路的设计过程是一个反复设计、验证、迭代的过程，这一过程塑造了设计工程师的经验积累过程中形成的设计。需要工程师参与过多个项目，经历流片、封测和量产等多次积累，因此模拟集成电路设计具有特殊性，其特点如下所述。

（1）应用领域繁杂

模拟集成电路按功能不同，可细分为线性器件、信号接口、数据转换、电源管理器件等诸多类别，各类别根据终端产品的性能需求，又有不同的系列，广泛渗透于当今的电子产品中。

（2）生命周期长

数字集成电路强调运算速度与成本比，必须不断采用新设计或新工艺；而模拟集成电路强调可靠性和稳定性，一经量产，往往具备长久生命力。

（3）人才培养时间长

模拟集成电路的设计需要综合考虑噪声、匹配、干扰等诸多因素，因此，要求其设计工程师既要熟悉集成电路设计和晶圆制造的工艺流程，又要熟悉大部分元器件的电特性和物理特性。加上模拟集成电路的辅助设计工具少、测试周期长等原因，一名优秀的模拟集成电路设计工程师往往需要 10 年甚至更长时间的经验积累。

（4）低价但稳定

模拟集成电路的设计更依赖于设计工程师的经验。与数字集成电路相比，在新工艺的开发或新设备的购置上资金投入更少，加之拥有更长的生命周期，单款模拟集成电路的平均价格往往低于同时代的数字集成电路。由于功能细分多，模拟集成电路市场不易受单一产业变动影响，因此价格波动幅度相对较小。

1.3.6 模拟集成电路分类

模拟集成电路从功能上又可划分为放大器、电源管理电路、模拟开关、数据转换器、射频电路等。表 1-7 所示为模拟集成电路分类。

表 1-7　模拟集成电路分类

分类	功能电路	
信号链	数据转换器	模/数转换器（ADC）、数/模转换器（DAC）
	放大器	运算放大器、仪表放大器、差分放大器、专用放大器
	接口电路	保护电路、隔离电路、传感检测电路、模拟开关与多路复用电路
	射频电路	振荡器、时钟发生器、锁相环（PLL）、射频收发器、混频电路
电源链	AC-DC	半波整流电路、全波整流电路
	DC-DC	非隔离 DC-DC、隔离 DC-DC
	驱动电路	LED 驱动、IGBT 驱动、功率晶体管驱动、GaN 驱动
	LDO	正线性稳压电路、负线性稳压电路
	电池管理	充电电路、电量监测、保护电路

根据输出与输入信号之间的响应关系，又可以将模拟集成电路分为线性集成电路和非线性集成电路两大类。线性集成电路的输出与输入信号之间的响应通常呈线性关系，即输出的信号形状与输入信号相似，但按固定系数被放大。非线性集成电路的输出信号对输入信号的响应则呈现非线性关系，如二次方关系、对数关系等，故称为非线性电路。常见的非线性集成电路有振荡器、定时器、锁相环电路等。

1.3.7 模拟集成电路应用

模拟集成电路主要应用于电子系统，实现对模拟信号的接收、混频、放大、比较、乘除运算、对数运算、模/数转换、采样-保持、调制-解调、升压、降压、稳压等功能。

模拟集成电路的典型应用如图 1-8 所示。输入温度、湿度、光强、压力、声音等各种传感器或天线采集的信号，经过模拟电路预处理（滤波、放大等）后，再经过 ADC 转换为合适的数字信号输入到数字系统中进行数字处理 (MCU、CPU、DSP 等)，经数字系统处理后的信号再通过 DAC，转换为声音、图像、无线电波等模拟信号进行输出。

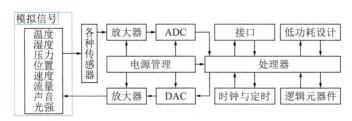

图 1-8　模拟集成电路的典型应用

习题

一、单选题

1）世界上第一个集成电路是在（　　）年，由德州仪器公司（TI）的工程师基尔比发明的。

A. 1945　　　　　B. 1946　　　　　C. 1947　　　　　D. 1958

2）以下（　　）是集成电路的特点。

A. 体积小　　　　B. 重量轻　　　　C. 可靠性高　　　　D. 以上均对

3）下列有关摩尔定律的表述中，不正确的一项是（　　）。

A. 当价格不变时，集成电路上可容纳的元器件的数目每隔 18～24 个月便会增加一倍，性能也将提升一倍

B. 集成电路的集成度每三年增长四倍

C. 每一美元所能买到的计算机性能，将每隔 18～24 个月翻一倍以上

D. 半导体芯片上集成的晶体管和电阻数量将每年增加一倍

4）以下（　　）封装形式不属于表面贴装型。

A. 双列直插　　　B. 芯片载体　　　C. 方型扁平　　　D. 球型

5）下列不属于芯片设计计算机辅助设计技术的是（　　）。

A. 高层次综合　　B. 逻辑综合　　　C. PCB 设计　　　D. 设计规则验证

二、多选题

1）主要的计算机操作系统有（　　）。

A. Windows　　　B. Linux　　　　C. UNIX　　　　D. Android

2）常用的 Linux 系统有（　　）。

A. Red Hat Linux　B. Fedora　　　C. CentOS　　　D. Ubuntu

3）主流集成电路设计软件有（　　）。

A. Cadence　　　B. Mentor　　　C. Synopsys　　　D. DXP

项目 2 MOS 晶体管认知

【项目描述】

    MOS 晶体管是集成电路的基本器件之一，本项目从 MOS 晶体管的结构开始，详细分析了阈值电压的作用及其影响因素、NMOS 晶体管和 PMOS 晶体管的电流 MOS 晶体管电容和模拟集成电路设计中常用的交流参数，并进行了仿真分析，使读者对 MOS 晶体管有完整的认识。

【项目导航】

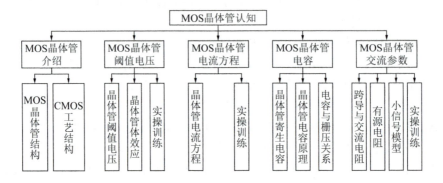

任务 2.1 MOS 晶体管介绍

【任务导航】

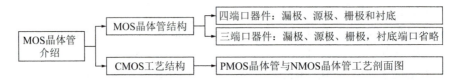

    集成电路设计离不开晶体管，常用的晶体管有三极晶体管和场效应晶体管。场效应晶体管（Field Effect Transistor，FET）主要有两种类型：结型场效应晶体管（Junction FET，JFET)和金属-氧化物半导体场效应晶体管（Metal-Oxide Semiconductor，MOS）。MOS 晶体管分为 PMOS 晶体管（P 型沟道）和 NMOS 晶体管（N 型沟道）。MOS 晶体管由多数载流子（电子或空穴）参与导电，也称为单极型晶体管；双极晶体管（BJT）的电子与空穴同时参与导电。MOS 晶体管属于电压控制型半导体器件，具有输入电阻高（$10^7 \sim 10^{15} \Omega$）、噪声小、功耗低、动态范围大、易于集成、无二次击穿、安全工作区域宽等优点。MOS 管的源极（Source）区和漏极（Drain）区是对称的并且可以对调的。在多数情况下，源极和漏极这两个区具有相同的特性，即使两端对调，也不会影响器件的整体性能。

2.1.1　MOS 晶体管结构

MOS 晶体管是具有漏极（D）、源极（S）、栅极（G）和衬底（B）的四端口器件。图 2-1 所示为 NMOS 晶体管结构。NMOS 晶体管形成在 P 型（砷）掺杂硅衬底上，两个 N^+（磷）重掺杂区形成源区和漏区，重掺杂多晶硅区作为栅极，一层薄 SiO_2 绝缘层作为栅极与衬底的氧化层进行隔离。在栅氧化层下的衬底表面是导电沟道。由于源漏区的水平扩散工艺，栅源区和栅漏区有一段重叠的长度（L_D），所以导致沟道有效长度（L_{eff}）小于沟道总长度（L），W 表示沟道宽度。宽长比（W/L）和氧化层厚度 t_{ox} 这两个参数对 MOS 管的性能非常重要，MOS 制造技术发展的主要推动力就是在保证电性能参数不降低的前提下，逐步减小沟道长度和氧化层厚度。

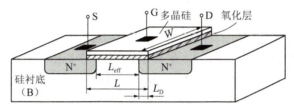

图 2-1　NMOS 晶体管结构

图 2-2 所示为 MOS 晶体管符号。如果不做特别设计处理或说明，一般 NMOS 晶体管衬底与地 G_{ND} 相连，PMOS 晶体管衬底与电源 V_{DD} 相连，这时为了电路简洁，采用三端口器件，衬底端口省略。NMOS 晶体管电流从漏极流入，从源极流出；PMOS 晶体管电流从源极流入，从漏极流出，三端口器件的源极箭头表示电流的方向。

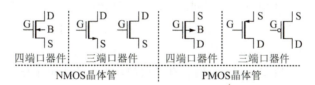

图 2-2　MOS 晶体管符号

2.1.2　CMOS 工艺结构

互补金属氧化物半导体（Complementary Metal Oxide Semiconductor，CMOS）是一种大规模集成电路芯片制造工艺。采用 CMOS 技术可以将成对的金属氧化物半导体场效应晶体管（MOSFET）集成在一块硅片上。CMOS 晶体管器件由 NMOS 晶体管和 PMOS 晶体管结合而成，形成了一个互补结构。具体而言，在 P 型衬底上先制作 N 阱区，然后在 N 阱里制作 PMOS 晶体管；在 P 型衬底上制作 NMOS 晶体管。图 2-3 所示为 CMOS 晶体管剖面图。

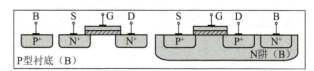

图 2-3　CMOS 晶体管剖面图

任务2.2 MOS 晶体管阈值电压

【任务导航】

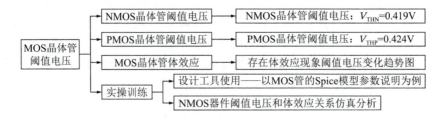

MOS 晶体管在栅极偏置电压为零时没有形成导电沟道，称为增强型 MOS 晶体管；相反，如果 MOS 晶体管在栅极偏置电压为零时已经形成导电沟道，称为耗尽型 MOSFET。如无特殊说明，本书所使用的 MOS 晶体管均为增强型。通常，MOS 晶体管的所有端电压都是相对于源极电位来定义的，如栅极-源极电压用 V_{GS} 表示，漏极-源极电压用 V_{DS} 表示，衬底-源极电压用 V_{BS} 表示。

2.2.1 NMOS 晶体管阈值电压

对于 NMOS 晶体管，当 $V_{GS} = 0$ 时，栅极下面沟道没有形成，P 型衬底多数载流子为空穴（正电荷），如图 2-4a 所示。

为了在源极和漏极之间形成导电沟道，应该在栅极上加正的栅-源电压 V_{GS}。当 $V_{GS} > 0$ 时，在栅压与衬底之间电场的作用下，按照同性相斥、异性相吸原理，对于较小的 V_{GS}，多数载流子（空穴）被排斥远离栅极。随着 V_{GS} 逐渐增大，栅极下面沟道开始形成耗尽层，此时载流子空穴（正电荷）数与电子（负电荷）数相等，如图 2-4b 所示。

当 V_{GS} 进一步增大，超过一定阈值时，在栅极电场的作用下电子被吸引到栅极下，此时栅极下面沟道开始形成反型层，多数载流子为电子，随着 V_{GS} 的增大，继而进入强反型层，反型层与源漏区的多数载流子都是电子，导电沟道形成。使 NMOS 晶体管形成反型层的最小 V_{GS} 值为该工艺下的阈值电压（V_{TH0}），V_{TH0} 为零衬底偏置（即源极 S 与衬底 B 短接）时的阈值电压。如图 2-4c 所示，任何小于 V_{TH0} 的 V_{GS} 都不能产生反型层，只有当 $V_{GS} \geqslant V_{TH0}$ 时，MOS 晶体管才能在源极和漏极之间传导电流。当 $V_{GS} \geqslant V_{TH0}$ 时，反型层中的多数载流子为电子，在栅极电场的作用下耗尽层被排斥到反型层以下。

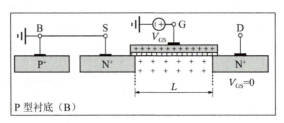

a) 没有沟道层

图 2-4　NMOS 晶体管阈值电压

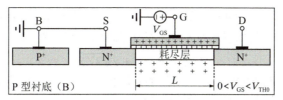

b）形成耗尽层

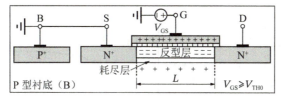

c）形成反型层

图 2-4　NMOS 晶体管阈值电压（续）

2.2.2　PMOS 晶体管阈值电压

在 CMOS 工艺中，PMOS 晶体管制作在 N 阱区，N 阱一般接电源 V_{DD}，而 PMOS 晶体管的衬底 B 接 V_{DD}，源极和漏极掺杂为 P⁺ 型，具体如图 2-5 所示。由于电源电压 V_{DD} 大于栅极电压和漏极电压，那么 $V_{SG} > 0$，$V_{SD} > 0$，N 阱衬底区域与栅极形成电场，方向指向栅极，因此形成反型层导电电荷为空穴，PMOS 晶体管的阈值电压为负值。PMOS 晶体管的工作过程类似 NMOS 晶体管，不再赘述。

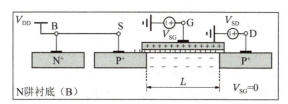

图 2-5　PMOS 晶体管工作原理

零衬底偏置 MOS 晶体管阈值电压如表 2-1 所示。

表 2-1　MOS 晶体管阈值电压

NMOS		PMOS	
V_{THN}	0.419V	V_{THP}	−0.424V
KP_N	242μA/V²	KP_P	58μA/V²

注：KP_N 为 NMOS 晶体管的跨导参数，KP_P 为 PMOS 晶体管的跨导参数。

2.2.3　MOS 晶体管体效应

如果在同一衬底上做许多晶体管，为了保证导电沟道和衬底之间的隔离，其 PN 结必须反偏，一般 N 管的衬底要接到全电路的最低电位点，P 管的衬底接到最高电位点 V_{DD}。因此，有些晶体管的源极和衬底之间存在电位差，即 $V_{BS} < 0$。

当 V_{BS} < 0时，沟道与衬底间的耗尽层加厚，导致阈值电压增大，沟道变窄，沟道电阻变大，I_D 减小，将此称为"体效应""背栅效应"或"衬底调制效应"。考虑体效应后的阈值电压 V_{TH} 为

$$V_{TH} = V_{TH0} + \gamma\sqrt{2V_{BS}} \tag{2-1}$$

式中，γ 为体效应系数，与 MOS 晶体管的沟道长度相关。γ 的典型值为 0.3～0.6V$^{1/2}$。图 2-6 所示为存在体效应现象时，阈值电压与体效应关系图，随着源极与衬底之间电位差的增加，V_{TH} 也随之增大。

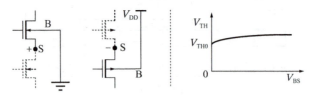

图 2-6 阈值电压与体效应关系图

2.2.4 实操训练

1. 设计工具使用——以 MOS 管的 Spice 模型参数说明为例

（1）训练目的

1）掌握使用集成电路设计软件进行电路设计与仿真分析的流程。

2）熟悉掌握设计软件的库管理方法。

3）掌握绘制电路原理图的基本方法以及 MOS 晶体管参数的设置。

4）读懂 MOS 晶体管的 Spice 模型和电路图的 Spice 网表文件。

（2）电路图

本实操训练示例电路如图 2-7 所示。MOS 晶体管采用四端口器件，PMOS 晶体管模型名为 p18，NMOS 晶体管模型名为 n18，并给出了 MOS 晶体管的沟道尺寸（宽度 w、长度 l）。

（3）仿真分析

MOS 晶体管 Spice 模型文件很重要，必须深入理解并熟练掌握，因为电路仿真时所用到的 MOS 晶体管参数都在这个文件里，常用的参数如下。

1）NMOS 晶体管参数。

1.8V NMOS 晶体管的模型名为 n18，最小沟道长度 lmin = 1.8e − 007，最大沟道长度 lmax = 2.0e − 005；最小沟道宽度 wmin = 2.2e − 007，最大沟道宽度 wmax = 0.0001；vth0 是零衬底偏压时的阈值电压 V_{THN}，vth0 = 0.4185；u0 是电子迁移率 μ_n，u0 = 0.028012。

2）PMOS 晶体管参数。

1.8V PMOS 管的模型名为 p18，最小沟道长度 lmin = 1.8e − 007，最大沟道长度 lmax = 2.0e − 005；最小沟道宽度 wmin = 2.2e − 007，最大沟道宽度 wmax = 0.0001；vth0 是零衬底偏压时的阈值电压 V_{THP}，vth0 = −0.424；u0 是空穴迁移率 μ_p，u0 = 0.0095。

2.2.4 实操训练-1

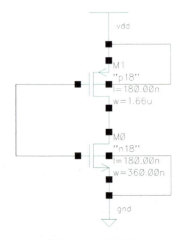

图 2-7 示例电路

图 2-7 示例电路中，电路图都是由网表文件建立连接关系的。MOS 晶体管的网表文件中关键的两句为

M0 (net1 net3　0　　0　) n18 w=360.00n　l=180.00n；

M1 (net1 net3 vdd! vdd!) p18 w=1.44u　　l=180.00n。

其中，M 表示 MOS 晶体管，M0、M1 表示 MOS 晶体管的排序；后面表示电路连接关系，依次是漏极、栅极、源极、衬底，凡是名字相同的表示导线相连；再往后依次是模型名，PMOS 为 p18，NMOS 为 n18；最后是 MOS 晶体管的沟道宽度和长度。

2. NMOS 器件阈值电压和体效应关系仿真分析

（1）训练目的

1）了解使用 IC 设计软件进行电路设计与仿真分析的流程。

2）熟悉掌握 MOS 晶体管元件参数的设置方法和电路原理图的绘制。

3）熟悉使用 ADE 环境进行仿真分析的初步操作方法。

4）熟悉掌握 DC 分析的步骤与参数设置。

2.2.4　实操训练-2

（2）NMOS 器件阈值电压和体效应关系仿真电路图

本实操训练 NMOS 器件阈值电压和体效应关系仿真电路图如图 2-8 所示。NMOS 晶体管采用四端口器件，NMOS 晶体管模型名为 n18，并给出了 NMOS 晶体管的沟道尺寸（宽度 w、长度 l）。

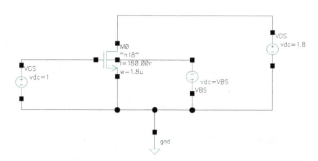

图 2-8　NMOS 器件阈值电压和体效应关系仿真电路图

（3）NMOS 器件阈值电压和体效应关系仿真图

NMOS 器件阈值电压和体效应关系仿真图如图 2-9 所示。横坐标为栅源电压 V_{GS}（V），纵坐标为漏极电流 I_D（mA）。当体效应存在（$V_{BS} > 0$）时，V_{BS} 在 0～1V 分 6 段，依次为 0V、0.2V、0.4V、0.6V、0.8V、1V。从仿真图中可知，随着 V_{BS} 的增大，阈值电压 V_{TH} 也随之增加。

当 $V_{BS} = 0V$ 时，V_{TH} 约为 420mV；当 $V_{BS} = 0.2V$ 时，V_{TH} 约为 467mV；

当 $V_{BS} = 0.4V$ 时，V_{TH} 约为 508mV；当 $V_{BS} = 0.6V$ 时，V_{TH} 约为 547mV；

当 $V_{BS} = 0.8V$ 时，V_{TH} 约为 583mV；当 $V_{BS} = 1V$ 时，V_{TH} 约为 616mV。

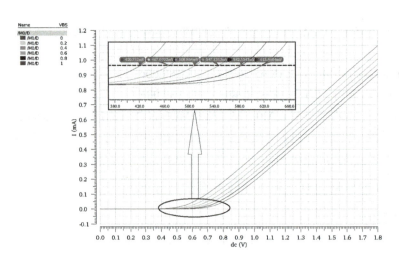

图 2-9　NMOS 器件阈值电压和体效应关系仿真图

任务 2.3　MOS 晶体管电流方程

【任务导航】

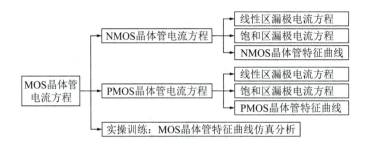

2.3.1　NMOS 晶体管电流方程

对于长沟道 MOS 晶体管，其沟道长度要大于或等于 1μm。当长沟道 NMOS 晶体管在 $V_{GS} \geq V_{TH0}$ 时，漏源电压 V_{DS} 和漏极电流 I_D 在不同区域，有不同的关系。

当 $V_{DS} = 0$ 时，反型层沟道区处于热平衡状态，漏极电流 I_D 为零，此时 NMOS 晶体管工作在截止区。

当 $V_{DS} > 0$ 时，漏极电流 I_D 随 V_{DS} 变化情况具体如下。

（1）线性区漏极电流方程

当漏源电压 $V_{DS} > 0$ 且比较小时，在源极和漏极之间的反型层沟道区就有正比于 V_{DS} 的漏极电流 I_D，这时工作在线性区，如图 2-10a 所示。在线性区工作时，沟道区相当于一个电阻。线性区漏极电流为

$$I_D = \frac{\mu_n C_{ox}}{2} \left(\frac{W}{L} \right) [2(V_{GS} - V_{THN})V_{DS} - V_{DS}^2] \tag{2-2}$$

式中，μ_n 为电子迁移率；C_{ox} 为单位面积栅电容；W 为 MOS 晶体管沟道宽度；L 为 MOS 晶体管沟道长度；V_{THN} 为 NMOS 晶体管阈值电压；栅氧电容 $C_{ox} = \frac{\varepsilon_{ox}}{t_{ox}}$，自由空间介电常数 $\varepsilon_O =$

8.854×10^{-14}F/cm，硅的介电常数$\varepsilon_{Si} = 11.7\varepsilon_O$，二氧化硅的介电常数$\varepsilon_{ox} = 3.9\varepsilon_O$。定义 NMOS 晶体管跨导参数$KP_N = \mu_n C_{ox}$，$\beta_N = KP_N(W/L)$。

（2）饱和区漏极电流方程

在漏源电压与衬底电场的作用下，随着漏源电压的增加，靠近漏极区域的耗尽层逐渐加厚，导电沟道向漏极端缩小，直到反型层导电沟道在漏极端被夹断，如图 2-10b 所示。此时，夹断点的$V_{DS,SAT} = V_{GS} - V_{THN}$，称为漏源饱和电压（$V_{DS,SAT}$），又称为过驱动电压。当$V_{DS} \geqslant V_{DS,SAT}$时，工作在饱和区。当$V_{DS}$增强并超过$V_{DS,SAT}$时，漏源电压与衬底电场继续加强，耗尽层加厚扩大，耗尽层夹断区域ΔL扩大，有效沟道长度$(L - \Delta L)$缩小，如图 2-10c 所示。这时在沟道末端和漏极边界之间形成高场区，从源极到沟道末端的电子被注入漏极端耗尽层并且在这个高电场作用下向漏极加速运动，形成漏极饱和电流（I_D）。

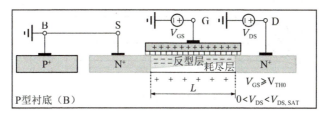

a) 线性区

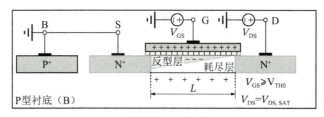

b) 饱和区（夹断点）

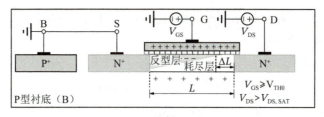

c) 饱和区

图 2-10　漏源电压V_{DS}和漏极电流I_D

饱和区漏极电流方程为

$$I_D = \frac{\mu_n C_{ox}}{2}\left(\frac{W}{L}\right)(V_{GS} - V_{THN})^2(1 + \lambda_n V_{DS}) \tag{2-3}$$

随着V_{DS}的增加，沟道夹断点会向源极方向移动，将导致有效沟道长度减小，沟道电流随之增加。因此耗尽层夹断区域ΔL随着V_{DS}的增大而增大，有效沟道长度$(L - \Delta L)$减小，漏极电流也随之增大，此效应称为沟道长度调制效应。λ称为沟道长度调制系数。对于短沟道器件，λ的典型值大于$0.1V^{-1}$；而对于长沟道器件，λ的典型值为$0.01V^{-1}$。

不考虑沟道长度调制效应时，饱和区漏极电流方程为

$$I_D = \frac{\mu_n C_{ox}}{2}\left(\frac{W}{L}\right)(V_{GS} - V_{THN})^2 \tag{2-4}$$

（3）NMOS 晶体管特征曲线

NMOS 晶体管在 $V_{GS} \geq V_{THN}$ 时，形成反型层导电沟道。当 $V_{DS} = 0$ 时，工作在截止区；当漏源电压 $0 < V_{DS} < V_{DS,SAT}$ 时，处于线性区；当漏源电压 $V_{DS} \geq V_{DS,SAT}$ 时，处于饱和区。NMOS 晶体管特征曲线如图 2-11 所示。

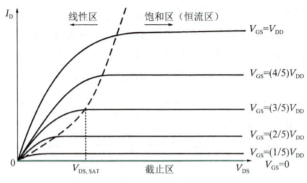

图 2-11　NMOS 晶体管特征曲线

线性区与饱和区的界限为 $V_{DS,SAT}$，对应的漏极电流定义为漏极饱和电流（$I_{D,SAT}$），为

$$V_{DS} = V_{DS,SAT} = V_{GS} - V_{THN}, \quad I_{D,SAT} = I_D \tag{2-5}$$

从图 2-11 中可以看出，当 $V_{GS} = (3/5)V_{DD}$ 时，对应的漏源饱和电压为 $V_{DS,SAT}$。

2.3.2　PMOS 晶体管电流方程

（1）线性区漏极电流方程

线性区漏极电流方程为

$$I_D = \frac{\mu_p C_{ox}}{2}\left(\frac{W}{L}\right)\left[2(V_{SG} - V_{THP})V_{SD} - V_{SD}^2\right] \tag{2-6}$$

（2）饱和区漏极电流方程

饱和区漏极电流方程为

$$I_D = \frac{\mu_p C_{ox}}{2}\left(\frac{W}{L}\right)(V_{SG} - V_{THP})^2(1 + \lambda_p V_{SD}) \tag{2-7}$$

不考虑沟道长度调制效应时，漏极电流方程为

$$I_D = \frac{\mu_p C_{ox}}{2}\left(\frac{W}{L}\right)(V_{SG} - V_{THP})^2 \tag{2-8}$$

式中，μ_p 为空穴迁移率；V_{THP} 为 PMOS 晶体管阈值电压（模型库里 PMOS 阈值电压为负值，这里为了便于计算，取其绝对值为正值，即 $|V_{THP}| = V_{THP}$）。定义 PMOS 晶体管跨导参数 $KP_P = \mu_p C_{ox}$，$\beta_P = KP_P(W/L)$。

（3）PMOS 晶体管特征曲线

PMOS 晶体管在 $V_{SG} \geq V_{THP}$ 时，形成反型层导电沟道。当 $V_{SD} = 0$ 时，工作在截止区；当源漏电压 $0 < V_{SD} < V_{SD,SAT}$ 时，处于线性区；当源漏电压 $V_{SD} \geq V_{DS,SAT}$ 时，处于饱和区。PMOS 晶体管特征曲线如图 2-12 所示。

线性区和饱和区的界限为 $V_{SD,SAT}$，对应的漏极电流定义为漏极饱和电流（$I_{D,SAT}$），为

$$V_{SD} = V_{SD,SAT} = V_{SG} - V_{THP},\ I_{D,SAT} = I_D \qquad (2\text{-}9)$$

从图 2-12 中可以看出，当 $V_{SG} = (3/5)V_{DD}$ 时，对应的源漏饱和电压为 $-V_{SD,SAT}$。

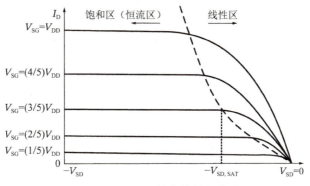

图 2-12 PMOS 晶体管特征曲线

2.3.3 实操训练

名称：MOS 晶体管特征曲线仿真分析

2.3.3 实操训练

（1）训练目的

1）熟悉使用 IC 设计软件进行电路设计与仿真分析的流程。

2）熟练掌握 MOS 晶体管参数的设置方法和电路原理图的绘制。

3）熟悉使用 ADE 环境进行 Spectre 仿真分析的操作流程。

4）掌握 MOS 晶体管漏极电流方程和仿真其特性曲线并可分析验证。

（2）NMOS 晶体管特征曲线仿真电路图

本实操训练 NMOS 晶体管特征曲线仿真电路如图 2-13 所示。NMOS 晶体管采用四端口器件，NMOS 晶体管模型名为 n18，并给出了 NMOS 晶体管的沟道尺寸（宽度 w、长度 l）。

（3）NMOS 晶体管特征曲线仿真分析

NMOS 晶体管特征曲线仿真图如图 2-14 所示。横坐标为漏源电压 V_{DS}（V），纵坐标为漏极电流 I_D（μA）。当栅源电压 V_{GS} 不同时，V_{GS} 在 0～1.8V 分 6 段，依次为 0V、0.36V、0.72V、1.08V、1.44V、1.8V。从仿真图中可知，随着 V_{GS} 的增大，漏极电流 I_D 也随之增加。

当 $V_{GS} = 0$V 时，I_D 约为 0μA；当 $V_{GS} = 0.36$V 时，I_D 约为 0.02μA；

当 $V_{GS} = 0.72$V 时，I_D 约为 20μA；当 $V_{GS} = 1.08$V 时，I_D 约为 80μA；

当 $V_{GS} = 1.44$V 时，I_D 约为 160μA；当 $V_{GS} = 1.8$V 时，I_D 约为 240μA。

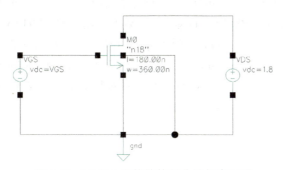

图 2-13 NMOS 晶体管特征曲线仿真电路

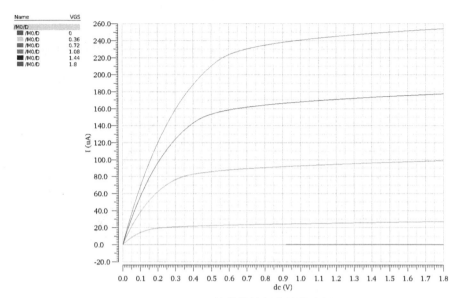

图 2-14　NMOS 晶体管特征曲线仿真图

（4）PMOS 晶体管特征曲线仿真电路图

本实操训练 PMOS 晶体管特征曲线仿真电路图如图 2-15 所示。PMOS 晶体管采用四端口器件，PMOS 晶体管模型名为 p18，并给出了 PMOS 晶体管的沟道尺寸（宽度 w、长度 l）。

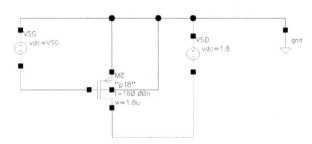

图 2-15　PMOS 晶体管特征曲线仿真电路图

（5）PMOS 晶体管特征曲线仿真分析

PMOS 晶体管特征曲线仿真图如图 2-16 所示。横坐标为源漏电压 V_{SD}（V），纵坐标为漏极电流 I_D（μA）。当源栅电压 V_{SG} 不同时，V_{SG} 在 0～1.8V 分 6 段，依次为 0V、0.36V、0.72V、1.08V、1.44V、1.8V。从仿真图中可知，随着 V_{SG} 的增大，漏极电流 I_D 也随之增加。

当 V_{SG} = 0V 时，I_D 约为 –0μA；当 V_{SG} = 0.36V 时，I_D 约为 –0.04μA；

当 V_{GS} = 0.72V 时，I_D 约为 –30μA；当 V_{GS} = 1.08V 时，I_D 约为 –120μA；

当 V_{GS} = 1.44V 时，I_D 约为 –280μA；当 V_{GS} = 1.8V 时，I_D 约为 –440μA。

负号（"–"）表示电流流向为从 MOS 晶体管的漏极流出；正号（"+"）表示电流流向为从 MOS 晶体管的漏极流入。

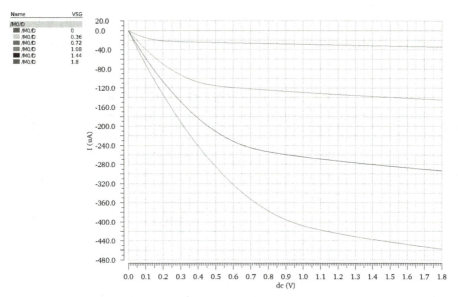

图 2-16　PMOS 晶体管特征曲线仿真图

任务 2.4　MOS 晶体管电容

【任务导航】

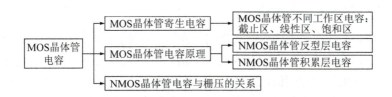

2.4.1　MOS 晶体管寄生电容

　　MOS 晶体管寄生电容如图 2-17 所示。其中，多晶硅宽度、沟道与沟槽宽度、栅极氧化层厚度、PN 结掺杂轮廓等都是影响寄生电容的因素。

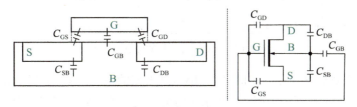

图 2-17　MOS 晶体管寄生电容

　　MOS 晶体管各工作区的电容情况如表 2-2 所示。电容C_{GBO}、C_{GDO}、C_{GSO}为单位覆盖电容，C_{JS}、C_{JD}为源漏区侧壁电容。栅-漏之间的电容C_{GD}以及栅-源之间的电容C_{GS}则由 MOS 晶体管的工作区域决定。MOS 晶体管工作在截止区，源极、漏极之间没有导电沟道，栅-衬底电容近似为氧化层电容；当 MOS 晶体管工作在线性区时，在源掺杂区和漏掺杂区之间通过反型层沟道连通。栅与此沟道之间的电容就是氧化层电容。此电容的一半为栅-漏之间的电容，而另一半为栅-源之间的电容；当 MOS 晶体管工作在饱和区时，表面的反型层未延伸到漏极就被夹断了，氧化层电容减小。

表 2-2　MOS 晶体管各工作区的电容情况

名称	截止区	线性区	饱和区
C_{GD}	$C_{GDO}W$	$(1/2)WLC_{OX}$	$C_{GDO}W$
C_{DB}	C_{JD}	C_{JD}	C_{JD}
C_{GB}	$C_{OX}WL$	$C_{GBO}L$	$C_{GBO}L$
C_{GS}	$C_{GSO}W$	$(1/2)WLC_{OX}$	$(2/3)WLC_{OX}$
C_{SB}	C_{JS}	C_{JS}	C_{JS}

在电路设计中，经常用到由 MOS 晶体管构成的电容。当 V_{GS} 足够大，远远大于 NMOS 管的阈值电压 V_{THN} 时，MOS 晶体管电容工作在强反型区，栅氧化层下方反型层中的电子将漏极和源极短接在一起，形成电容的低电阻率底板，栅极作为另一个极板。与金属电容相比，同样容值要求下，版图设计中 MOS 晶体管电容可以节省很多面积。

集成电路设计中，经常需要电容。芯片内部电容，一般使用金属来做上下极板，但是金属电容面积会很大，因此在对电容精度要求不高的情况下，使用 MOS 晶体管电容。

2.4.2　MOS 晶体管电容原理

用 MOS 晶体管栅与沟道之间的栅氧化层作为绝缘介质，栅极作为上极板，源极、漏极和衬底三端短接在一起构成下极板。NMOS 晶体管源极、漏极和衬底连在一起接地（0V），栅极接正电压。当栅极的电压超过阈值电压 V_{TH} 时，源极和漏极之间出现反型层，形成电子电流沟道，源极和漏极连在一起，再与衬底相连接地，反型层电容就形成了，如图 2-18 所示。

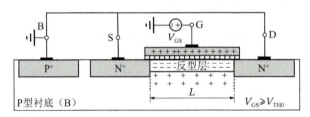

图 2-18　NMOS 晶体管反型层电容

如果 NMOS 晶体管栅电压是比地电平（0V）还要低的电压，这个时候源极和漏极之间的电流沟道不能形成，因为栅压为负值，会吸引正电荷，使 P 型衬底的空穴在栅氧化层下方积累，形成空穴电流通道。源极和漏极连在一起，再与衬底相连接地，积累层电容就形成了，如图 2-19 所示。

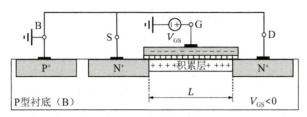

图 2-19 NMOS 晶体管积累层电容

2.4.3 NMOS 晶体管电容与栅压的关系

在 $0 < V_{GS} < V_{TH}$ 时, 既不能使源漏之间形成电流沟道, 也不能使 P 型衬底的空穴在上方积累。此时在栅氧化层下方会形成耗尽层, 这个耗尽层内电子与空穴数相同, 从而表现出"绝缘体"特性。这个"绝缘体"会与栅氧化层绝缘体相叠加, 导致等效的绝缘介质厚度增加, 电容值随之下降。NMOS 晶体管电容与栅压的关系如图 2-20 所示。

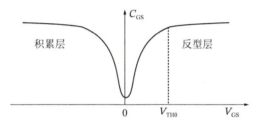

图 2-20 NMOS 晶体管电容与栅压的关系

MOS 晶体管电容其实是个"压控电容", 当上下两个极板的压差发生变化时, 其容值也会跟着改变, 因此常应用在精度要求不高的电路中, 例如数字信号的延时、滤波等。

任务 2.5 MOS 晶体管交流参数

【任务导航】

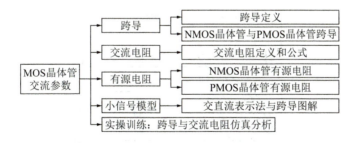

2.5.1 跨导

MOS 晶体管跨导, 是指晶体管栅源电压与漏极电流的关系。MOS 晶体管是电压控制器件, 但输出是电流。物理学中, 电压与电流之比是电阻, 电流与电压之比是电导。因为在 MOS 晶体管中, 栅源电压与漏极沟道电流是通过栅氧化层隔断的, 跨导是漏极电流变化量与栅源电压变

化量的比值，要对变化量求偏导，因此称为跨导。跨导用g_m表示，公式为

$$g_m = \frac{\partial I_D}{\partial V_{GS}} \tag{2-10}$$

跨导的单位为 S（西门子），为欧姆的倒数，即$1S = 1/\Omega$。

跨导是衡量栅极电压对漏极电流的控制能力，一般来说，栅极电压越大，漏极电流越大。如果考虑衬底调制效应，引入背栅跨导g_{mb}来表示 MOS 晶体管衬源V_{BS}对漏极电流I_D的影响，公式为

$$g_{mb} = \frac{\partial I_D}{\partial V_{BS}} \tag{2-11}$$

通常用跨导比η来表示背栅跨导g_{mb}与跨导g_m的关系，即

$$\eta = \frac{g_{mb}}{g_m} \tag{2-12}$$

η约等于 0.1。

NMOS 晶体管工作在饱和区时，忽略沟道长度调制，栅源电压V_{GS}对I_D的控制能力跨导g_m为

$$g_m = \frac{\partial I_D}{\partial V_{GS}} = \mu_n C_{ox}\left(\frac{W}{L}\right)(V_{GS} - V_{THN}) \tag{2-13}$$

PMOS 晶体管工作在饱和区时，忽略沟道长度调制，栅源电压V_{SG}对I_D的控制能力跨导g_m为

$$g_m = \frac{\partial I_D}{\partial V_{SG}} = \mu_p C_{ox}\left(\frac{W}{L}\right)(V_{SG} - V_{THP}) \tag{2-14}$$

2.5.2　交流电阻

进行模拟集成电路设计时，在如图 2-21 所示的 MOS 晶体管特征（Ⅳ）曲线中，工作在线性区（又称为恒阻区）的 MOS 晶体管像一个电阻，而工作在饱和区（又称为恒流区）的 MOS 晶体管就像一个与电阻并联的恒定电流源$I_{D,SAT}$。

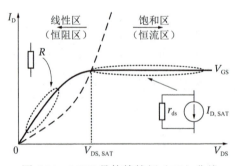

图 2-21　MOS 晶体管特征（Ⅳ）曲线

无论工作在线性区或是饱和区，其交流电阻都被称为 MOS 晶体管的输出电阻（r_{ds}）。工作在饱和区电阻的阻值为

$$r_{ds} = \frac{1}{\lambda I_{D,SAT}}$$ (2-15)

可以通过计算IV曲线斜率的倒数来求得电阻值。

2.5.3 有源电阻

MOS 晶体管栅-漏短接（称为二极管连接的 MOS 晶体管），在模拟集成电路中常用作有源电阻，如图 2-22 所示，衬底连接到源极，无衬底效应。NMOS 晶体管的 $V_{GS} = V_{DS}$，当 $V_{GS} > V_{THN}$，工作在饱和区必须要满足 $V_{DS} > V_{GS} - V_{THN}$（即 $0 > -V_{THN}$），始终成立，所以当 MOS 晶体管栅-漏短接时，它就一直工作在饱和区，有电流流过。

栅-漏短接的 MOS 晶体管构成的有源电阻的阻值约为 $1/g_m$；PMOS 晶体管的 $V_{SG} = V_{SD}$，当 $V_{SG} > V_{THP}$，工作在饱和区必须要满足 $V_{SD} > V_{SG} - V_{THP}$（即 $0 > -V_{THP}$），始终成立，所以当 MOS 晶体管栅-漏短接时，它就一直工作在饱和区，有电流流过。

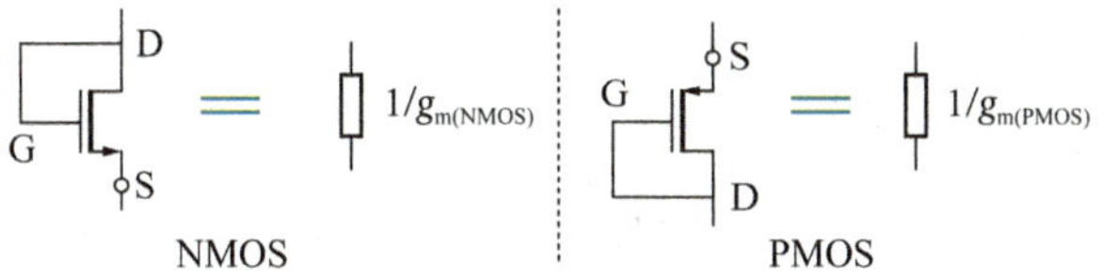

图 2-22 有源电阻

MOS 晶体管栅-漏短接，NMOS 晶体管衬底连接到地，PMOS 晶体管衬底连接到电源，如图 2-23 所示。此时，MOS 晶体管工作在饱和区，栅-漏短接的 MOS 晶体管构成有源电阻，其阻值约为 $1/(g_m + g_{mb})$。

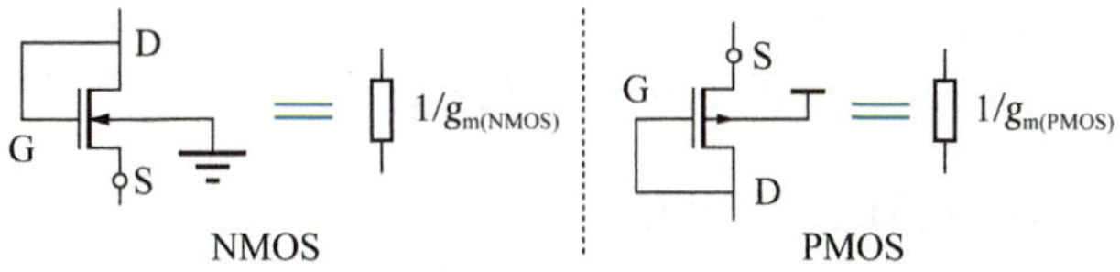

图 2-23 存在衬底效应的有源电阻

2.5.4 小信号模型

电路分析中，将既包含大信号（直流信号）又包含小信号（交流信号）的电压或电流量，用小写字符加大写下标表示；将交流信号用小写字符加小写下标表示；将直流信号用大写字符加大写下标表示，如图 2-24 所示。

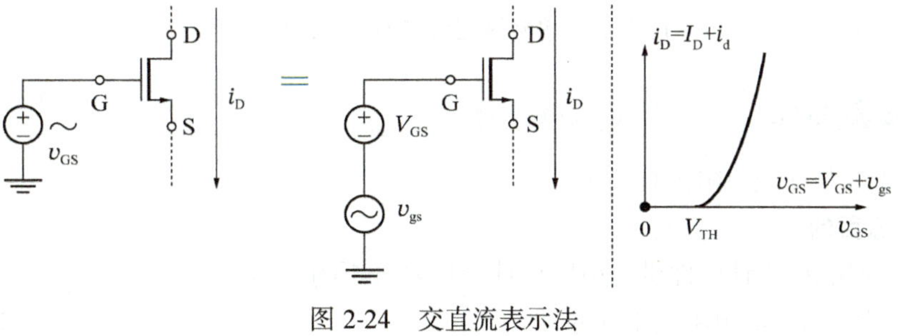

图 2-24 交直流表示法

图中电压量 v_{GS} 可分解为直流电压信号加交流电压信号，为

$$v_{GS} = V_{GS} + v_{gs} \tag{2-16}$$

图中电流量 i_D 可分解为直流电流信号加交流电流信号，为

$$i_D = I_D + i_d \tag{2-17}$$

在做交流信号分析时，需要了解交流跨导图解分析方法。跨导是
MOS 晶体管漏极电流对栅源电压求偏导得到的，那么偏导在函数图形
上则是斜率，如图 2-25 所示。

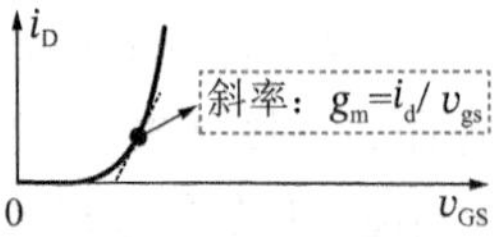

图 2-25　跨导图解分析

在图 2-25 中，g_m 就是在直流工作点（即 V_{GS} 和 I_D 交叉位置处）的
直线斜率。在忽略沟道长度调制时，为

$$g_m = \frac{\partial I_D}{\partial V_{GS}} = \mu_N C_{ox}\left(\frac{W}{L}\right)(V_{GS} - V_{THN}) = \beta_N(V_{GS} - V_{THN}) = \sqrt{2\beta_N I_D} \tag{2-18}$$

从图 2-25 可知，交流漏极电流就是跨导控制下的压控电流源，即

$$i_d = g_m v_{gs} \tag{2-19}$$

由衬底效应引起的交流跨导 g_{mb}，即

$$g_{mb} = g_m \eta \tag{2-20}$$

由衬底效应引起的交流衬底电流就是衬底跨导控制下的压控电流源，即

$$i_{bs} = g_{mb} v_{bs} \tag{2-21}$$

MOS 晶体管交流信号模型如图 2-26 所示。

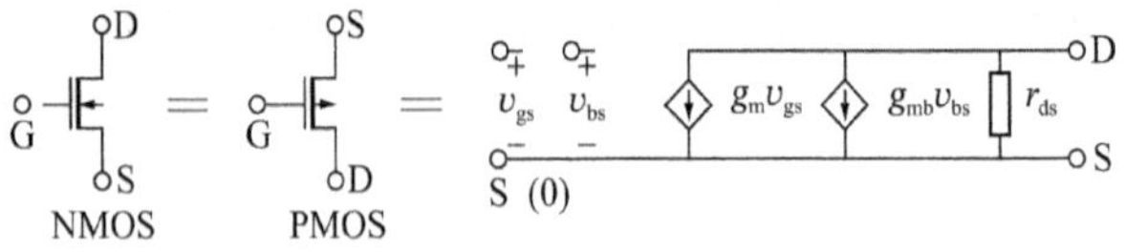

图 2-26　交流信号模型

图中，交流电阻可以用交流电导表示为

$$r_{ds} = 1/g_{ds}, \quad g_{ds} = \frac{\partial i_D}{\partial v_{DS}} \cong \lambda i_D \tag{2-22}$$

通常情况下：$g_m \approx 10 g_{mbs} \approx 100 g_{ds}$。

在设计中，常常忽略衬底效应，其交流信号模型如图 2-27 所示。

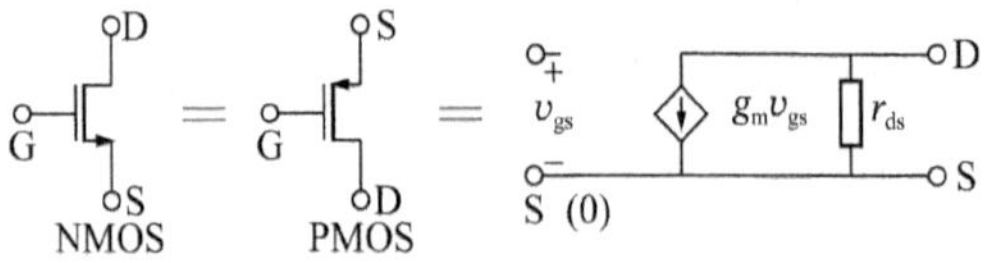

图 2-27　忽略衬底效应的交流信号模型

2.5.5　实操训练

名称：跨导与交流电阻仿真分析

（1）训练目的

1）掌握使用 IC 设计软件进行电路设计与仿真分析的流程。

2）掌握跨导与交流电阻的工作原理。

2.5.5　实操训练

3）掌握跨导与交流电阻的仿真方法与仿真分析。

（2）NMOS 晶体管跨导与交流电阻仿真电路图

本实操训练 NMOS 晶体管跨导与交流电阻仿真电路图如图 2-28 所示。NMOS 晶体管采用四端口器件，NMOS 晶体管模型名为 n18，并给出了 NMOS 晶体管的沟道尺寸（宽度w、长度l）。

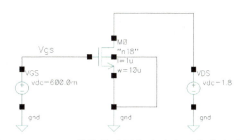

图 2-28　NMOS 晶体管跨导与交流电阻仿真电路图

（3）NMOS 晶体管跨导与交流电阻仿真分析

1）NMOS 晶体管跨导与漏极电流仿真分析。

NMOS 晶体管跨导仿真图如图 2-29 所示，横坐标为栅源电压 V_{GS}（V），纵坐标为跨导 g_m。从仿真图中可知，当 V_{GS} 超过阈值电压 V_{THN}（0.419V）时，随着 V_{GS} 的增大，g_m 也随之增加。当 $V_{GS} = 0.6V$ 时，g_m 约为 432μA/V。

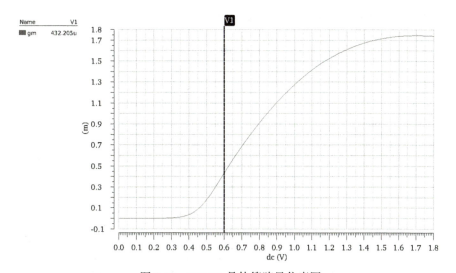

图 2-29　NMOS 晶体管跨导仿真图

NMOS 晶体管漏极电流仿真图如图 2-30 所示，横坐标为栅源电压 V_{GS}（V），纵坐标为漏极电流 I_D（mA）。从仿真图中可知，当 V_{GS} 超过阈值电压 V_{THN}（0.419V）时，随着 V_{GS} 的增大，I_D 也随之增加。当 $V_{GS} = 0.6V$ 时，I_D 约为 41.5μA，该值与理论计算值相差不大。

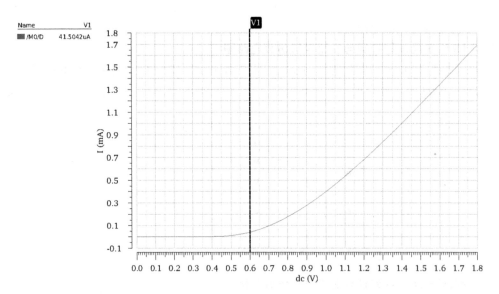

图 2-30　NMOS 晶体管漏极电流仿真图

2）NMOS 晶体管交流电阻与漏极电流仿真分析。

NMOS 晶体管交流电阻仿真图如图 2-31 所示，横坐标为漏源电压 V_{DS}（V），纵坐标为交流电阻 r_{ds}。从仿真图中可知，当 V_{DS} 超过最小漏源饱和电压（0.15V）时，随着 V_{DS} 的增大，r_{ds} 也随之增加。当 V_{DS} = 0.6V 时，r_{ds} 约为 535kΩ。

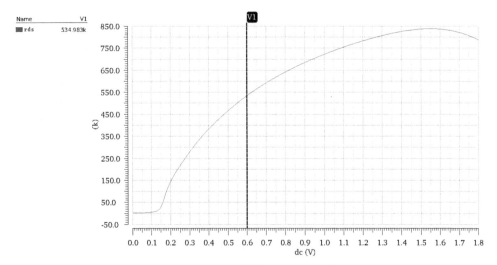

图 2-31　NMOS 晶体管交流电阻仿真图

NMOS 晶体管漏极电流仿真图如图 2-32 所示，横坐标为漏源电压 V_{DS}（V），纵坐标为漏极电流 I_D（μA）。从仿真图中可知，当 V_{DS} 超过最小漏源饱和电压（0.15V）时，随着 V_{DS} 的增大，受到 MOS 晶体管沟道长度调制的影响，I_D 在缓慢增加。当 V_{DS} = 0.6V 时，I_D 约为 40μA，该值与理论计算值相差不大。

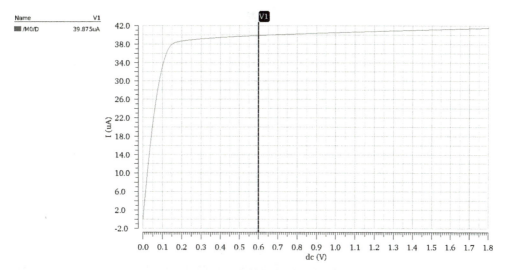

图 2-32 NMOS 晶体管漏极电流仿真图

（4）PMOS 晶体管跨导与交流电阻仿真电路图

本实操训练 PMOS 晶体管跨导与交流电阻仿真电路图如图 2-33 所示。PMOS 晶体管采用四端口器件，PMOS 晶体管模型名为 p18，并给出了 PMOS 晶体管的沟道尺寸（宽度w、长度l）。

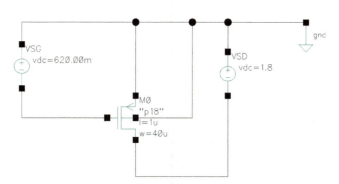

图 2-33 PMOS 晶体管跨导与交流电阻仿真电路图

（5）PMOS 晶体管跨导与交流电阻仿真分析

1）PMOS 晶体管跨导与漏极电流仿真分析。

PMOS 晶体管跨导仿真图如图 2-34 所示，横坐标为栅源电压V_{SG}（V），纵坐标为跨导g_m。从仿真图中可知，当V_{SG}超过阈值电压V_{THP}（0.424V）时，随着V_{SG}的增大，g_m也随之增加。当$V_{SG} = 0.62$V时，g_m约为 415.5μA/V。

PMOS 晶体管漏极电流仿真图如图 2-35 所示，横坐标为栅源电压V_{SG}（V），纵坐标为漏极电流I_D（μA）。从仿真图中可知，当V_{SG}超过阈值电压V_{THP}（0.424V）时，随着V_{SG}的增大，I_D也随之增加。当$V_{SG} = 0.62$V时，I_D约为 44.7μA，该值与理论计算值相差不大。

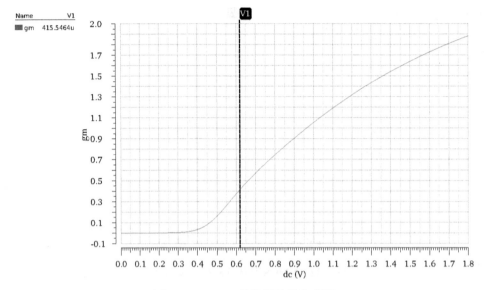

图 2-34　PMOS 晶体管跨导仿真图

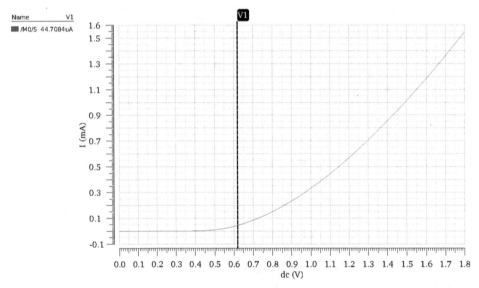

图 2-35　PMOS 晶体管漏极电流仿真图

2）PMOS 晶体管交流电阻与漏极电流仿真分析。

PMOS 晶体管交流电阻仿真图如图 2-36 所示，横坐标为漏源电压V_{SD}（V），纵坐标为交流电阻r_{sd}。从仿真图中可知，当V_{SD}超过最小源漏饱和电压（0.15V）时，随着V_{SD}的增大，r_{sd}也随之增加。当V_{SD} = 1.2V时，r_{sd}约为 440.9kΩ。

PMOS 晶体管漏极电流仿真图如图 2-37 所示，横坐标为漏源电压V_{SD}（V），纵坐标为漏极电流I_D（μA）。从仿真图中可知，当V_{SD}超过最小源漏饱和电压（0.15V）时，随着V_{SD}的增大，受到 MOS 晶体管沟道长度调制的影响，I_D在缓慢增加。当V_{SD} = 1.2V时，I_D约为 43.4μA，该值与理论计算值相差不大。

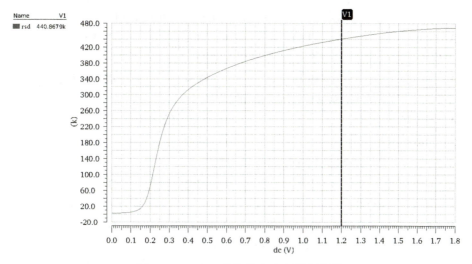

图 2-36　PMOS 晶体管交流电阻仿真图

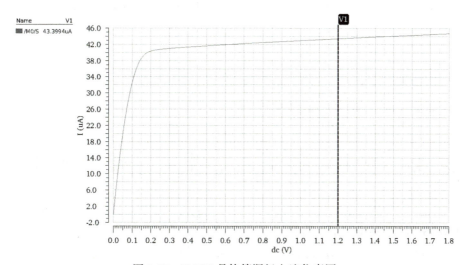

图 2-37　PMOS 晶体管漏极电流仿真图

习题

一、单选题

1）下列对 MOS 晶体管电极的缩略语，不正确的是（　　　）。

A. G（栅极）　　　　B. B（基极）　　　　C. D（漏极）　　　　D. S（源极）

2）N 阱 CMOS 工艺中，N 阱里通常做（　　　）晶体管。

A. PMOS　　　　B. NMOS　　　　C. DMOS　　　　D. CMOS

3）对于 N 阱 CMOS 工艺来说，PMOS 晶体管是在 N 阱衬底里的，其 N 阱衬底一般应连接到（　　　）。

A. GND　　　　B. VDD　　　　C. VSS　　　　D. 0

4）对于 N 阱 CMOS 工艺来说，NMOS 晶体管是在衬底里的，其衬底一般应连接到（　　　）。

　　A. GND　　　　　　B. VDD　　　　　　C. VCC　　　　　　D. VEE

5）下列（　　　）属于金属-氧化物-半导体的结构。

　　A. 集电极　　　　　B. 基极　　　　　　C. 栅极　　　　　　D. 发射极

6）下列（　　　）是 MOSFET 电特性最重要的参数。

　　A. 栅极长度　　　　　　　　　　　　　B. 扩散区的面积

　　C. 沟道长度和宽度　　　　　　　　　　D. 栅极电压

7）下列（　　　）不是 MOSFET 电特性的参数。

　　A. 沟道长度　　　　B. 迁移率　　　　　C. 沟道宽度　　　　D. 扩散区的面积

8）下面不属于 MOSFET 在源漏电压偏置下工作状况的区域为（　　　）。

　　A. 线性区　　　　　B. 耗尽区　　　　　C. 饱和区　　　　　D. 截止区

9）下列（　　　）参数能够影响 MOSFET 的电流-电压关系。

　　A. $\mu_0 C_{OX}$　　　B. V_{TH}　　　　C. W/L　　　　D. 以上都是

10）MOS 晶体管工作在（　　　）时，沟道长度调制效应能影响漏电流 I_D 的值。

　　A. 截止区　　　　　B. 饱和区　　　　　C. 反型区　　　　　D. 线性区

二、多选题

1）下列是 N 沟道 MOSFET 的电路符号的是（　　　）。

　　A.　　　　　　B.　　　　　　C.　　　　　　D.　　　　　　E.　　　　　　F.

2）MOS 晶体管四端口器件包括（　　　）。

　　A. 栅极　　　　　　B. 源极　　　　　　C. 漏极

　　D. 衬底　　　　　　E. 基极

三、判断题

1）在交流分析时，通常会把直流电压源看作短路（将电流源看作开路），而且在交流分析中不包括任何直流电压和电流。（　　　）

2）栅-漏短接的 MOS 晶体管，在应用时，可以当作有源电阻。（　　　）

3）对于长沟道 MOS 晶体管，CMOS 晶体管的沟道长度要大于或等于 1μm。（　　　）

4）为了保证导电沟道和衬底之间的隔离，其 PN 结必须反偏，一般 N 管的衬底要接到全电路的最低电位点，P 管的衬底接到最高电位点 VDD。（　　　）

5）栅极驱动电压是超出阈值电压的那部分栅源电压。（　　　）

6）一般，MOS 晶体管沟道越长，其沟道电阻越大；沟道宽度越大，其沟道电阻越小。（　　　）

四、简答题

1）什么是沟道长度调制？写出 NMOS 晶体管工作在饱和区的漏极电流方程（考虑沟长调制）。

2）什么是体效应？体效应会对电路产生什么影响？

五、计算题

NMOS 晶体管的特征曲线如图 2-38 所示。已知源极和衬底都与地相连（不考虑衬底偏置效应和短沟道效应），电源电压 $V_{DD} = 1.8V$，$W = 1.8\mu m$，$L = 0.18\mu m$，$V_{THN} = 0.419V$，$KP_N = 242\mu A/V^2$。试求：

1）当 $V_{GS} = 1.0V$，$V_{DS} = 0.4V$ 时的漏极电流值。

2）当 $V_{GS} = 1.8V$，NMOS 晶体管达到饱和区时的漏极电流值。

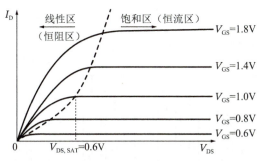

图 2-38 NMOS 晶体管的特征曲线

项目 3　CMOS 反相器设计与仿真

【项目描述】

　　CMOS 反相器是集成电路设计中基本的数字逻辑门单元，因此必须掌握反相器的工作原理。本项目详细阐述了反相器的静态特性、设计与分析、动态特性等重要参数，并对反相器的设计与传输延时做了实操训练以巩固理论知识。缓冲器和环形振荡器是反相器的主要应用，对此做了详细的设计与分析并进行了实操训练。

【项目导航】

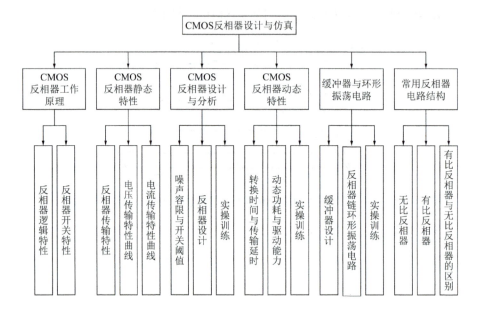

任务 3.1　CMOS 反相器工作原理

【任务导航】

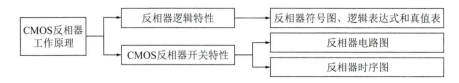

3.1.1　反相器逻辑特性

　　在数字集成电路设计中，经常要用到反相器（Invertor，INV）。反相器又称非电路、倒相器、逻辑否定电路，简称非门，是逻辑电路的基本单元。反相器有一个输入端和一个输出端。当其输入端为高电平（逻辑"1"）时，输出端为低电平（逻辑"0"）；当其输入端为低电平时，输出端为高电平。因此，反相器的输入端和输出端的电平状态总是反相的。反相器的逻辑功能相当于逻辑运算中的非，电路功能相当于反相（180°），这种运算也称非运算。非门的逻辑表达式为：$Y = \overline{A}$。图 3-1 所示为反相器符号、逻辑表达式和真值表。

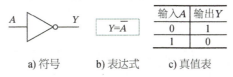

	输入A	输出Y
	0	1
	1	0

a) 符号　　　　b) 表达式　　　　c) 真值表

图 3-1　反相器符号、逻辑表达式和真值表

3.1.2　CMOS 反相器开关特性

反相器通常采用 CMOS 逻辑结构和 TTL 逻辑结构，也可以采用 NMOS 和 PMOS 逻辑结构。CMOS 反相器是数字集成电路设计的核心，它具有较大的噪声容限、极高的输入电阻、极低的静态功耗以及对噪声和干扰不敏感等优点，因此广泛应用于数字集成电路。

（1）反相器电路图

图 3-2a 所示为一个 CMOS 反相器电路，由一个上拉 PMOS 晶体管和一个下拉 NMOS 晶体管构成。对于 PMOS 晶体管，当 $|V_{GS}| \geq |V_{THP}|$ 时，PMOS 晶体管导通；对于 NMOS 晶体管，当 $V_{GS} \geq V_{THP}$ 时，NMOS 晶体管导通。利用 MOS 晶体管的开关特性，导通的 MOS 晶体管等效为一个闭合的开关，不导通的 MOS 晶体管等效为一个打开的开关，如图 3-2b 所示。R_{ON} 为 MOS 晶体管导通时等效电阻，PMOS 晶体管导通时等效电阻为 R_P，NMOS 晶体管导通时等效电阻为 R_N。

当 $V_{IN} = 0V$ 时，PMOS 晶体管导通，导通电阻为 R_P，NMOS 晶体管开关断开，电源 V_{DD} 向负载电容 C_L 充电，使 V_{OUT} 为 V_{DD}，即高电平（逻辑"1"），如图 3-2c 所示。

当 $V_{IN} = V_{DD}$ 时，NMOS 晶体管导通，导通电阻为 R_N，PMOS 晶体管开关断开，存储在负载电容 C_L 上的电压放电至 GND（0），使 V_{OUT} 为 0，即低电平（逻辑"0"），如图 3-2d 所示。

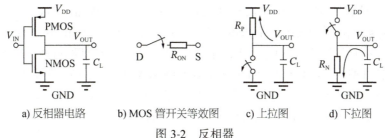

a) 反相器电路　　　b) MOS 管开关等效图　　　c) 上拉图　　　d) 下拉图

图 3-2　反相器

负载电容 C_L 是金属布线和地之间的电容以及反相器驱动下一级电路 MOS 晶体管输入栅极的分布电容的集合。MOS 晶体管是电压控制电流器件，如果没有负载，电流无法实现逻辑电平传输，因此在负载电容充放电的过程中，实现了逻辑电平的传输。

（2）反相器时序图

图 3-3 所示为反相器时序图。

图 3-3　反相器时序图

任务 3.2 CMOS 反相器静态特性

【任务导航】

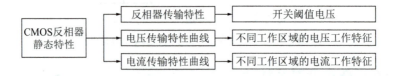

3.2.1 反相器传输特性

把 NMOS 晶体管和 PMOS 晶体管特征曲线叠加在一起，如图 3-4 所示。图中彩色线代表 NMOS 晶体管特征曲线，黑色线代表 PMOS 晶体管特征曲线。

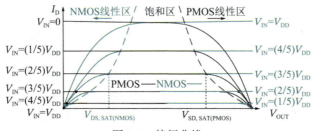

图 3-4 特征曲线

在 NMOS 和 PMOS 晶体管特征曲线中，V_{IN} 相同时，任何一个直流工作点，通过 NMOS 晶体管和 PMOS 晶体管的电流必须是相等的，从图中可知直流工作点必须处在两条特征曲线的交点上。图中交点分别对应 $V_{IN} = 0$、$V_{IN} = (1/5)V_{DD}$、$V_{IN} = (2/5)V_{DD}$、$V_{IN} = (3/5)V_{DD}$、$V_{IN} = (4/5)V_{DD}$、$V_{IN} = V_{DD}$ 时的输出 V_{OUT} 的值，所有的工作点都落在输出高电平（V_{DD}）和输出低电平（0）附近。将这些交点处的 V_{IN} 和 V_{OUT} 值统计拟合出来，这样就得到了如图 3-5 所示的反相器电压传输特性曲线（Voltage Transfer Characteristics, VTC）。真实反相器 VTC 曲线如图 3-5a 所示，可知反相器的电压传输特性从高电平到低电平存在很窄的过渡区。如果过渡区近似为 0，那么可得到如图 3-5b 所示的理想反相器电压传输特性曲线。

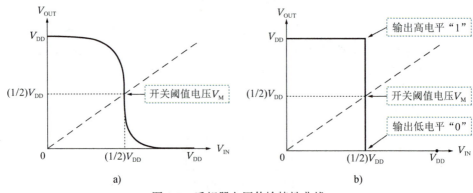

图 3-5 反相器电压传输特性曲线

电压传输特性曲线中，当 $V_{\text{IN}} = V_{\text{OUT}} = (1/2)V_{\text{DD}}$ 时，传输特性曲线的交点对应一个开关阈值电压（V_{M}）点，即高低电平转换时的阈值电压。

3.2.2　电压传输特性曲线

在反相器电压传输特性曲线中，NMOS 晶体管和 PMOS 晶体管在不同区域范围有不同的工作状态。图 3-6 所示为反相器电压传输特性曲线中各关键点。

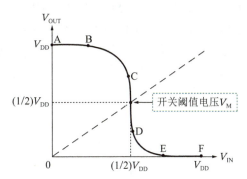

图 3-6　反相器电压传输特性曲线中各关键点

图 3-6 所示反相器电压传输特性曲线中，对应工作区域 MOS 晶体管工作状态如表 3-1 所示。

表 3-1　MOS 晶体管工作状态

工作区域	NMOS 晶体管	PMOS 晶体管
A-B	截止	线性
B-C	饱和	线性
C-D	饱和	饱和
D-E	线性	饱和
E-F	线性	截止

反相器电压传输特性曲线中：

1）A-B 区域，V_{IN} 为 0V～V_{THN}，NMOS 晶体管还没有导通，此时处于截止状态；PMOS 晶体管导通，因为没有电流，输出电压保持高电平，此时处于线性状态。

2）B-C 区域，V_{IN} 为 V_{THN}～（1/2）V_{DD}，NMOS 晶体管导通，此时处于饱和状态；PMOS 晶体管导通，反相器存在电流通道，V_{SD} 逐渐增大，电流同样逐渐增大，输出高电平开始缓慢放电，输出电压开始由高电平向低电平转变，此时仍处于线性状态。

3）C-D 区域，V_{IN} 在（1/2）V_{DD} 左右，NMOS 晶体管和 PMOS 晶体管都导通，此时处于饱和状态；反相器存在低阻电流通道，电流突然增大，输出高电平放电速度增快，输出电压处于阈值电压左右。

4）D-E 区域，V_{IN} 为（1/2）V_{DD}～V_{THP}，PMOS 晶体管导通，此时处于饱和状态；NMOS 晶体管导通，反相器存在电流通道，V_{DS} 逐渐减小，电流同样逐渐减小，输出放电速度变慢，输出电压向低电平转变，此时处于线性状态。

5）E-F 区域，V_{IN} 为 $V_{THP} \sim V_{DD}$，PMOS 晶体管还没有导通，此时处于截止状态；NMOS 晶体管导通，因为没有电流，所以输出电压保持低电平，处于线性状态。

3.2.3 电流传输特性曲线

根据上述反相器传输特性的分析，可以得到电流传输特性曲线如图 3-7 中的彩色线。

当输入电压满足 $0 < V_{IN} < V_{THN}$（A-B 区域）或 $V_{THP} < V_{IN} < V_{DD}$（E-F 区域）时，NMOS 晶体管或 PMOS 晶体管处于截止区，其中一个 MOS 晶体管不导通，处于高阻状态，反相器只有微弱的泄漏电流；当输入电压逐渐增大到（1/2）V_{DD} 左右时（C-D 区域），NMOS 晶体管和 PMOS 晶体管进入饱和区，两个 MOS 晶体管饱和导通，处于低阻状态，反相器有较大的漏极电流 I_D；当输入电压继续增大，漏极电流开始减小直至为 0。在 $V_{IN} = V_M$ 时，两个 MOS 晶体管都工作在饱和状态，电流达到峰值。

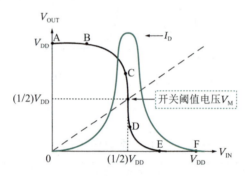

图 3-7 反相器电压和电流传输特性曲线

任务 3.3 CMOS 反相器设计与分析

【任务导航】

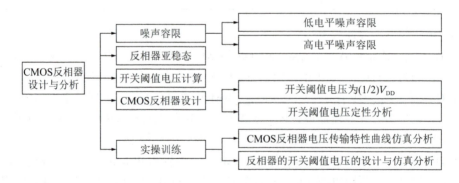

3.3.1 噪声容限

噪声容限（Noise Margin，NM）是指在反相器前一级输出为最坏的情况下，为保证后一级正常工作，所允许的最大噪声幅度。在数字集成电路中，噪声容限越大说明允许的噪声越大，电路的抗干扰性越好。反相器的噪声容限涉及四个重要临界电压参数，如图 3-8 所示。

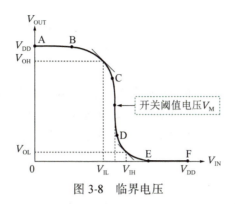

图 3-8　临界电压

临界电压的四个参数说明如下：

1）V_{IL}：输入电压由低到高变化时，输出电压开始下降且传输特性曲线斜率为 −1 时对应的输入点（能维持输出为逻辑"1"的最大输入低电平电压）。

2）V_{IH}：输入电压由高到低变化时，输出电压开始上升且传输特性曲线斜率为 −1 时对应的输入点（能维持输出为逻辑"0"的最小输入高电平电压）。

3）V_{OL}：输入电压由高到低变化时，输出电压开始上升且传输特性曲线斜率为 −1 时对应的输出点，为最大输出低电平（输出电平为逻辑"0"时的最大输出低电平电压）。

4）V_{OH}：输入电压由低到高变化时，输出电压开始下降且传输特性曲线斜率为 −1 时对应的输出点，为最小输出高电平（输出电平为逻辑"1"时的最小输出高电平电压）。

在一个反相器中，V_{IL} 和 V_{IH} 的和始终等于 V_{DD}，即 $V_{IL} + V_{IH} = V_{DD}$。

噪声容限也可以表述为逻辑值不会发生变化时，电路所能容忍的最大噪声值。反相器噪声容限分输入噪声容限和输出噪声容限。输入噪声容限为输入在一定范围内变化时，对输出不会带来影响；输出噪声容限为输出在一定范围内变化时，对下一级输入不会带来影响。其中 V_{NH} 指的是高电平噪声容限，V_{NL} 指的是低电平噪声容限，如图 3-9 所示。

● 输入为高电平的噪声容限：$V_{NH} = V_{OH} - V_{IH}$。

● 输入为低电平的噪声容限：$V_{NL} = V_{IL} - V_{OL}$。

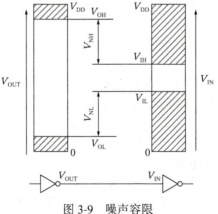

图 3-9　噪声容限

噪声容限的另外两种最大值与最小值表述：低电平噪声容限和高电平噪声容限。

● 高电平噪声容限 = 最小输出高电平电压 − 最小输入高电平电压 = $V_{OH(min)} - V_{IH(min)}$。

● 低电平噪声容限 = 最大输入低电平电压 − 最大输出低电平电压 = $V_{IL(max)} − V_{OL(max)}$。

3.3.2 反相器亚稳态

反相器亚稳态是指：在输出高电平时输入噪声上限V_{IL}和输出低电平时输入噪声下限V_{IH}之间，当反相器输入电压接近于（1/2）V_{DD}时，CMOS 反相器的阈值电压也接近于（1/2）V_{DD}，这时的输出不确定是高电平还是低电平，输出呈不稳定状态，这是不期望出现的工作状态。

3.3.3 开关阈值电压计算

根据图 3-7 中反相器传输特性曲线开关阈值电压的说明，当$V_M = V_{IN} = V_{OUT}$时，CMOS 反相器有较大的噪声容限和非常陡峭的 VTC 过渡区。这时，NMOS 晶体管工作在饱和区，而 PMOS 晶体管工作在线性区。根据 NMOS 饱和区和 PMOS 线性区漏极电流方程，可以计算出开关阈值电压，计算时忽略沟长调制效应。

在开关阈值电压V_M处，NMOS 饱和漏极电流等于 PMOS 饱和漏极电流，即

$$\frac{\beta_N}{2}(V_{GS} − V_{THN})^2 = \frac{\beta_P}{2}(V_{SG} − V_{THP})^2 \tag{3-1}$$

其中，NMOS 晶体管$V_{GS} = V_{IN}$，$V_{DS} = V_{OUT}$；PMOS 晶体管$V_{SG} = V_{DD} − V_{IN}$，$V_{SD} = V_{DD} − V_{OUT}$。

把V_{GS}、V_{SG}代入式(3-1)中，得

$$\frac{\beta_N}{2}(V_{IN} − V_{THN})^2 = \frac{\beta_P}{2}(V_{DD} − V_{IN} − V_{THP})^2 \tag{3-2}$$

移项后化简式(3-2)，可得

$$V_{IN}\left(1 + \sqrt{\frac{\beta_P}{\beta_N}}\right) = V_{THN} + \sqrt{\frac{\beta_P}{\beta_N}}(V_{DD} − V_{THP}) \tag{3-3}$$

最后求出V_{IN}的值，因为反相器的开关阈值电压在$V_M = V_{IN} = V_{OUT}$时成立，因此，V_M即V_{IN}的值，即

$$V_M = \frac{V_{THN} + \sqrt{\beta_R}(V_{DD} − V_{THP})}{1 + \sqrt{\beta_R}}, \quad \beta_R = \frac{\beta_P}{\beta_N} \tag{3-4}$$

3.3.4 CMOS 反相器设计

CMOS 反相器的开关阈值电压是传输特性最重要的参数之一,也是设计反相器的重要指标。在设计反相器时，首要是设计开关阈值，通过开关阈值设计公式(3-4)可以得到

$$\sqrt{\beta_R} = \frac{V_M − V_{THN}}{V_{DD} − V_{THP} − V_M} \tag{3-5}$$

从而可以得出 PMOS 和 NMOS 的跨导比，即

$$\beta_R = \frac{\beta_P}{\beta_N} = \left(\frac{V_M − V_{THN}}{V_{DD} − V_{THP} − V_M}\right)^2 \tag{3-6}$$

（1）开关阈值电压为（1/2）V_{DD}

一般情况下，反相器的开关阈值电压为$V_M = (1/2)V_{DD}$，可以得到完全对称的传输特性，即

$$V_{\mathrm{M,COM}} = (1/2)V_{\mathrm{DD}} \tag{3-7}$$

将式(3-7)代入式(3-6)，可得到一个满足式(3-8)条件的近似理想的传输特性曲线 VTC。

$$\left(\frac{\beta_{\mathrm{P}}}{\beta_{\mathrm{N}}}\right)_{\mathrm{COM}} = \left[\frac{(1/2)V_{\mathrm{DD}} - V_{\mathrm{THN}}}{(1/2)V_{\mathrm{DD}} - V_{\mathrm{THP}}}\right]^2 \tag{3-8}$$

其中β_{R}为

$$\beta_{\mathrm{R}} = \frac{\beta_{\mathrm{P}}}{\beta_{\mathrm{N}}} = \frac{\mu_{\mathrm{p}}C_{\mathrm{ox}}\left(\frac{W}{L}\right)_{\mathrm{P}}}{\mu_{\mathrm{n}}C_{\mathrm{ox}}\left(\frac{W}{L}\right)_{\mathrm{N}}} = \frac{\mu_{\mathrm{p}}\left(\frac{W}{L}\right)_{\mathrm{P}}}{\mu_{\mathrm{n}}\left(\frac{W}{L}\right)_{\mathrm{N}}} \tag{3-9}$$

一般情况下，$V_{\mathrm{M}} = (1/2)V_{\mathrm{DD}}$时，PMOS 和 NMOS 的开关阈值电压近似相等，PMOS 和 NMOS 的跨导比为 1，即$\beta_{\mathrm{R}} = 1$，则有

$$\frac{\left(\frac{W}{L}\right)_{\mathrm{N}}}{\left(\frac{W}{L}\right)_{\mathrm{P}}} = \frac{\mu_{\mathrm{p}}C_{\mathrm{ox}}}{\mu_{\mathrm{n}}C_{\mathrm{ox}}} = \frac{58}{242} \tag{3-10}$$

进而可得

$$\left(\frac{W}{L}\right)_{\mathrm{P}} \approx 4.2\left(\frac{W}{L}\right)_{\mathrm{N}} \tag{3-11}$$

（2）三个不同跨导比率β_{R}的 CMOS 反相器电压传输特性

图 3-10 所示为三个不同跨导比率β_{R}的 CMOS 反相器电压传输特性曲线。从图中可知，反相器开关阈值电压V_{M}随跨导比率的增加而增加。

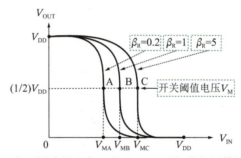

图 3-10　三个不同跨导比率β_{R}的 CMOS 反相器电压传输特性曲线

3.3.5　实操训练

1.　CMOS 反相器电压传输特性曲线仿真分析

（1）训练目的

1）掌握 IC 设计软件绘制电路图及 DC 分析的参数设置与仿真。

2）掌握 CMOS 反相器的工作原理。

3）掌握反相器电压传输特性曲线和漏极电流的仿真方法。

3.3.5 实操训练-1

4）分析电压传输特性曲线，掌握关键电压V_{OH}、V_{IH}、V_{M}、V_{IL}、V_{OL}和电流I_{DMAX}。

（2）CMOS 反相器电压传输特性曲线仿真电路图

本实操训练 CMOS 反相器电压传输特性曲线仿真电路图如图 3-11 所示。MOS 晶体管采用四端口器件，PMOS 晶体管模型名为 p18，NMOS 晶体管模型名为 n18，并给出了 MOS 晶体管

的沟道尺寸（宽度w、长度l）。

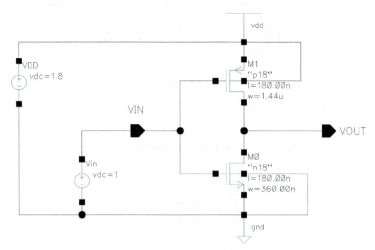

图 3-11　CMOS 反相器电压传输特性曲线仿真电路图

（3）CMOS 反相器电压传输特性曲线仿真分析

CMOS 反相器电压传输特性曲线仿真图如图 3-12 所示，横坐标为输入电压V_{IN}（V），电压纵坐标为输出电压V_{OUT}（V）；电流纵坐标为漏极电流I_D（μA）。

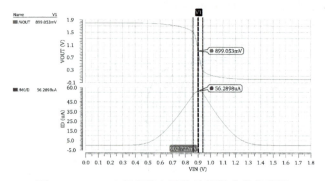

图 3-12　CMOS 反相器电压传输特性曲线仿真图

从仿真图中可知，随着V_{IN}的增大，可以获得五个关键电压：输出高电平V_{OH}为 1.8V、输出低电平V_{OL}为 0V、输入低电平V_{IL}约为 0.86V、输入高电平V_{IH}约为 0.94V、开关阈值电压V_M约为 0.903V，最大漏极电流I_{DMAX}约为 56μA。

2. 反相器的开关阈值电压的设计与仿真分析

（1）训练目的

1）掌握 IC 设计软件绘制电路图及 DC 分析的参数设置与仿真。

2）掌握反相器开关阈值电压计算方法和仿真验证。

3.3.5　实操训练-2

3）掌握通过不同反相器开关阈值电压计算 MOS 晶体管尺寸的方法并仿真验证。

（2）反相器开关阈值电压仿真电路图

本实操训练反相器开关阈值电压仿真电路图如图 3-13 所示。MOS 晶体管采用四端口器件，

PMOS 晶体管模型名为 p18，NMOS 晶体管模型名为 n18，并给出了三组不同反相器开关阈值电压 MOS 晶体管的沟道尺寸（宽度w、长度l）。

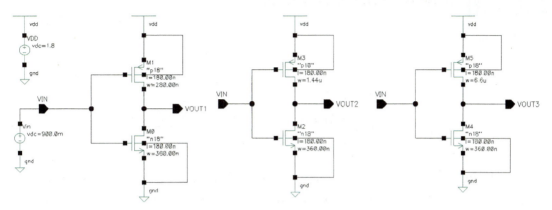

图 3-13　反相器开关阈值电压仿真电路图

（3）反相器开关阈值电压仿真分析

反相器开关阈值电压仿真图如图 3-14 所示，横坐标为输入电压V_{IN}（V），电压纵坐标为输出电压V_{OUT}（V），共有三组，分别是输出电压V_{OUT1}（V），输出电压V_{OUT2}（V），输出电压V_{OUT3}（V）。

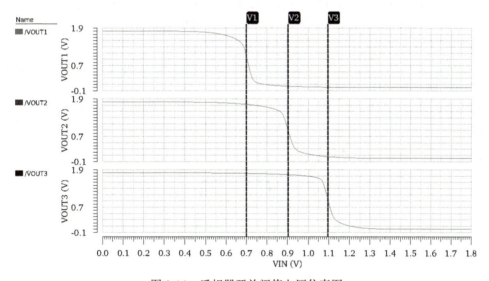

图 3-14　反相器开关阈值电压仿真图

从仿真图中可知，随着V_{IN}的增大，可以获得三组反相器开关阈值电压，分别是：输出电压为V_{OUT1}的反相器开关阈值电压约为 0.7V，输出电压为V_{OUT2}的反相器开关阈值电压约为 0.9V，输出电压为V_{OUT3}的反相器开关阈值电压约为 1.1V。

任务 3.4 CMOS 反相器动态特性

【任务导航】

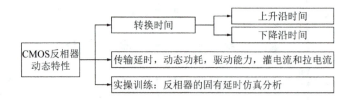

电路中 RC 对电压的变化有滞后的效应，CMOS 反相器的动态特性主要有 RC 延时。电容主要由输出电容C_L决定，它包括 NMOS 和 PMOS 晶体管的漏扩散电容、连线电容以及下一级的输入栅极与衬底之间的等效电容。电阻主要由反相器工作时 PMOS 晶体管等效电阻R_P或 NMOS 晶体管等效电阻R_N决定，因此就有了 RC 延时。CMOS 反相器动态特性一般包括：转换时间、传输延迟时间、动态功耗、驱动能力等。

3.4.1 转换时间

反相器电平转换时间（Transition Time）分上升时间和下降时间。

上升时间（Time Rise，t_r）：电平从 $0.1V_{DD}$上升到 $0.9V_{DD}$的时间。

下降时间（Time Fall，t_f）：电平从 $0.9V_{DD}$下降到 $0.1V_{DD}$的时间。

反相器的上升时间和下降时间如图 3-15 所示。反相器上升时间t_r是由通过电阻R_P对电容C_L充电所需要的时间决定的，电路从低电平到高电平的延时正比于时间常数R_PC_L；反相器下降时间t_f是由电容C_L通过电阻R_N放电所需要的时间决定的，电路从高电平到低电平的延时正比于时间常数R_NC_L。

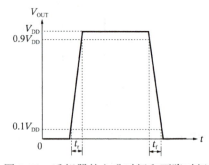

图 3-15　反相器的上升时间和下降时间

3.4.2 传输延时

反相器的传输延时（Propagation Delay）是由 NMOS 晶体管和 PMOS 晶体管的等效电阻对负载电容C_L（一般指下一级输入栅电容）充放电所消耗的时间决定的。由高电平至低电平翻转的传输延时t_{pHL}，由低电平至高电平翻转的传输延时t_{pLH}，如图 3-16 所示。传输延时取决于电流对 RC 充放电时间，电流越大，传输延时越小，电流越小，传输延时越大。传输延时是以反相器输入和输出波形对应边上 $0.5V_{DD}$ 的两点时间差来确定的。

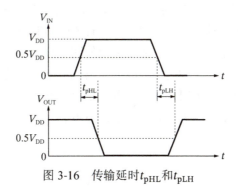

图 3-16　传输延时 t_{pHL} 和 t_{pLH}

输出由高电平到低电平转换的响应时间 t_{pHL} 为

$$t_{pHL} = \ln 2\, R_N C_L = 0.69 R_N C_L \tag{3-12}$$

输出由低电平到高电平转换的响应时间 t_{pLH} 为

$$t_{pLH} = \ln 2\, R_P C_L = 0.69 R_P C_L \tag{3-13}$$

反相器传输延时，输入和输出波形 $0.5V_{DD}$ 处转换时间差 t_p 为

$$t_p = \frac{t_{pHL} + t_{pLH}}{2} \tag{3-14}$$

3.4.3　动态功耗

反相器从一种稳定状态突然变到另一种稳定状态的过程中，将产生附加的功耗，即动态功耗。动态功耗包括负载电容 C_L 充放电所消耗的功率 P_{CL} 和 PMOS 晶体管、NMOS 晶体管同时导通所消耗的瞬时导通功耗 P_T。在工作频率较高的情况下，CMOS 反相器的动态功耗要比静态功耗大得多，静态功耗（由于处于稳态时电源到地的电流近似为零）可以忽略不计。

负载电容充放电功耗 P_{CL}：$P_{CL} = C_L f V_{DD}^2$，f 为充放电开关频率。

导通功耗 P_T：$P_T = V_{DD} I_{TAV}$，I_{TAV} 为 CMOS 晶体管饱和导通时的平均电流。

总功耗为 $P = P_{CL} + P_T$。

3.4.4　驱动能力

反相器驱动能力一般用"扇出"表示，指单个逻辑门能够驱动后级并联数字逻辑门输入的最大个数。如一个 CMOS 反相器输出端最多能给其他 N 个逻辑门提供输入而没有失真，那么它的扇出就是 N，用扇出系数表示，如图 3-17 所示。扇出系数即驱动能力，是电路带负载的能力。一个逻辑门电路的扇出系数越大，表示门电路带负载能力越强。对于一定扇出系数的电路，电路的工作频率随之确定，一般工作频率越高，扇出系数越小。

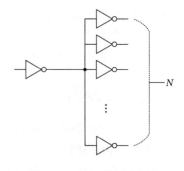

图 3-17　反相器驱动扇出

驱动能力的大小和它本身尺寸相关，这里的尺寸就是 NMOS 晶体管和 PMOS 晶体管的宽（w）和长（l）。如果一个反相器，PMOS 和 NMOS 的 w/l 为 2∶1，另一个反相器 PMOS 和 NMOS 的 w/l 也是 2∶1，但实际宽和长尺寸是第一个反相器的 4 倍，则后者驱动能力就是前者的 4 倍。一般大尺寸晶体管有更强的驱动能力，小尺寸晶体管的驱动能力较弱。驱动能力强：摆幅大，上升快；驱动能力弱：摆幅小，上升慢。驱动能力如图 3-18 所示。

驱动能力弱的原因一般有：一种是由于驱动输出电流小，导致信号状态异常，常发生在后级门电路对前级输入电流有要求的时候；另一种也是由于驱动输出电流小，导致信号上升和下降沿太差，常发生在后级门电路输入电容较大的情况下。

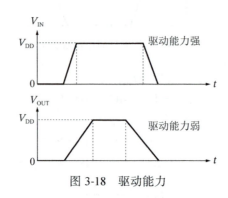

图 3-18　驱动能力

3.4.5　灌电流和拉电流

扇出系数同灌电流和拉电流密切相关。

（1）灌电流

当逻辑门输出端是低电平时，灌入逻辑门的电流称为灌电流（Sinking Current），一般是吸收负载的电流。灌电流越大，输出端低电平电压值就越高。由 MOS 晶体管特性曲线可知，灌电流越大，饱和压降越大，低电平电压值越大。逻辑门的低电平是有一定限制的，其最大值是 $V_{OL(max)}$。在逻辑门工作时，不允许超过这个数值。

（2）拉电流

当逻辑门输出端是高电平时，输出端的电流是从逻辑门中流出，这个电流称为拉电流（Sourcing Current），一般是对负载提供电流。拉电流越大，输出端的高电平电压值就越低。这是因为 MOS 晶体管有内阻，内阻的电压降会使输出电压下降。拉电流越大，高电平越低。逻辑门的高电平电压值是有一定限制的，其最小值是 $V_{OH(min)}$。

由于高电平输入电流很小，在微安级，一般可以不必考虑，低电平电流较大，在毫安级。所以，往往低电平的灌电流不超标就不会有问题。

3.4.6　实操训练

名称：反相器的固有延时仿真分析

（1）训练目的

1）掌握 ADE 环境进行瞬态 TRAN 仿真分析的操作流程。

2）掌握反相器固有延时计算方法和仿真验证。

3）掌握通过反相器交流时序信号源的设置方法。

3.4.6 实操训练

（2）反相器的固有延时仿真电路图

本实操训练反相器的固有延时仿真电路图如图 3-19 所示。MOS 晶体管采用四端口器件，PMOS 晶体管模型名为 p18，NMOS 晶体管模型名为 n18，并给出了反相器 MOS 晶体管的沟道尺寸（宽度w、长度l）。

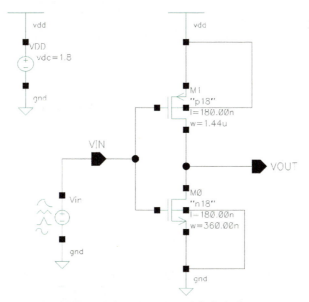

图 3-19　反相器的固有延时仿真电路图

（3）反相器的固有延时仿真分析

反相器的固有延时瞬态仿真图如图 3-20 所示，横坐标为时间 time（ps），纵坐标为输入电压V_{IN}（V）和输出电压V_{OUT}（V）。

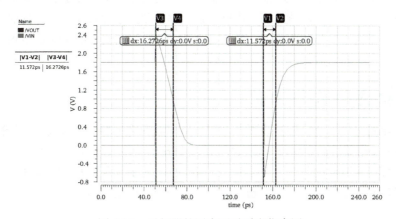

图 3-20　反相器的固有延时瞬态仿真图

从仿真波形图中可知，反相器的上升沿延时 V1-V2 为 11.572ps，下降沿延时 V3-V4 为 16.2726ps。

任务 3.5　缓冲器与环形振荡电路

【任务导航】

3.5.1　缓冲器

在 CMOS 集成电路中，反相器由两个互补的晶体管 NMOS 和 PMOS 组成，缓冲器（Buffer）由两个反相器级联构成，如图 3-21 所示。缓冲器的逻辑关系为：当输入为 0 时，输出也为 0；当输入为 1 时，输出也为 1。

图 3-21　缓冲器构成

缓冲器的逻辑表达式为：$Y = A$。图 3-22 所示为缓冲器符号、逻辑表达式和真值表。

输入 A	输出 Y
0	0
1	1

a) 符号　　　　b) 表达式　　　　c) 真值表

图 3-22　缓冲器符号、逻辑表达式和真值表

缓冲器的功能主要是增强驱动能力，当输出驱动电流不足的时候通过缓冲器可以增大输出电流，加强驱动能力。缓冲器就是两个串联的反相器，常用于时钟路径中增加时钟驱动能力，使得时钟具有良好的上升沿和下降沿。缓冲器的尺寸一般是宽长比很大的 CMOS 晶体管，宽长比大意味着电流大，对负载电容充放电速度快，驱动能力强。

3.5.2　反相器链环形振荡电路

环形振荡电路是由三个反相器或更多奇数个反相器的输出端和输入端首尾相接，构成环形的电路。当一个反相器链满足输出与输入反相时，将输出与输入短接后便形成一个环形振荡器，能够在没有外部时钟驱动的条件下自振荡，振荡频率与电路延迟有关。图 3-23 所示为五个反相器串联的环形振荡电路。第五级反相器的输出与第一级反相器的输入相连。

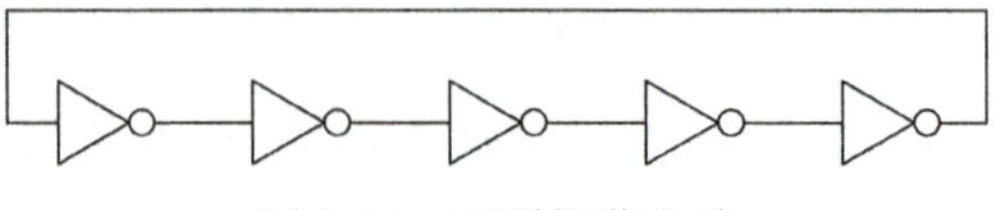

图 3-23　环形振荡电路

　　五级反相器形成了一个电压反馈环路，当所有的反相器输入和输出电压等于反相器开关阈值电压 V_M 时，电路处于理想稳定状态。这个稳定状态的任何节点电压受到干扰都会使电路的直流工作点产生漂移，因此，奇数个反相器的闭环串联连接呈现出不稳定状态。一旦反相器的输入或输出电压偏离稳定的工作点 V_M，电路就产生振荡，这个电路被称作环形振荡器。

　　反相器的频率取决于每一级的传输延时 t_p，延时的总和即为周期，那么 $f = 1/T$。图 3-24 所示为五级反相器构成振荡器时的输出电压波形。

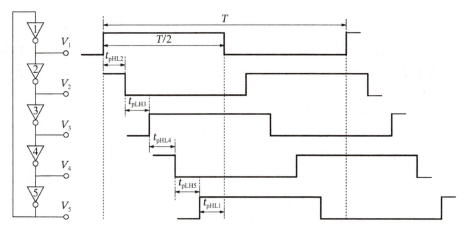

图 3-24　五级反相器构成振荡器时的输出电压波形

　　五级反相器构成环形振荡器的工作原理如下：

　　1）当第一级反相器的输出电压 V_1 从 V_{OL} 上升到 V_{OH} 时，它使第二级反相器的输出电压 V_2 从 V_{OH} 下降到 V_{OL}，传输延时为 t_{pHL2}。

　　2）当第二级反相器输出电压 V_2 下降时，它使第三级反相器的输出电压 V_3 从 V_{OL} 上升到 V_{OH}，传输延时为 t_{pLH3}。

　　3）当第三级反相器输出电压 V_3 上升时，它使第四级反相器的输出电压 V_4 从 V_{OH} 下降到 V_{OL}，传输延时为 t_{pHL4}。

　　4）当第四级反相器输出电压 V_4 下降时，它使第五级反相器的输出电压 V_5 从 V_{OL} 上升到 V_{OH}，传输延时为 t_{pLH5}。

　　5）当第五级反相器输出电压 V_5 上升时，它使第一级反相器的输出电压 V_1 从 V_{OH} 下降到 V_{OL}，传输延时为 t_{pHL1}。

　　从图 3-24 中可以看出，每级反相器推动级联的下一级反相器，最后一级反相器又推动了第一级反相器，这样就维持了振荡。在这个五级环形振荡电路中，半个周期的传输延时为

$$T/2 = t_{pHL2} + t_{pLH3} + t_{pHL4} + t_{pLH5} + t_{pHL1} \tag{3-15}$$

　　每一级反相器的延时为 t_p，一般情况下反相器的上升延时约等于下降延时，即 $t_p = t_{pLH} = t_{pHL}$，那么五级反相器环形振荡电路输出电压的振荡周期 T 可表示为五个反相器上沿和下沿传输延迟的总和，即

$$T = 5 \times 2t_p \tag{3-16}$$

如果是奇数N个反相器级联构成环形振荡电路，按照上面推导，可知其周期为

$$T = N \times 2t_{\text{p}} \tag{3-17}$$

从而可知振荡频率为

$$f = \frac{1}{T} = \frac{1}{2Nt_{\text{p}}} \tag{3-18}$$

3.5.3 实操训练

名称：反相器构建环形振荡器设计与仿真分析

（1）训练目的

1）掌握 ADE 环境进行瞬态 TRAN 仿真分析的操作流程。

2）掌握反相器固有延时计算方法。

3）掌握通过反相器组成的环形振荡器的设计方法与仿真。

（2）反相器构建环形振荡器仿真电路图

本实操训练反相器构建环形振荡器仿真电路图如图 3-25 所示。MOS 晶体管采用四端口器件，PMOS 晶体管模型名为 p18，NMOS 晶体管模型名为 n18，并给出了反相器构建环形振荡器的 MOS 晶体管沟道尺寸（宽度w、长度l）。

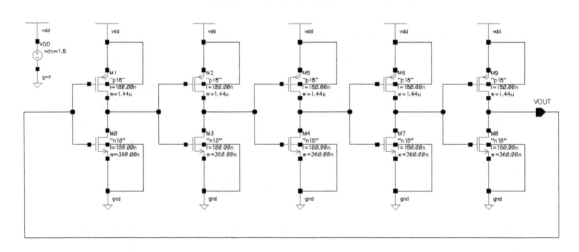

图 3-25 反相器构建环形振荡器仿真电路图

（3）反相器构建环形振荡器仿真分析

反相器构建环形振荡器瞬态仿真图如图 3-26 所示，横坐标为时间 time（ns），纵坐标为输出电压V_{OUT}（V）。

从仿真波形图中可知，反相器构建的环形振荡器的周期 V1-V2 约为 303ps。

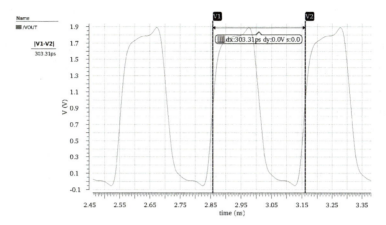

图 3-26　反相器构建环形振荡器瞬态仿真图

任务 3.6　常用反相器电路结构

【任务导航】

```
                    ┌─→ 无比反相器 ──────────→ CMOS反相器
                    │
                    │                    ┌─→ NMOS晶体管驱动电阻负载有比反相器
                    │                    │
  常用反相器 ───────┼─→ 有比反相器 ─────┼─→ PMOS晶体管驱动电阻负载有比反相器
  电路结构          │                    │
                    │                    ├─→ NMOS晶体管驱动有源电阻负载有比反相器
                    │                    │
                    │                    └─→ PMOS晶体管驱动有源电阻负载有比反相器
                    │
                    └─────────────────→ 有比反相器与无比反相器的区别
```

3.6.1　无比反相器

　　根据反相器工作原理，输入在高低电平之间变化时，输出是两个等效电阻分压的结果。分压值靠近 V_{DD} 的为高电平，分压值靠近 GND 的为低电平，输出值与分压比有关。如果分压值接近理想的 V_{DD} 或 GND 为无比反相器，CMOS 反相器属于无比反相器，如图 3-27 所示。当输入 $V_{IN}=$ GND 时，PMOS 晶体管导通，等效电阻为 R_P；NMOS 晶体管不导通，等效为开关断开，那么输出 $V_{OUT}=V_{DD}$。当输入 $V_{IN}=V_{DD}$ 时，NMOS 晶体管导通，等效电阻为 R_N；PMOS 晶体管不导通，等效为开关断开，那么输出 $V_{OUT}=$ GND。

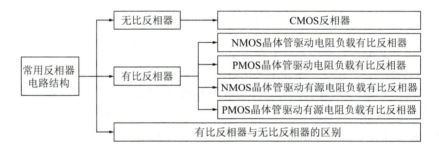

图 3-27　CMOS 无比反相器

3.6.2　有比反相器

反相器工作时，把与输入信号相连的 MOS 晶体管称为驱动晶体管，另一个器件为负载。如果负载为电阻，称为电阻负载反相器；如果负载为 MOS 晶体管，则构成有源电阻，称为有源电阻负载反相器。

（1）电阻负载反相器

1）NMOS 晶体管驱动电阻负载有比反相器如图 3-28 所示。当输入 $V_{IN} = GND$ 时，NMOS 晶体管不导通，等效为开关断开，负载电阻为 R_L，电源电压 V_{DD} 通过负载传输到输出，那么输出 $V_{OUT} = V_{DD}$。当输入 $V_{IN} = V_{DD}$ 时，NMOS 晶体管导通，等效电阻为 R_N，负载电阻为 R_L，此时输出取决于 R_N 和 R_L 的分压值。

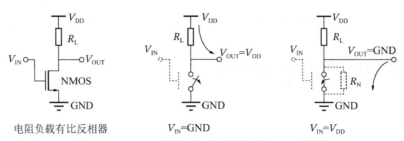

图 3-28　NMOS 晶体管驱动电阻负载有比反相器

当输入 $V_{IN} = V_{DD}$ 时，输出电压值为

$$V_{OUT} = [R_N/(R_L + R_N)]V_{DD} \tag{3-19}$$

一般情况下，NMOS 晶体管的等效导通电阻 R_N 很小，因此 R_L 远远大于 R_N，输出分压值靠近 GND，那么输出 $V_{OUT} = GND$。

2）PMOS 晶体管驱动电阻负载有比反相器如图 3-29 所示。当输入 $V_{IN} = GND$ 时，PMOS 晶体管导通，等效电阻为 R_P，负载电阻为 R_L，此时输出取决于 R_P 和 R_L 的分压值。当输入 $V_{IN} = V_{DD}$ 时，PMOS 晶体管不导通，等效为开关断开，负载电阻为 R_L，输出电压值被拉到 GND，那么输出 $V_{OUT} = GND$。

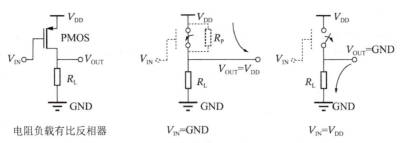

图 3-29　PMOS 晶体管驱动电阻负载有比反相器

当输入 $V_{IN} = GND$ 时，输出电压值为

$$V_{OUT} = [R_L/(R_L + R_P)]V_{DD} \tag{3-20}$$

一般情况下，PMOS 晶体管的等效导通电阻 R_P 很小，因此 R_L 远远大于 R_P，输出分压值靠近 V_{DD}，那么输出 $V_{OUT} = V_{DD}$。

（2）有源电阻负载反相器

1）NMOS 晶体管驱动有源电阻负载有比反相器如图 3-30 所示。当输入 $V_{IN} = GND$ 时，NMOS 晶体管不导通，等效为开关断开，PMOS 晶体管有源电阻负载等效阻值为 $1/g_{m(PMOS)}$，电源电压 V_{DD} 通过有源电阻负载传输到输出，那么输出 $V_{OUT} = V_{DD}$。当输入 $V_{IN} = V_{DD}$ 时，NMOS 晶体管导通，等效电阻为 R_N，PMOS 晶体管有源电阻负载等效阻值为 $1/g_{m(PMOS)}$，此时输出取决于 R_N 和 $1/g_{m(PMOS)}$ 的分压值。

当输入 $V_{IN} = V_{DD}$ 时，输出电压值为

$$V_{OUT} = \{R_N/[1/g_{m(PMOS)} + R_N]\}V_{DD} \tag{3-21}$$

一般情况下，NMOS 晶体管的等效导通电阻 R_N 很小，因此 $1/g_{m(PMOS)}$ 远远大于 R_N，输出分压值靠近 GND，那么输出 $V_{OUT} = GND$。

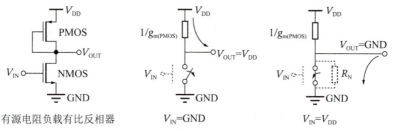

图 3-30　NMOS 晶体管驱动有源电阻负载有比反相器

2）PMOS 晶体管驱动有源电阻负载有比反相器。PMOS 晶体管驱动有源电阻负载有比反相器如图 3-31 所示。当输入 $V_{IN} = GND$ 时，PMOS 晶体管导通，等效电阻为 R_P，NMOS 晶体管有源电阻负载等效阻值为 $1/g_{m(NMOS)}$，此时输出取决于 R_P 和 $1/g_{m(NMOS)}$ 的分压值。当输入 $V_{IN} = V_{DD}$ 时，PMOS 晶体管不导通，等效为开关断开，负载有源电阻为 $1/g_{m(NMOS)}$，输出电压值被拉到 GND，那么输出 $V_{OUT} = GND$。

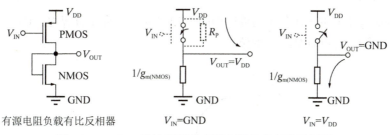

图 3-31　PMOS 晶体管驱动有源电阻负载有比反相器

当输入 $V_{IN} = GND$ 时，输出电压值为

$$V_{OUT} = \{[1/g_{m(NMOS)}]/[1/g_{m(NMOS)} + R_P]\}V_{DD} \tag{3-22}$$

一般情况下，PMOS 晶体管的等效导通电阻 R_P 很小，因此 $1/g_{m(NMOS)}$ 远远大于 R_P，输出分压值靠近 V_{DD}，那么输出 $V_{OUT} = V_{DD}$。

3.6.3　有比反相器与无比反相器的区别

1）有比反相器输出低电平时，驱动管和负载管同时导通，输出低电平由驱动管的导通电阻

和负载管的等效电阻的分压决定。为了保持足够小的低电平，两个等效电阻应保持足够的比值，最好在 100 以上。

2）无比反相器输出低电平时，驱动管导通、负载管截止，在理想的情况下，输出低电平等于零。

习题

一、单选题

1）下列不属于静态 CMOS 反相器电路的重要特性的是（　　　）。

    A. 电压摆幅等于电源电压　　　　　　B. 静态功耗不为 0

    C. 逻辑电平与器件的相对尺寸无关　　D. CMOS 反相器具有低输出阻抗

2）电压传输特性的英文简写为（　　　）。

    A. ATC　　　　　B. VCT　　　　　C. VTC　　　　　D. ACT

二、判断题

1）多个反相器串联在一起可以构成缓冲器。缓冲器提供了电信号的整形，并为大的扇出负载提供了更大的驱动强度。　　　　　　　　　　　　　　　　　　　　（　　）

2）有比反相器的输出取决于输出等效电阻的分压值。　　　　　　　　　　（　　）

3）CMOS 反相器的上拉 PMOS 晶体管和下拉 NMOS 晶体管不可以互换。　（　　）

三、计算题

1）CMOS 反相器的电压传输特性图如图 3-32 所示，请标出临界电压 V_{OH}、V_{OL}、V_{IH}、V_{IL} 的位置，以及开关阈值电压 V_M 的位置。

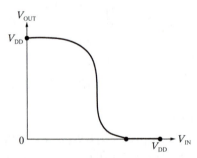

图 3-32　反相器的电压传输特性图

2）已知 PMOS 晶体管尺寸 $l = 1\mu m$、$w = 8\mu m$，NMOS 晶体管尺寸 $l = 1\mu m$、$w = 2\mu m$，电源电压 $V_{DD} = 1.8V$，MOS 晶体管的阈值电压和跨导参数如表 3-2 所示（忽略沟道长度调制），计算 CMOS 反相器的噪声容限以及开关阈值电压。

表 3-2　MOS 晶体管阈值电压和跨导参数

NMOS 晶体管		PMOS 晶体管	
V_{THN}/V	0.419	V_{THP}/V	−0.424
KP_N（μA/V^2）	242	KP_P（μA/V^2）	58

3）已知电源电压 $V_{DD} = 1.8V$，MOS 晶体管的阈值电压和跨导参数如表 3-2 所示（忽略沟道长度调制），完成以下内容：

①当 CMOS 反相器的开关阈值电压 $V_M = (1/2) \cdot V_{DD}$ 时，求 NMOS 和 PMOS 晶体管的 w/l 值。

②当 CMOS 反相器开关阈值电压 $V_M = (1/2) \cdot V_{DD}$ 时，画出其 VTC 曲线。

③当 CMOS 反相器的开关阈值电压 $V_M = (1/4) \cdot V_{DD}$ 时，求 NMOS 和 PMOS 晶体管的 w/l 值。

项目 4　静态组合逻辑门设计与仿真

【项目描述】

　　静态组合逻辑门电路是集成电路设计中基本的数字逻辑门单元，因此必须掌握各种静态逻辑门的工作原理。本项目深入剖析了互补逻辑门电路工作原理和晶体管串联与并联电路，然后对与非门和或非门电路的工作过程、传输特性、开关阈值电压等重要参数做了阐述，并对或非门电路的开关阈值电压做了实操训练，以巩固理论知识。传输门电路也是数字逻辑门中常用单元，本项目阐述了传输门电路的工作原理，同时结合实操训练，验证了所设计的电路的可行性，最后对半加器和全加器逻辑电路做了理论分析。

【项目导航】

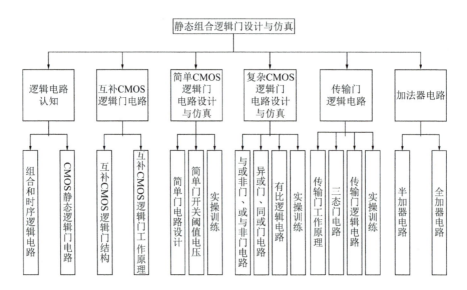

任务 4.1　逻辑电路认知

【任务导航】

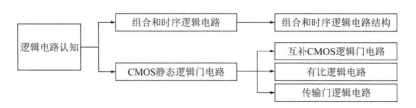

4.1.1　组合和时序逻辑电路

　　数字集成电路根据逻辑功能的不同特点，可以分成两大类：组合逻辑电路（简称组合电路）和时序逻辑电路（简称时序电路），如图 4-1 所示。

组合逻辑电路在逻辑功能上的特点是，任意时刻的输出仅取决于该时刻的输入，与电路原来的状态无关。而时序逻辑电路由组合逻辑电路和存储电路构成，在逻辑功能上的特点是，任意时刻的输出不仅取决于当时的输入信号，还取决于电路原来的状态，或者说，还与以前的输入有关，即它具有记忆功能，可以把输出通过存储电路返回到输入来实现。

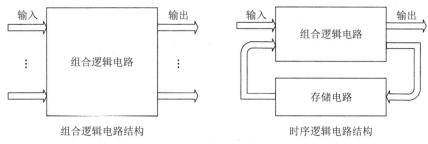

图 4-1　逻辑电路结构

4.1.2　CMOS 静态逻辑门电路

组合逻辑电路分静态逻辑门和动态逻辑门电路。静态逻辑门电路的分类及各自的优缺点如表 4-1 所示。

表 4-1　静态逻辑门电路分类及各自的优缺点

分类	优点	缺点
互补 CMOS 逻辑门电路	全逻辑摆幅，输出与晶体管尺寸无关，具有高噪声容限	MOS 晶体管所需数目最多为 $2N$ 个
有比逻辑电路	MOS 晶体管所需数目为 $N + 1$ 个	输出与晶体管尺寸有关，存在静态功耗
传输门逻辑电路	MOS 晶体管的栅极、源极和漏极都可以作为逻辑输入	静态功耗大

任务 4.2　互补 CMOS 逻辑门电路

【任务导航】

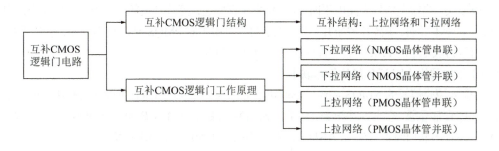

4.2.1　互补 CMOS 逻辑门结构

互补 CMOS 逻辑门是一个上拉网络（Put Up Net，PUN）和下拉网络（Put Down Net，PDN）的组合，如图 4-2 所示。图中是一个通用 N 个输入的逻辑门网络，它的所有输入都同时均等分配到上拉网络和下拉网络。

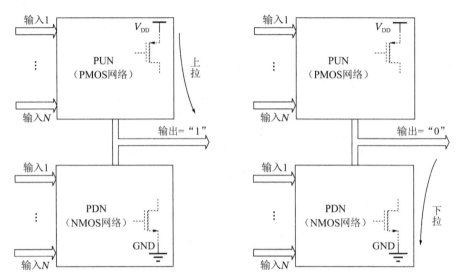

图 4-2　互补 CMOS 逻辑门

互补 CMOS 逻辑门的输出是由 N 个输入逻辑构成的逻辑函数，由 $2N$ 个 MOS 晶体管实现（PUN 为 N 个 PMOS 网络，PDN 为 N 个 NMOS 网络）。

PUN 的作用：当输出是逻辑"1"时，它将提供一条输出和 V_{DD} 之间的通路。

PDN 的作用：当输出是逻辑"0"时，它将提供一条输出和 GND 之间的通路。

PUN 和 PDN 是以相互排斥的方式构成的，即在稳定状态时两个网络中有且仅有一个导通。电路工作时，总有一条通路存在于 V_{DD} 和输出端之间（即输出高电平"1"）或存在于 GND 和输出端之间（即输出低电平"0"）。那么，在稳定状态时输出节点总有一个是低阻节点。由于互补结构，上拉网络和下拉网络不会同时导通。

4.2.2　互补 CMOS 逻辑门工作原理

PDN 由 NMOS 晶体管网络构成，而 PUN 由 PMOS 晶体管网络构成，所有的信号从 CMOS 晶体管栅极输入。当输入信号为高电平时 NMOS 晶体管导通，等效开关闭合；当输入信号为低电平时 NMOS 晶体管不导通，等效开关断开。当输入信号为高电平时 PMOS 晶体管不导通，等效开关断开；当输入信号为低电平时 PMOS 晶体管导通，等效开关闭合。

（1）下拉网络（NMOS 晶体管串联）

N 个输入逻辑信号的 NMOS 晶体管串联电路如图 4-3 所示。当所有的输入为高电平时，串联的 NMOS 晶体管都导通，信号从串联链的 X 端传输到另一端 Y。即 $A = B = \cdots = N = $ "1" 时，$X = Y$。NMOS 晶体管串联相当于"与"（AND）逻辑，串联表示与运算：$AB \cdots N$。

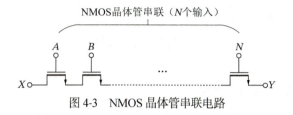

图 4-3 NMOS 晶体管串联电路

当 NMOS 晶体管用作 PDN 时，所有输入为"1"，串联的 NMOS 晶体管都导通，Y端连接到X端（GND），即$Y = 0$。因此，有表达式

$$Y = \overline{AB \cdots N} \tag{4-1}$$

它所示的为与非逻辑（NAND）。

（2）下拉网络（NMOS 晶体管并联）

N个输入逻辑信号的 NMOS 晶体管并联电路如图 4-4 所示。当其中至少有一个输入为高电半时，并联的 NMOS 晶体管至少有一个导通，信号从并联链的X端传输到另一端Y。即A、B、$\cdots$、N至少有一个为"1"时，$X = Y$。NMOS 晶体管并联相当于"或"（OR）逻辑，并联表示或运算：$A + B + \cdots + N$。

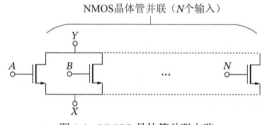

图 4-4 NMOS 晶体管并联电路

当 NMOS 晶体管用作 PDN 时，至少有一个输入为"1"，并联的 NMOS 晶体管至少有一个导通，Y端连接到X端（GND），即$Y = 0$。因此，有表达式

$$Y = \overline{A + B + \cdots + N} \tag{4-2}$$

它所示的为或非逻辑（NOR）。

（3）上拉网络（PMOS 晶体管串联）

N个输入逻辑信号的 PMOS 晶体管串联电路如图 4-5 所示。当所有的输入为低电平时，串联的 PMOS 晶体管都导通，信号从串联链的X端传输到另一端Y。即$A = B = \cdots = N =$ "0"时，$X = Y$。由于输入为低电平"0"，因此，串联运算表示为$\overline{A} \cdot \overline{B} \cdots \overline{N}$，根据摩根定理，逻辑变换成$\overline{A + B + \cdots + N}$。

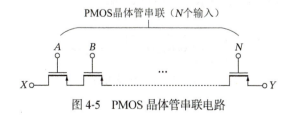

图 4-5 PMOS 晶体管串联电路

当 PMOS 晶体管用作 PUN 时，所有输入为"0"，串联的 PMOS 晶体管都导通，Y端连接到X端

（V_{DD}），即$Y = V_{DD}$（$Y =$ "1"）。因此，有表达式

$$Y = \overline{A + B + \cdots + N} \tag{4-3}$$

它所示的为或非逻辑（NOR）。

（4）上拉网络（PMOS 晶体管并联）

N个输入逻辑信号的 PMOS 晶体管并联电路如图 4-6 所示。当其中至少有一个输入为低电平时，并联的 PMOS 晶体管至少有一个导通，信号从并联链的X端传输到另一端Y。即A、B、$\cdots$、N至少有一个为 "0" 时，$X = Y$。由于输入为低电平 "0"，因此，并联运算表示为$\overline{A} + \overline{B} + \cdots + \overline{N}$，根据摩根定理，逻辑变换成$\overline{A \cdot B \cdots N}$。

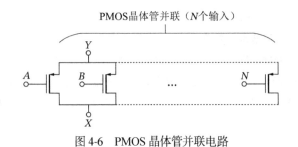

图 4-6　PMOS 晶体管并联电路

当 PMOS 晶体管用作 PUN 时，至少有一个输入为 "0"，并联的 PMOS 晶体管至少有一个导通，Y端连接到X端（V_{DD}），即$Y = V_{DD}$（$Y =$ "1"）。因此，有表达式

$$Y = \overline{A \cdot B \cdots N} \tag{4-4}$$

它所示的为与非逻辑（NAND）。

根据摩根定理，互补 CMOS 结构的上拉网络和下拉网络互为对偶网络。因此上拉网络中 PMOS 晶体管并联对应于下拉网络中 NMOS 晶体管串联；反之，上拉网络中 PMOS 晶体管串联对应于下拉网络中 NMOS 晶体管并联。把 PUN 与 PDN 组合起来就构成了完整的 CMOS 互补逻辑门。实现一个具有N个输入的逻辑门所需要的 MOS 晶体管数目为$2N$。

互补 CMOS 结构的门电路逻辑关系总结如下：

1）下拉网络 NMOS 晶体管串联，上拉网络 PMOS 晶体管并联，实现与非逻辑。

2）下拉网络 NMOS 晶体管并联，上拉网络 PMOS 晶体管串联，实现或非逻辑。

还可以表述为，对于 NMOS 晶体管：与串或并；对于 PMOS 晶体管：与并或串。

CMOS 互补逻辑门是反相的，只能实现如与非门（NAND）、或非门（NOR）等这样的逻辑非门功能。因此用单独 CMOS 互补逻辑门来实现非反相的缓冲器（Buffer）、与门（AND）、非门（OR）等门是不可能的，需要增加额外一级反相器，如图 4-7 所示。

图 4-7　非反相逻辑门

任务 4.3 简单 CMOS 逻辑门电路设计与仿真

【任务导航】

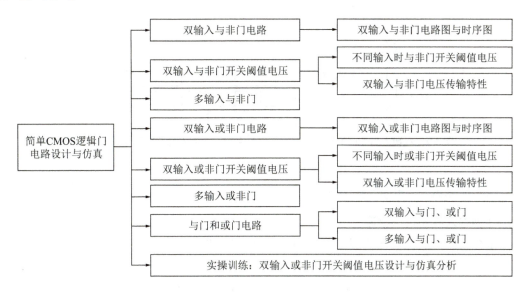

4.3.1 双输入与非门电路

双输入与非门（NAND2）是逻辑电路的基本单元，有两个输入端和一个输出端。当其输入端都为高电平（逻辑"1"）时，输出端为低电平（逻辑"0"）；当其输入端至少有一个为低电平时，输出端为高电平。与非门的逻辑表达式为 $Y = \overline{A \cdot B}$。双输入与非门符号、逻辑表达式和真值表如图 4-8 所示。

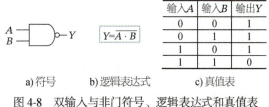

输入A	输入B	输出Y
0	0	1
0	1	1
1	0	1
1	1	0

a)符号   b)逻辑表达式   c)真值表

图 4-8 双输入与非门符号、逻辑表达式和真值表

说明： 本书所有电路图中有些线路连接通过线网名（Netlist）相连，如 A、B、C、D、……，线网名相同的连接在一起；线与线交叉相连超过三条都用实心点（·）连接，其他超过三条没有实心点的线与线交叉都为跨接。

（1）双输入与非门电路图

一个双输入与非门电路如图 4-9 所示，由两个上拉的 PMOS 晶体管并联和两个下拉的 NMOS 晶体管串联构成。对于 PMOS 晶体管 M_{P1}、M_{P2}，当输入为低电平时，PMOS 晶体管导通；对于 NMOS 晶体管 M_{N1}、M_{N2}，当输入为高电平时，NMOS 晶体管导通。利用 MOS 晶体管的开关特性，导通的 MOS 晶体管等效为一个开关闭合，不导通的 MOS 晶体管等效为一个开关断开，从而可以得出双输入与非门逻辑表示式为 $Y = \overline{A \cdot B}$。

（2）双输入与非门时序图

双输入与非门时序图如图 4-10 所示。

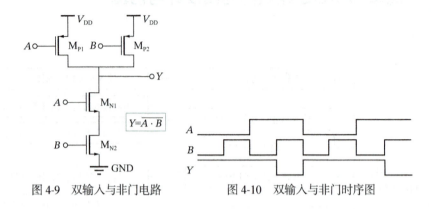

图 4-9　双输入与非门电路　　　　　图 4-10　双输入与非门时序图

4.3.2　双输入与非门开关阈值电压

（1）两输入信号 A、B 相等

双输入与非门两输入信号 A、B 相等时，开关阈值电压分析使用等效反相器分析的方法，如图 4-11 所示。

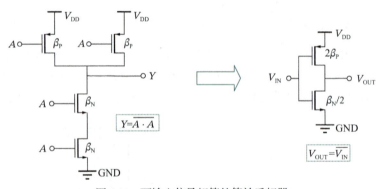

图 4-11　两输入信号相等的等效反相器

两个相同尺寸 NMOS 晶体管串联，它的总尺寸为长度为单个晶体管的两倍，宽度不变。由于跨导参数 $\beta_N = KP_N(W/L)$，因此两个串联 NMOS 晶体管的跨导参数为单个 NMOS 晶体管的 1/2，即 $\beta_N/2$。那么串联 NMOS 晶体管可用反相器的一个跨导参数为 $\beta_N/2$ 的 NMOS 晶体管替代。

同样，两个相同尺寸 PMOS 晶体管并联，它的长度总尺寸为不变，宽度为单个晶体管的两倍。由于跨导参数 $\beta_P = KP_P(W/L)$，因此两个并联 PMOS 晶体管的跨导参数为单个 PMOS 晶体管的两倍，即 $2\beta_P$。那么并联 PMOS 晶体管可用反相器的一个跨导参数为 $2\beta_P$ 的 PMOS 晶体管替代。

反相器的开关阈值计算公式为

$$V_M = \frac{V_{THN} + \sqrt{\beta_R}(V_{DD} - V_{THP})}{1 + \sqrt{\beta_R}}, \ \beta_R = \frac{\beta_P}{\beta_N} \tag{4-5}$$

根据等效反相器分析法，可以计算出双输入与非门两输入信号 A、B 相等时的开关阈值电压（计

算时忽略沟长调制效应），即

$$V_M = \frac{V_{THN} + \sqrt{4\beta_R}(V_{DD} - V_{THP})}{1 + \sqrt{4\beta_R}}, \quad \frac{2\beta_P}{\beta_N/2} = 4\frac{\beta_P}{\beta_N} = 4\beta_R \tag{4-6}$$

（2）两输入信号A、B不相等

双输入与非门的两个输入信号不相等时，当输入信号A固定为高电平V_{DD}，输出Y随输入信号B变化的关系，或者当输入信号B固定为高电平V_{DD}，输出Y随输入信号A变化的关系，可以使用等效反相器分析法进行分析，如图 4-12 所示。

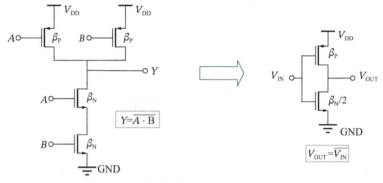

图 4-12　两个输入信号不相等的等效反相器

NMOS 晶体管的一个输入为V_{DD}，因此它一直导通。那么两个相同尺寸 NMOS 晶体管串联，它的总尺寸为长度为单个晶体管的两倍，宽度不变。由于跨导参数$\beta_N = KP_N(W/L)$，因此两个串联 NMOS 晶体管的跨导参数为单个 NMOS 晶体管的 1/2，即$\beta_N/2$。那么串联 NMOS 晶体管可用反相器的一个跨导参数为$\beta_N/2$的 NMOS 晶体管替代。

PMOS 晶体管的一个输入为V_{DD}，因此它一直不导通。那么两个相同尺寸 PMOS 晶体管并联，只有一个晶体管工作，所以跨导参数不变。

根据等效反相器分析法，可以计算出双输入与非门两个输入信号不相等时的开关阈值电压（计算时忽略沟长调制效应），即

$$V_M = \frac{V_{THN} + \sqrt{2\beta_R}(V_{DD} - V_{THP})}{1 + \sqrt{2\beta_R}}, \quad \frac{\beta_P}{\beta_N/2} = 2\frac{\beta_P}{\beta_N} = 2\beta_R \tag{4-7}$$

（3）双输入与非门电压传输特性

双输入与非门电压传输特性如图 4-13 所示，输入V_{IN}即输入信号A或者B，输出V_{OUT}即输出信号Y。

由于衬底偏置效应，与输入信号A相连的 NMOS 晶体管阈值V_{THN}大于与输入信号B相连的 NMOS 晶体管阈值V_{TH0}。因此，当输入信号B固定为高电平V_{DD}，输出开关阈值电压V_{MA}；当输入信号A固定为高电平V_{DD}，输出开关阈值电压V_{MB}；当输入信号A、B相同时，输出开关阈值电压V_{MC}。

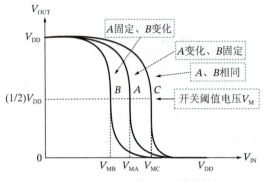

图 4-13 双输入与非门电压传输特性

4.3.3 多输入与非门

CMOS 三输入与非门或者更多输入的与非门电路如图 4-14 所示。图 4-14a 所示为三输入与非门（NAND3）电路，由三个 PMOS 晶体管M_{P1}、M_{P2}、M_{P3}并联和三个 NMOS 晶体管M_{N1}、M_{N2}、M_{N3}串联构成。当输入为低电平时，PMOS 晶体管导通；当输入为高电平时，NMOS 晶体管导通，从而可以得出逻辑表达式为$Y = \overline{A \cdot B \cdot C}$。

图 4-14b 所示为N输入与非门电路，由N个 PMOS 晶体管M_{P1}、$\cdots$、M_{PN}并联和N个 NMOS 晶体管M_{N1}、$\cdots$、M_{NN}串联构成。当输入为低电平时，PMOS 晶体管导通；当输入为高电平时，NMOS 晶体管导通，从而可以得出逻辑表达式为$Y = \overline{A_1 \cdot A_2 \cdot \cdots \cdot A_N}$。

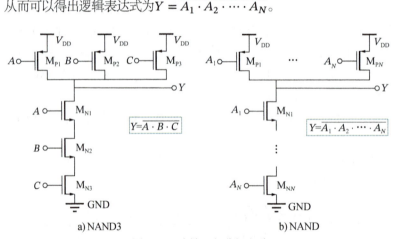

a) NAND3   b) NAND

图 4-14 多输入与非门电路

多输入与非门电路符号如图 4-15 所示，图 4-15a 为三输入与非门符号，图 4-15b 为N输入与非门符号。

a) 三输入与非门符号   b) N 输入与非门符号

图 4-15 多输入与非门电路符号

4.3.4　双输入或非门电路

双输入或非门（NOR2）是逻辑电路的基本单元，有两个输入端和一个输出端。当其输入端都为低电平（逻辑"0"）时，输出端为高电平（逻辑"1"）；当其输入端至少有一个为高电平时，输出端为低电平。或非门的逻辑表达为 $Y = \overline{A + B}$。双输入或非门符号、逻辑表达式和真值表如图 4-16 所示。

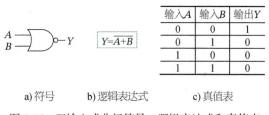

输入A	输入B	输出Y
0	0	1
0	1	0
1	0	0
1	1	0

a)符号　　　　b)逻辑表达式　　　　c)真值表

图 4-16　双输入或非门符号、逻辑表达式和真值表

（1）双输入或非门电路图

一个双输入或非门电路如图 4-17 所示，由两个上拉的 PMOS 晶体管串联和两个下拉的 NMOS 晶体管并联构成。对于 PMOS 晶体管 M_{P1}、M_{P2}，当输入为低电平时，PMOS 晶体管导通；对于 NMOS 晶体管 M_{N1}、M_{N2}，当输入为高电平时，NMOS 晶体管导通。利用 MOS 晶体管的开关特性，导通的 MOS 晶体管等效为一个开关闭合，不导通的 MOS 晶体管等效为一个开关断开，从而可以得出双输入或非门逻辑表示式为 $Y = \overline{A + B}$。

（2）双输入或非门时序图

双输入或非门时序图如图 4-18 所示。

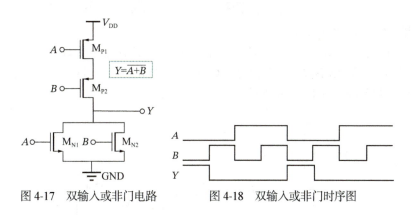

图 4-17　双输入或非门电路　　　　图 4-18　双输入或非门时序图

4.3.5　双输入或非门开关阈值电压

（1）两输入信号A、B相等

双输入或非门两输入信号 A、B 相等时，开关阈值电压分析使用等效反相器分析的方法，如图 4-19 所示。

两个相同尺寸 PMOS 晶体管串联，它的总尺寸为长度为单个晶体管的两倍，宽度不变。由于跨导参数 $\beta_P = KP_P(W/L)$，因此两个串联 PMOS 晶体管的跨导参数为单个 PMOS 晶体管的 1/2，即 $\beta_P/2$。那么串联 PMOS 晶体管可用反相器的一个跨导参数为 $\beta_P/2$ 的 PMOS 晶体管替代。

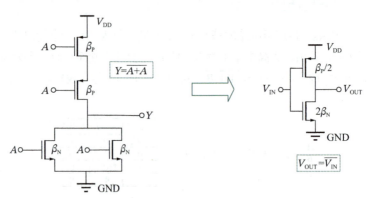

图 4-19　两个输入信号相等的等效反相器

同样，两个相同尺寸并联 NMOS 晶体管，它的总尺寸为长度不变，宽度为单个晶体管的两倍。由于跨导参数$\beta_N = KP_N(W/L)$，因此两个并联 NMOS 晶体管的跨导参数为单个 NMOS 晶体管的两倍，即$2\beta_N$。那么并联 NMOS 晶体管可用反相器的一个跨导参数为$2\beta_N$的 NMOS 晶体管替代。

反相器的开关阈值电压计算公式为

$$V_M = \frac{V_{THN} + \sqrt{\beta_R}(V_{DD} - V_{THP})}{1 + \sqrt{\beta_R}}, \quad \beta_R = \frac{\beta_P}{\beta_N} \tag{4-8}$$

根据等效反相器分析法，可以计算出双输入或非门两输入信号A、B相等时的开关阈值电压（计算时忽略沟长调制效应），即

$$V_M = \frac{V_{THN} + \sqrt{\beta_R/4}(V_{DD} - V_{THP})}{1 + \sqrt{\beta_R/4}}, \quad \frac{\beta_P/2}{2\beta_N} = \frac{1}{4} \cdot \frac{\beta_P}{\beta_N} = \beta_R/4 \tag{4-9}$$

（2）两输入信号A、B不相等

双输入或非门的两个输入信号不相等时，当输入信号A固定为低电平 GND，输出Y随输入信号B变化的关系，或者当输入信号B固定为低电平 GND，输出Y随输入信号A变化的关系，可以使用等效反相器分析法进行分析，如图 4-20 所示。

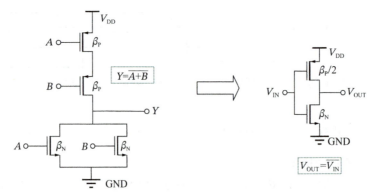

图 4-20　两个输入信号不相等的等效反相器

PMOS 晶体管的一个输入为 GND，因此它一直导通。那么两个相同尺寸 PMOS 晶体管串联，它的总尺寸为长度为单个晶体管的两倍，宽度不变。由于跨导参数$\beta_P = KP_P(W/L)$，因此两个串联

PMOS 晶体管的跨导参数为单个 PMOS 晶体管的 1/2，即 $\beta_P/2$。那么串联 PMOS 晶体管可用反相器的一个跨导参数为 $\beta_P/2$ 的 PMOS 晶体管替代。

NMOS 晶体管的一个输入为 GND，因此它一直不导通。那么两个相同尺寸 NMOS 晶体管并联，只有一个晶体管工作，所以跨导参数不变。

根据等效反相器分析法，可以计算出双输入或非门两个输入信号不相等时的开关阈值电压（计算时忽略沟长调制效应），即

$$V_M = \frac{V_{THN} + \sqrt{\beta_R/2} \cdot (V_{DD} - V_{THP})}{1 + \sqrt{\beta_R/2}}, \quad \frac{\beta_P/2}{\beta_N} = \frac{\beta_P/2}{\beta_N} = \beta_R/2 \tag{4-10}$$

（3）双输入或非门电压传输特性

双输入或非门电压传输特性如图 4-21 所示，输入 V_{IN} 即输入信号 A 或者 B，输出 V_{OUT} 即输出信号 Y。

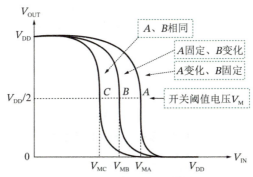

图 4-21　双输入或非门电压传输特性

由于衬底偏置效应，与输入信号 B 相连的 PMOS 晶体管阈值 V_{THP} 大于与输入信号 A 相连的 PMOS 晶体管阈值 V_{TH0}。因此，当输入信号 A 固定为低电平 GND，输出开关阈值电压 V_{MB}；当输入信号 B 固定为低电平 GND，输出开关阈值电压 V_{MA}；当输入信号 A、B 相同时，输出开关阈值电压 V_{MC}。

4.3.6　多输入或非门

CMOS 三输入或非门或者更多输入的或非门电路如图 4-22 所示。图 4-22a 所示为三输入或非门（NOR3）电路，由三个 PMOS 晶体管 M_{P1}、M_{P2}、M_{P3} 串联和三个 NMOS 晶体管 M_{N1}、M_{N2}、M_{N3} 并联构成。当输入为低电平时，PMOS 晶体管导通；当输入为高电平时，NMOS 晶体管导通，从而可以得出逻辑表达式为 $Y = \overline{A + B + C}$。

图 4-22b 所示为 N 输入或非门（NOR）电路，由多个 PMOS 晶体管 M_{P1}、$\cdots$、M_{PN} 串联和多个 NMOS 晶体管 M_{N1}、$\cdots$、M_{NN} 并联构成。当输入为低电平时，PMOS 晶体管导通；当输入为高电平时，NMOS 晶体管导通，从而可以得出逻辑表达式为 $Y = \overline{A_1 + \cdots + A_N}$。

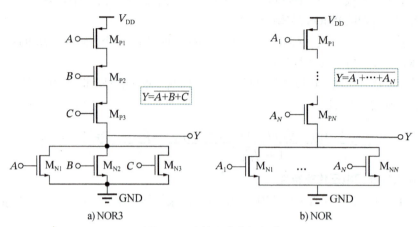

a) NOR3 b) NOR

图 4-22 多输入或非门电路

多输入或非门电路符号如图 4-23 所示，图 4-23a 为三输入或非门符号，图 4-23b 为 N 输入或非门符号。

a) 三输入或非门符号 b) N 输入或非门符号

图 4-23 多输入或非门电路符号

4.3.7 与门和或门电路

（1）双输入与门

双输入与门（AND2）是逻辑电路的基本单元，有两个输入端和一个输出端。当其输入端都为高电平（逻辑"1"）时，输出端为高电平（逻辑"1"）；当其输入端至少有一个为低电平时，输出端为低电平。与门的逻辑表达式为 $Y = A \cdot B$。双输入与门符号、逻辑表达式和真值表如图 4-24 所示。

输入A	输入B	输出Y
0	0	0
0	1	0
1	0	0
1	1	1

a) 符号 b) 逻辑表达式 c) 真值表

图 4-24 双输入与门符号、逻辑表达式和真值表

一个双输入与门电路如图 4-25 所示，由一个双输入与非门和一个反相器构成，与非门的输出与反相器的输入相连，那么有表达式 $Y = \overline{\overline{A \cdot B}}$，从而可以得出双输入与门逻辑表示式为 $Y = A \cdot B$。

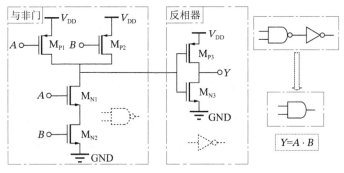

图 4-25　双输入与门电路

（2）双输入或门

双输入或门（OR2）是逻辑电路的基本单元，有两个输入端和一个输出端。当其输入端都为低电平（逻辑"0"）时，输出端为低电平（逻辑"0"）；当其输入端至少有一个为高电平时，输出端为高电平。或门的逻辑表达式为 $Y = A + B$。双输入或门符号、逻辑表达式和真值表如图 4-26 所示。

输入A	输入B	输出Y
0	0	0
0	1	1
1	0	1
1	1	1

a)符号　　　　b)逻辑表达式　　　　c)真值表

图 4-26　双输入或门符号、逻辑表达式和真值表

一个双输入或门电路如图 4-27 所示，由一个双输入或非门和一个反相器构成，或非门的输出与反相器的输入相连，那么有表达式 $Y = \overline{\overline{A + B}}$，从而可以得出双输入或门逻辑表示式为 $Y = A + B$。

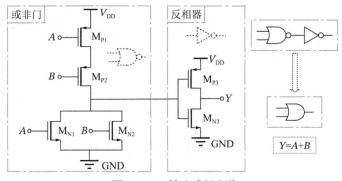

图 4-27　双输入或门电路

（3）多输入与门

多输入与门是逻辑电路的基本单元，有多个输入端和一个输出端。当其输入端都为高电平（逻辑"1"）时，输出端为高电平（逻辑"1"）；当其输入端至少有一个为低电平时，输出端为低电平。三输入与门的逻辑表达式为 $Y = A \cdot B \cdot C$，N 输入与门的逻辑表达式为 $Y = A_1 \cdot A_2 \cdots A_N$。图 4-28 所示为多输入与门符号，图 4-28a 为三输入与门符号、图 4-28b 为 N 输入与门符号。

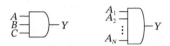

a) 三输入与门符号　　b) N 输入与门符号

图 4-28　多输入与门符号

多输入与门电路由一个多输入与非门和一个反相器构成，与非门的输出与反相器的输入相连。图 4-29 所示为一个多输入与门符号等效图，那么有表达式 $Y = \overline{\overline{A_1 \cdot A_2 \cdots A_N}}$，从而可以得出多输入与门逻辑表示式为 $Y = A_1 \cdot A_2 \cdot \cdots \cdot A_N$。

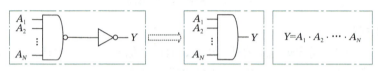

图 4-29　多输入与门符号等效图

（4）多输入或门

多输入或门是逻辑电路的基本单元，有多个输入端和一个输出端。当其输入端都为低电平（逻辑 "0"）时，输出端为低电平（逻辑 "0"）；当其输入端至少有一个为高电平时，输出端为高电平。三输入或门的逻辑表达式为 $Y = A + B + C$，N 输入或门的逻辑表达式为 $Y = A_1 + A_2 + \cdots + A_N$。图 4-30 所示为多输入或门符号，图 4-30a 为三输入或门符号、图 4-30b 为 N 输入或门符号。

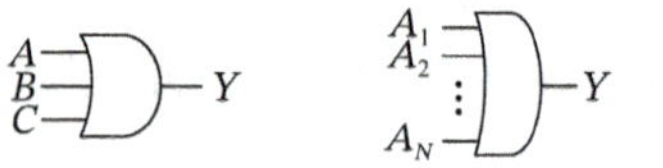

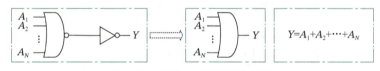

a) 三输入或门符号　　b) N 输入或门符号

图 4-30　多输入或门符号

多输入或门电路由一个多输入或非门和一个反相器构成，或非门的输出与反相器的输入相连。图 4-31 所示为一个多输入或门符号等效图，那么有表达式 $Y = \overline{\overline{A_1 + A_2 + \cdots + A_N}}$，从而可以得出多输入或门逻辑表示式为 $Y = A_1 + A_2 + \cdots + A_N$。

图 4-31　多输入或门符号等效图

4.3.8　实操训练

名称：双输入或非门开关阈值电压设计与仿真分析

（1）训练目的

1）熟练掌握 ADE 设计环境及 DC 分析的参数设置与仿真。

2）掌握或非门（与非门）开关阈值电压计算方法和仿真验证。

3）掌握通过或非门开关阈值电压计算 MOS 晶体管尺寸的设计方法并仿真验证。

4.3.8 实操训练

（2）双输入或非门电路开关阈值电压设计电路图

本实操训练双输入或非门电路开关阈值电压设计电路如图 4-32 所示。MOS 晶体管采用三端口器件，PMOS 晶体管模型名为 p18，NMOS 晶体管模型名为 n18，并给出了双输入或非门电路的 MOS 晶体管沟道尺寸（宽度 w、长度 l）。

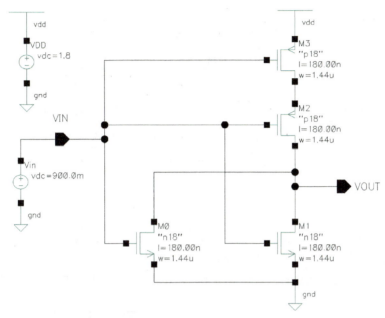

图 4-32　双输入或非门电路开关阈值电压设计电路

（3）双输入或非门电路开关阈值电压仿真分析

双输入或非门电路开关阈值电压仿真图如图 4-33 所示，横坐标为输入电压 V_{IN}（V），纵坐标为输出电压 V_{OUT}（V）。在 V_{IN} 在 0～1.8V 变化时，双输入或非门电路的输出电压 V_{OUT} 随输入电压 V_{IN} 变化。从仿真图中可知，双输入或非门电路开关阈值电压约为 0.61V。

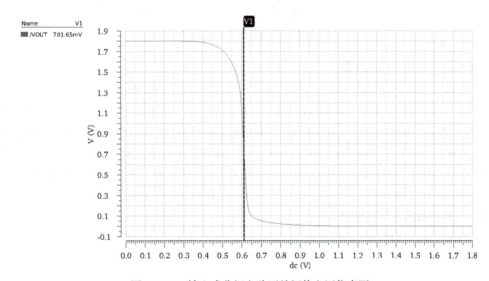

图 4-33　双输入或非门电路开关阈值电压仿真图

任务 4.4 复杂 CMOS 逻辑门电路设计与仿真

【任务导航】

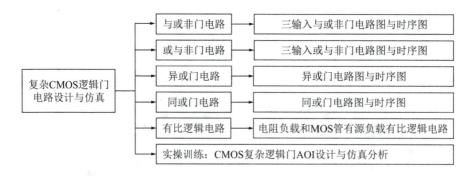

4.4.1 与或非门电路

与或非门（AOI）是数字集成电路常用的逻辑门单元，至少有三个输入端和一个输出端。当其输入端都为低电平（逻辑 "0"）时，输出端为高电平（逻辑 "1"）；当其输入端都为高电平时，输出端为低电平。与或非门的逻辑表达式为 $Y = \overline{A \cdot B + C}$。图 4-34 所示为与或非门符号、逻辑表达式和真值表。

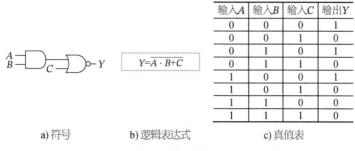

输入A	输入B	输入C	输出Y
0	0	0	1
0	0	1	0
0	1	0	1
0	1	1	0
1	0	0	1
1	0	1	0
1	1	0	0
1	1	1	0

$$Y = \overline{A \cdot B + C}$$

  a) 符号   b) 逻辑表达式   c) 真值表

图 4-34　与或非门符号、逻辑表达式和真值表

（1）三输入与或非门电路图

一个三输入与或非门电路如图 4-35 所示，由上拉网络的两个 PMOS 晶体管并联再与一个 PMOS 晶体管串联，和下拉网络的两个 NMOS 晶体管串联再与一个 NMOS 晶体管并联构成。对于 PMOS 晶体管 M_{P1}、M_{P2}、M_{P3}，当输入为低电平时，PMOS 晶体管导通；对于 NMOS 晶体管 M_{N1}、M_{N2}、M_{N3}，当输入为高电平时，NMOS 晶体管导通。利用 MOS 晶体管的开关特性，导通的 MOS 晶体管等效为一个开关闭合，不导通的 MOS 晶体管等效为一个开关断开，从而可以得出三输入与或非门逻辑表达式为 $Y = \overline{A \cdot B + C}$。

（2）三输入与或非门时序图

三输入与或非门时序图如图 4-36 所示。

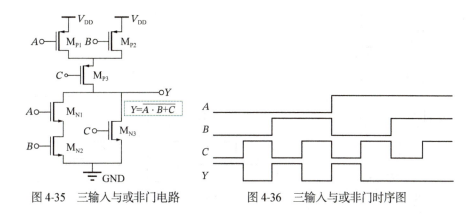

图 4-35   三输入与或非门电路   图 4-36   三输入与或非门时序图

4.4.2   或与非门电路

或与非门（OAI）是数字集成电路常用的逻辑门单元，至少有三个输入端和一个输出端。当其输入端都为低电平（逻辑"0"）时，输出端为高电平（逻辑"1"）；当其输入端都为高电平时，输出端为低电平。或与非门的逻辑表达式为 $Y = \overline{(A + B) \cdot C}$。图 4-37 所示为或与非门符号、逻辑表达式和真值表。

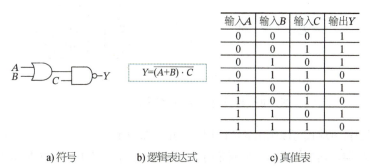

输入A	输入B	输入C	输出Y
0	0	0	1
0	0	1	1
0	1	0	1
0	1	1	0
1	0	0	1
1	0	1	0
1	1	0	1
1	1	1	0

a) 符号   b) 逻辑表达式   c) 真值表

图 4-37   或与非门符号、逻辑表达式和真值表

（1）三输入或与非门电路图

一个三输入或与非门电路如图 4-38 所示，由上拉网络的两个 PMOS 晶体管串联再与一个 PMOS 晶体管并联，和下拉网络的两个 NMOS 晶体管并联再与一个 NMOS 晶体管串联构成。对于 PMOS 晶体管 M_{P1}、M_{P2}、M_{P3}，当输入为低电平时，PMOS 晶体管导通；对于 NMOS 晶体管 M_{N1}、M_{N2}、M_{N3}，当输入为高电平时，NMOS 晶体管导通。利用 MOS 晶体管的开关特性，导通的 MOS 晶体管等效为一个开关闭合，不导通的 MOS 晶体管等效为一个开关断开，从而可以得出三输入或与非门逻辑表达式为 $Y = \overline{(A + B) \cdot C}$。

（2）三输入或与非门时序图

三输入或与非门时序图如图 4-39 所示。

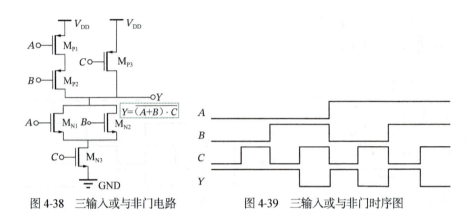

图 4-38　三输入或与非门电路　　　　图 4-39　三输入或与非门时序图

4.4.3　异或门电路

异或门（XOR）是数字集成电路常用的逻辑门单元，有两个输入端和一个输出端。当其输入逻辑信号不同时，输出端为高电平（逻辑"1"）；当其输入逻辑信号相同时，输出端为低电平（逻辑"0"）。异或门的逻辑表达式为 $Y = A \oplus B$。图 4-40 所示为异或门符号、逻辑表达式和真值表。

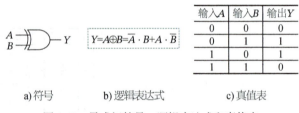

输入 A	输入 B	输出 Y
0	0	0
0	1	1
1	0	1
1	1	0

a) 符号　　　　b) 逻辑表达式　　　　c) 真值表

图 4-40　异或门符号、逻辑表达式和真值表

根据异或门逻辑表达式可以画出异或门逻辑电路，如图 4-41 所示。从逻辑电路图中可以看到，它包含了三个反相器、两个与门和一个或非门，电路组成复杂，共 14 个 MOS 晶体管。

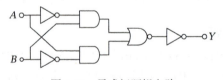

图 4-41　异或门逻辑电路

（1）异或门电路图

根据异或门逻辑电路图可以画出异或门电路，如图 4-42 所示。其中反相器用符号表示，简洁明了，电路图也整洁，容易读懂。其中与或非门输入端有四个，分别是 A、$\overline{A}$、B、$\overline{B}$，按照四输入与或非门设计电路图，由上拉网络的两组两个 PMOS 晶体管并联再组与组串联和下拉网络的两组两个 NMOS 晶体管串联再组与组并联构成。表达式为 $Y = \overline{\overline{A} \cdot B + A \cdot \overline{B}}$。

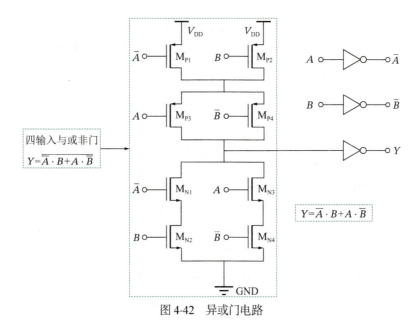

图 4-42　异或门电路

对于 PMOS 晶体管M_{P1}、M_{P2}、M_{P3}、M_{P4}，当输入为低电平时，PMOS 晶体管导通；对于 NMOS 晶体管M_{N1}、M_{N2}、M_{N3}、M_{N4}，当输入为高电平时，NMOS 晶体管导通。利用 MOS 晶体管的开关特性，导通的 MOS 晶体管等效为一个开关闭合，不导通的 MOS 晶体管等效为一个开关断开，从而可以得出异或门逻辑表达式为$Y = \overline{A} \cdot B + A \cdot \overline{B}$。

（2）异或门时序图

异或门时序图如图 4-43 所示。

图 4-43　异或门时序图

4.4.4　同或门电路

同或门（XNOR）是数字集成电路常用的逻辑门单元，有两个输入端和一个输出端。当其输入逻辑信号相同时，输出端为高电平（逻辑"1"）；当其输入逻辑信号不相同时，输出端为低电平（逻辑"0"）。同或门的逻辑表达式为$Y = A \odot B$。图 4-44 所示为同或门符号、逻辑表达式和真值表。同或门是异或门的非。

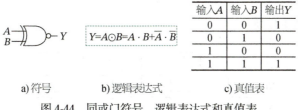

输入A	输入B	输出Y
0	0	1
0	1	0
1	0	0
1	1	1

$Y = A \odot B = A \cdot B + \overline{A} \cdot \overline{B}$

a) 符号　　　　b) 逻辑表达式　　　　c) 真值表

图 4-44　同或门符号、逻辑表达式和真值表

根据同或门逻辑表达式可以画出同或门逻辑电路，如图 4-45 所示。从逻辑电路图中可以看到，它包含了三个反相器、两个与门和一个或非门，电路组成复杂，共 14 个 MOS 晶体管。

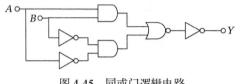

图 4-45　同或门逻辑电路

（1）同或门电路图

根据同或门逻辑电路图可以画出同或门电路，如图 4-46 所示。其中反相器用符号表示，简洁明了，电路图也整洁，容易读懂。其中与或非门输入端有四个，分别是 A、B、$\overline{A}$、$\overline{B}$，按照四输入与或非门设计电路图，由上拉网络的两组两个 PMOS 晶体管并联再组与组串联和下拉网络的两组两个 NMOS 晶体管串联再组与组并联构成。表达式为 $Y = \overline{A \cdot B + \overline{A} \cdot \overline{B}}$。

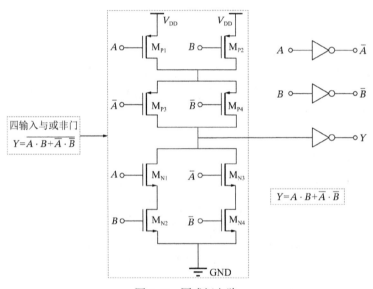

图 4-46　同或门电路

对于 PMOS 晶体管 M_{P1}、M_{P2}、M_{P3}、M_{P4}，当输入为低电平时，PMOS 晶体管导通；对于 NMOS 晶体管 M_{N1}、M_{N2}、M_{N3}、M_{N4}，当输入为高电平时，NMOS 晶体管导通。利用 MOS 晶体管的开关特性，导通的 MOS 晶体管等效为一个开关闭合，不导通的 MOS 晶体管等效为一个开关断开，从而可以得出同或门逻辑表达式为 $Y = A \cdot B + \overline{A} \cdot \overline{B}$。

（2）同或门时序图

同或门时序图如图 4-47 所示。

图 4-47　同或门时序图

异或门和同或门的电路还可以简化，由于异或门和同或门是互补的逻辑关系，因此有式 $Y = \overline{A \oplus B} = A \odot B$，和 $Y = \overline{A \odot B} = A \oplus B$。那么异或门可以用同或门的非来设计电路图，节省一个反相器（两个 MOS 晶体管），共 12 个 MOS 晶体管；同样，同或门可以用异或门的非来设计电路图，节省一个反相器（两个 MOS 晶体管），共 12 个 MOS 晶体管。

4.4.5　有比逻辑电路

CMOS 互补逻辑电路是由上拉网络和下拉网络构成的无比逻辑电路，在工作时有且仅有一个导通的网络状态下，静态功耗很低，输出的摆幅很大，可达到 V_{DD} 和 GND。而有比逻辑电路上拉网络和下拉网络两者可以同时导通，也可以两者中的一边导通而一边截止，输出取决于两者的分压比，故称为有比逻辑。

CMOS 无比逻辑电路标准需要 MOS 晶体管数量为 $2N$ 个，有比逻辑电路典型示意如图 4-48 所示。可以使用电阻负载来做输出逻辑分压，但在 CMOS 工艺的集成电路制造中，电阻的制造较复杂，而制造 MOS 晶体管则很容易实现，因此设计中多数使用 MOS 晶体管工作在饱和区作为有源负载。MOS 晶体管负载可以是 PMOS 晶体管也可以是 NMOS 晶体管，常用的是 PMOS 晶体管负载。由于 PMOS 晶体管负载一直工作在饱和区，其等效电阻比较大，当输入为高电平时，NMOS 晶体管下拉网络的等效电阻比较小，故分压比为低电平；当输入为低电平时，NMOS 晶体管下拉网络不导通，故分压比为高电平。

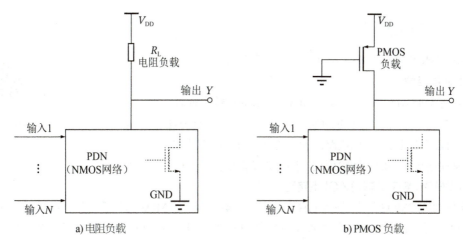

a) 电阻负载　　　　　　　　　　b) PMOS 负载

图 4-48　有比逻辑电路典型示意

PMOS 晶体管负载，NMOS 晶体管下拉网络构成的无比逻辑电路称为伪 NMOS 逻辑电路。伪 NMOS 逻辑电路一般需要 N 个 NMOS 晶体管和一个 PMOS 晶体管，共 $N+1$ 个 MOS 晶体管，比 CMOS 有比逻辑电路少，但存在上拉网络和下拉网络同时导通的情况，因此静态功耗比较大，设计时需要考虑。

伪 NMOS 逻辑电路如图 4-49 所示，PMOS 晶体管栅极接地作为负载，NMOS 晶体管下拉网络作为输入。因为 PMOS 晶体管一直导通处于饱和状态，假定 NMOS 晶体管下拉网络所有输入为低电平，不导通时，处于高阻态，那么输出为高电平；假定 NMOS 晶体管下拉网络所有输入为高电平，导通时，相当于 MOS 晶体管开关闭合，导通电阻小，那么 PMOS 晶体管负载与 NMOS 晶体管下拉网络的等效电阻分压比靠近 GND，在噪声容限范围内，因此为低电平。根据电路图可以确定其逻辑表达式为 $Y = \overline{(A \cdot B + C \cdot D) \cdot (E + F + G)}$。

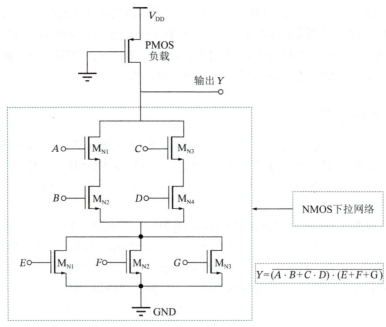

图 4-49   伪 NMOS 逻辑电路

4.4.6   实操训练

名称：CMOS 复杂逻辑门 AOI 设计与仿真分析

（1）训练目的

1）熟练掌握 ADE 设计环境及 TRAN 分析的参数设置与仿真。

2）掌握组合逻辑门电路的 AOI 和 OAI 的分析和设计方法。

3）掌握复杂组合逻辑门电路的瞬态仿真分析的操作流程。

4）掌握通过瞬态仿真图验证逻辑门电路功能的方法。

4.4.6 实操训练

（2）CMOS 复杂逻辑门 AOI 电路图

本实操训练 CMOS 复杂逻辑门 AOI 电路如图 4-50 所示。MOS 晶体管采用三端口器件，PMOS 晶体管模型名为 p18，NMOS 晶体管模型名为 n18，并给出了 CMOS 复杂逻辑门 AOI 电路的 MOS 晶体管沟道尺寸（宽度 w、长度 l）。

（3）CMOS 复杂逻辑门 AOI 电路仿真分析

CMOS 复杂逻辑门 AOI 电路仿真图如图 4-51 所示，横坐标为时间 time（ms），纵坐标为四组电压（V），输入电压 A、B、C 和对应的输出电压 F。图中显示了 time 在 0～10ms 变化时，逻辑门 AOI 的输出电压 F 波形图。

从图 4-51 中可知，在 time 为 4.3ms、输入 A 为高电平（$V_{DD} = 1.8V$）、输入 B 为高电平（$V_{DD} = 1.8V$）、输入 C 为高电平（$V_{DD} = 1.8V$）时，输出 F 为低电平（2.8589μV），从而可知逻辑门 AOI 时序逻辑正确。

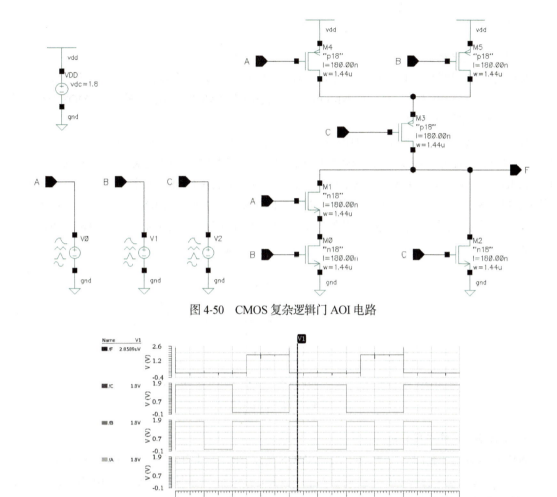

图 4-50   CMOS 复杂逻辑门 AOI 电路

图 4-51   CMOS 复杂逻辑门 AOI 电路仿真图

任务 4.5   传输门逻辑电路

【任务导航】

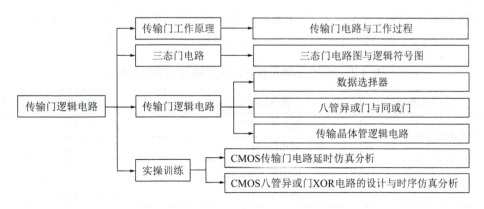

4.5.1 传输门工作原理

（1）传输门电路

MOS 晶体管传输门（Transmission Gate，TG）是一种既可以传输数字信号又可以传输模拟信号的栅极时钟控制开关电路。传输门分 NMOS 晶体管传输门、PMOS 晶体管传输门、CMOS 晶体管传输门，其电路如图 4-52 所示。

NMOS 晶体管传输门当栅极控制时钟 CLK 为高电平（逻辑"1"）时，NMOS 晶体管等效开关闭合，输出与输入的关系为 $Y = A$；PMOS 晶体管传输门当栅极控制时钟 CLKN 为低电平（逻辑"0"）时，PMOS 晶体管等效开关闭合，输出与输入的关系为 $Y = A$；CMOS 晶体管传输门利用 NMOS 晶体管和 PMOS 晶体管的互补特性，当栅极控制时钟 CLK 为高电平、CLKN 为低电平时，CMOS 晶体管等效开关闭合，输出与输入的关系为 $Y = A$。控制时钟关系式为 $CLKN = \overline{CLK}$。如果 MOS 晶体管都截止，等效开关断开时，输入 A 和输出 Y 之间是开路状态，称为高阻状态。

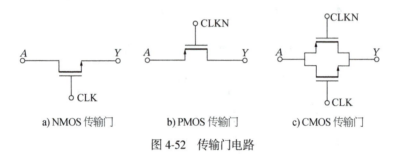

a）NMOS 传输门　　　　b）PMOS 传输门　　　　c）CMOS 传输门

图 4-52　传输门电路

（2）传输门工作过程分析

NMOS 晶体管传输门在传输"0"时，NMOS 晶体管的 V_{GS} 是电源电压 V_{DD}，NMOS 晶体管导通，进入深线性区，导通阻抗很小，信号无损失传输；在传输"1"时，NMOS 晶体管的 V_{GS} 为 V_{DD} 减输出 Y，在 NMOS 晶体管导通时，输出信号 $Y = V_{DD} - V_{GS}$，信号有传输损失。

PMOS 晶体管传输门在传输"1"时，PMOS 晶体管的 V_{SG} 是电源电压 V_{DD}，PMOS 晶体管导通，进入深线性区，导通阻抗很小，信号无损失传输；在传输"0"时，PMOS 晶体管不导通时，输出呈高阻状态。

CMOS 晶体管传输门在传输"0"时，NMOS 晶体管的 V_{GS} 是电源电压 V_{DD}，NMOS 晶体管导通，进入深线性区，导通阻抗很小，信号无损失传输；在传输"1"时，PMOS 晶体管的 V_{SG} 是电源电压 V_{DD}，PMOS 晶体管导通，进入深线性区，导通阻抗很小，信号无损失传输。

因此，CMOS 传输门电路传输"0"主要靠 NMOS 晶体管，传输"1"主要靠 PMOS 晶体管，可以达到信号无损失传输。MOS 晶体管传输门电路输入和输出信号值如表 4-2 所示。

表 4-2　MOS 晶体管传输门电路输入和输出信号值

传输门电路	输入信号值	输出信号值
NMOS 传输门	低电平"0"	低电平"0"
	高电平"V_{DD}"	高电平"$V_{DD} - V_{GS}$"
PMOS 传输门	低电平"0"	高阻
	高电平"V_{DD}"	高电平"V_{DD}"

（续）

传输门电路	输入信号值	输出信号值
CMOS 传输门	低电平 "0"	低电平 "0"
	高电平 "V_{DD}"	高电平 "V_{DD}"

（3）CMOS 传输门

数字集成电路常用的为 CMOS 传输门，有一个输入端和一个输出端，有两个 MOS 晶体管栅极控制时钟端，PMOS 栅极控制时钟为 CLKN，NMOS 栅极控制时钟为 CLK。当其输入端为低电平（逻辑 "0"）时，输出端为低电平（逻辑 "0"）；当其输入端为高电平（逻辑 "1"）时，输出端为高电平（逻辑 "1"）。当 CLK = "1" 时，传输门等效开关闭合，传输门的逻辑表达式为 $Y = A$。图 4-53 所示为 CMOS 传输门符号、逻辑表达式和真值表。

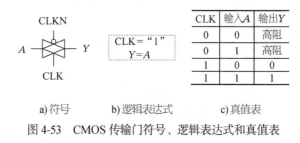

a) 符号   b) 逻辑表达式   c) 真值表

图 4-53   CMOS 传输门符号、逻辑表达式和真值表

4.5.2   三态门电路

逻辑门电路输出除了高、低电平这两种状态，还有高输出电阻的第三种状态，称为高阻态（也称禁止态），这样的逻辑门称为三态门。图 4-54 所示为高电平使能的两种三态门电路。当 CLK 为高电平，CLKN 为低电平时，PMOS 晶体管M_{P1}、NMOS 晶体管M_{N1}都导通，由 PMOS 晶体管M_{P2}、NMOS 晶体管M_{N2}组成的反相器正常工作，输出与输入反相；当 CLK 为低电平，CLKN 为高电平时，PMOS 晶体管M_{P1}、NMOS 晶体管M_{N1}都不导通，由 PMOS 晶体管M_{P2}、NMOS 晶体管M_{N2}组成的反相器不工作，输出呈高阻态。

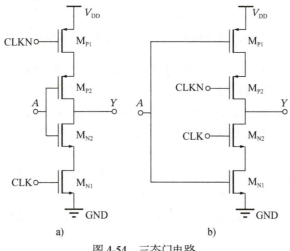

图 4-54   三态门电路

数字集成电路常用的 MOS 晶体管三态门，有一个输入端和一个输出端，还有一个三态门使能控制信号 EN，图 4-55 中 EN 为 MOS 晶体管栅极控制时钟信号 CLK。当 EN 为高电平（"1"）时，控制开关 PMOS、NMOS 晶体管都导通，反相器正常工作；当 EN 为低电平（"0"）时，控制开关 PMOS、NMOS 晶体管都不导通，反相器呈高阻态，输入与输出隔断，信号无法正常传输。图 4-55 所示为三态门符号、逻辑表达式和真值表。

EN	输入A	输出Y
0	0	高阻
0	1	高阻
1	0	1
1	1	0

EN = "1"
$Y = \overline{A}$

a) 符号   b) 逻辑表达式   c) 真值表

图 4-55　三态门符号、逻辑表达式和真值表

4.5.3　传输门逻辑电路

（1）数据选择器

传输门的一个重要应用就是数据选择器。数据选择器是指经过选择，把多个通道的数据传送到唯一的公共数据通道上，实现数据选择功能的逻辑电路，也称多路选择器或多路开关（multiplexer，MUX）。图 4-56 所示为两路数据选择器电路、逻辑表达式和真值表，输入为 A、B，选择信号 S，输出为 Y。

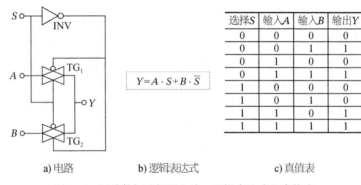

$Y = A \cdot S + B \cdot \overline{S}$

选择S	输入A	输入B	输出Y
0	0	0	0
0	0	1	1
0	1	0	0
0	1	1	1
1	0	0	0
1	0	1	0
1	1	0	1
1	1	1	1

a) 电路　　　　b) 逻辑表达式　　　　c) 真值表

图 4-56　两路数据选择器电路、逻辑表达式和真值表

当选择信号 S 为低电平（"0"）时，传输门 TG_1 不导通，等效开关断开，输入 A 无法传输，而传输门 TG_2 导通，等效开关闭合，信号 B 正常传输，此时输出 $Y = B$；当选择信号 S 为高电平（"1"）时，传输门 TG_1 导通，等效开关闭合，输入 A 正常传输，此时输出 $Y = A$，而传输门 TG_2 不导通，等效开关断开，输入 B 无法传输。根据数据选择器真值表，可得出其逻辑表达式为 $Y = A \cdot S + B \cdot \overline{S}$。

（2）八管异或门

异或门也可以使用传输门来实现。图 4-57 所示为传输门和反相器组成的异或门电路（因由八个晶体管组成，简称八管异或门），输入为 A、B，输出为 Y。它使用了两个传输门和两个反相器构成，共八个 MOS 晶体管，电路结构简单，比使用互补 CMOS 晶体管（至少 12 个晶体管）少了四个晶体管，节省了资源。

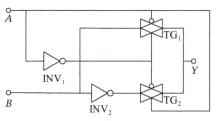

图 4-57　八管异或门电路

当输入 A 为低电平（"0"）时，传输门 TG_1 导通，等效开关断开，输入 B 正常传输，此时输出 $Y = B$，而传输门 TG_2 不导通；当输入 A 为高电平（"1"）时，传输门 TG_1 不导通，而传输门 TG_2 导通，等效开关断开，输入 B 经过反相器 INV_2 后正常传输，此时输出 $Y = \overline{B}$。可以列真值表，得出逻辑表达式为 $Y = \overline{A} \cdot B + A \cdot \overline{B}$。

（3）八管同或门

同或门也可以使用传输门来实现。图 4-58 所示为传输门和反相器组成的同或门电路（简称八管同或门），输入为 A、B，输出为 Y。它使用了两个传输门和两个反相器构成，共八个 MOS 晶体管，电路结构简单，比使用互补 CMOS 晶体管（至少 12 个晶体管）少了四个晶体管，节省了资源。

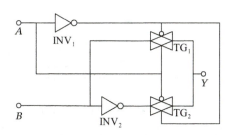

图 4-58　八管同或门电路

当输入 A 为低电平（"0"）时，传输门 TG_1 不导通，而传输门 TG_2 导通，等效开关断开，输入 B 经过反相器 INV_2 后正常传输，此时输出 $Y = \overline{B}$；当输入 A 为高电平（"1"）时，传输门 TG_1 导通，等效开关断开，输入 B 正常传输，此时输出 $Y = B$，而传输门 TG_2 不导通。可以列真值表，得出逻辑表达式为 $Y = A \cdot B + \overline{A} \cdot \overline{B}$。

（4）传输晶体管逻辑电路

传输门的另外一个重要的应用是可以实现互补传输晶体管逻辑，它可以降低互补 CMOS 逻辑电路的复杂性。使用 NMOS 晶体管或 PMOS 晶体管作为传输门替代互补 CMOS 传输门，结构简单，所有的输入和输出都是互补的。逻辑电路输入信号为逻辑信号本身和它的互补"非"逻辑信号；逻辑电路输出信号也是互补的。

1）与门和与非门逻辑电路，如图 4-59 所示。根据电路图可知：$Y = A \cdot B + B \cdot \overline{B} = A \cdot B$，$\overline{Y} = \overline{A} \cdot B + \overline{B} \cdot \overline{B} = \overline{A \cdot B}$。

2）或门和或非门逻辑电路，如图 4-60 所示。根据电路图可知：$Y = A \cdot \overline{B} + B \cdot B = A + B$，$\overline{Y} = \overline{A} \cdot \overline{B} + \overline{B} \cdot B = \overline{A + B}$。

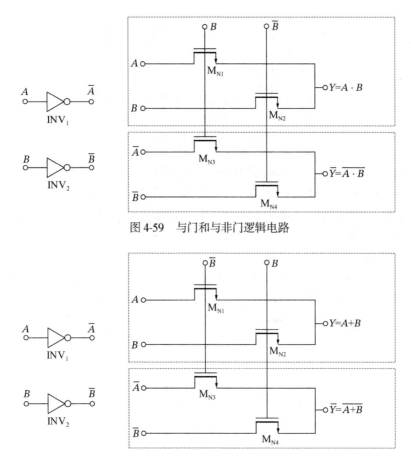

图 4-59　与门和与非门逻辑电路

图 4-60　或门和或非门逻辑电路

3）多路选择器。传输晶体管逻辑还可以实现多路选择器，使用 NMOS 晶体管或 PMOS 晶体管作为传输门替代互补 CMOS 传输门，结构简单。图 4-61 所示为使用 NMOS 传输晶体管实现的四路选择器。根据电路图可知：$Y = A(S1 \cdot S2) + B(S1 \cdot \overline{S2}) + C(\overline{S1} \cdot S2) + D(\overline{S1} \cdot \overline{S2})$。

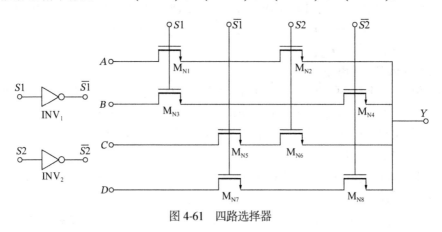

图 4-61　四路选择器

四路选择器真值表如表 4-3 所示。

表 4-3 四路选择器真值表

选择S_1	选择S_2	输入	输出Y
1	1	A	A
1	0	B	B
0	1	C	C
0	0	D	D

4.5.4 实操训练

1. CMOS 传输门电路延时仿真分析

（1）训练目的

4.5.4 实操训练-1

1）掌握 ADE 环境进行瞬态 TRAN 仿真分析的操作流程。

2）掌握传输门延时计算方法和仿真验证。

3）掌握脉冲信号源的设置方法。

（2）CMOS 传输门延时仿真电路图

本实操训练 CMOS 传输门电路如图 4-62 所示。MOS 晶体管采用四端口器件，PMOS 晶体管模型名为 p18，NMOS 晶体管模型名为 n18，并给出了传输门 MOS 晶体管的沟道尺寸（宽度 w、长度 l）。

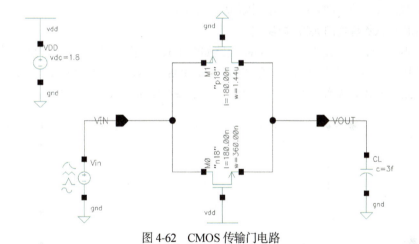

图 4-62 CMOS 传输门电路

（3）CMOS 传输门延时仿真分析

传输门延时仿真图如图 4-63 所示，横坐标为时间 time（ps），纵坐标为输入电压 V_{IN}（V）和输出电压 V_{OUT}（V）。图中显示了 time 在 0～200ps 变化时，传输门的输出电压 V_{OUT} 随输入电压 V_{IN} 变化的波形图。从仿真波形图中可知，传输门延时 $V_1 - V_2$ 约为 12.0313ps。

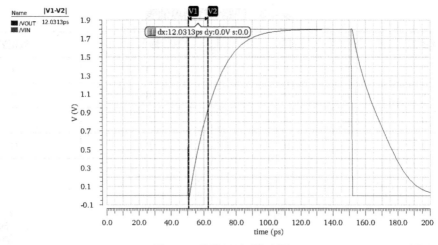

图 4-63 传输门延时仿真图

2. CMOS 八管异或门 XOR 电路的设计与时序仿真分析

（1）训练目的

1）熟练掌握 IC 电路设计以及 ADE 设计环境和 TRAN 分析的参数设置与仿真。

4.5.4 实操训练-2

2）掌握用传输门 TG 实现的八管异或门 XOR 电路设计方法和仿真验证。

3）掌握生成 Symbol 的流程，以及 Symbol 的修改设计方法。

4）掌握通过瞬态仿真图验证逻辑门电路功能的方法。

（2）CMOS 八管异或门 XOR 电路图

本实操训练 CMOS 八管异或门 XOR 电路如图 4-64 所示。电路图使用了反相器和传输门的 Symbol，其中反相器和传输门中晶体管的参数为：PMOS 晶体管模型名为 p18，宽度 $w = 1.44\mu m$、长度 $l = 0.18\mu m$；NMOS 晶体管模型名为 n18，宽度 $w = 0.36\mu m$、长度 $l = 0.18\mu m$。

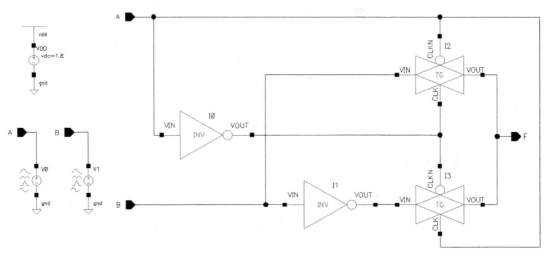

图 4-64 CMOS 八管异或门 XOR 电路

（3）CMOS 八管异或门 XOR 电路仿真分析

CMOS 八管异或门 XOR 电路仿真时序图如图 4-65 所示，横坐标为时间 time（ms），纵坐标为两组电压（V），输入电压A、B和输出电压F。图中显示了 time 在 0～4ms 变化时，异或门 XOR 的输出电压F波形图。

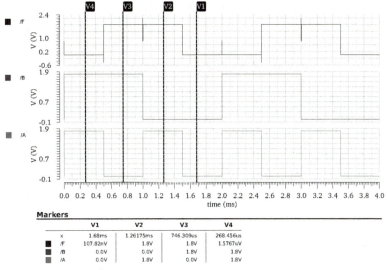

图 4-65 CMOS 八管异或门 XOR 电路仿真时序图

从图 4-65 中可知，在 time 约为 1.68ms，当输入A为低电平（0.0V）、输入B为低电平（0.0V）时，输出F为低电平（107.82nV）；在 time 约为 1.26ms，当输入A为高电平（$V_{DD} = 1.8V$）、输入B为低电平（0.0V）时，输出F为高电平（$V_{DD} = 1.8V$）；在 time 约为 746μs，当输入A为低电平（0.0V）、输入B为高电平（$V_{DD} = 1.8V$）时，输出F为高电平（$V_{DD} = 1.8V$）；在 time 约为 268μs，当输入A为高电平（$V_{DD} = 1.8V$）、输入B为高电平（$V_{DD} = 1.8V$），输出F为低电平（1.5767μV），从而可知异或门 XOR 电路时序逻辑正确。

任务 4.6 加法器电路

【任务导航】

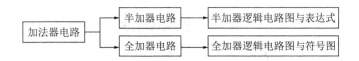

加法器（Adder）是数字集成电路中最基本的组合电路，加法器分为全加器和半加器。加数和被加数为输入，和数（Sum）与进位（Carry）为输出的电路为半加器。加数、被加数与低位的进位数为输入，而和数与进位为输出的电路则为全加器。

4.6.1 半加器电路

半加器不考虑进位，因此它有两个输入端和两个输出端。图 4-66 所示为两位逻辑信号相加的电路图、逻辑表达式和真值表，输入端为A、B，和为S，输出进位为C。由真值表可以求出逻辑表达式，可知电路实现时只需要一个异或门和一个与门电路，如图 4-66b 所示。

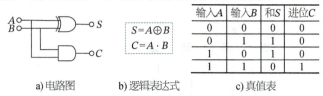

a) 电路图　　　　b) 逻辑表达式　　　　c) 真值表

图 4-66　半加器电路图、逻辑表达式和真值表

输入A	输入B	和S	进位C
0	0	0	0
0	1	1	0
1	0	1	0
1	1	0	1

$S = A \oplus B$
$C = A \cdot B$

4.6.2　全加器电路

半加器可以产生进位但是不能处理进位，而全加器可以处理进位相加。半加器不能处理进位的原因：由于两个输入信号相加时，还需要再加上来自进位的信号，一共需要三个输入信号进行相加，才能得到结果，而半加器只有两个输入。因此要实现三个输入信号相加，可以用两个半加器和一个或门，组合成一个全加器，如图 4-67 所示。输入为 A、B，输入进位 C_I；输出和为 S_O，输出进位为 C_O。

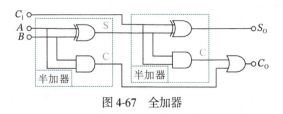

图 4-67　全加器

全加器与半加器的区别在于：全加器比半加器多一个接收进位信号的输入端 C_I，全加器每一次都要处理输入进位；而半加器不用考虑输入进位，直接把两个逻辑信号相加就行。图 4-68 所示为半加器和全加器的符号。

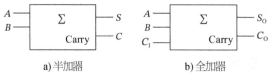

a) 半加器　　　　　　　　　　b) 全加器

图 4-68　加法器符号

全加器真值表如表 4-4 所示。

表 4-4　全加器真值表

输入进位C_I	输入A	输入B	和S_O	输出进位C_O
0	0	0	0	0
0	0	1	1	0
0	1	0	1	0
0	1	1	0	1
1	0	0	1	0
1	0	1	0	1
1	1	0	0	1
1	1	1	1	1

由全加器真值表可以得到逻辑表达式：$S_O = A \oplus B \oplus C_I$，$C_O = A \cdot B + (A + B) \cdot C_I$。

习题

一、单选题

1）一个具有 N 个输入的互补 CMOS 逻辑门，需要的晶体管数量为（　　）个。

    A. $2N + 1$ B. $N + 1$ C. $2N$ D. $N + 2$

2）一个具有六个输入端的互补 CMOS 逻辑门，需要的晶体管数量为（　　）个。

    A. 14   B. 8   C. 10   D. 12

3）伪 NMOS 电路中整个 PUN 被一个无条件的负载器件所替代，一般将这个负载器件的（　　）端接地。

    A. 栅极   B. 源极   C. 漏极   D. 衬底

4）MOS 晶体管的连接不包括（　　）方式。

    A. 串联   B. 并联   C. 混联   D. 复联

5）如图 4-69 所示，串联 PMOS 晶体管中的 Z 点是晶体管 M_1 的（　　）。

图 4-69　串联 PMOS 晶体管

    A. 栅极   B. 源极   C. 漏极   D. 衬底

6）如图 4-70 所示，串联 NMOS 晶体管中的 Z 点是晶体管 M_2 的（　　）。

图 4-70　串联 NMOS 晶体管

    A. 栅极   B. 源极   C. 漏极   D. 衬底

二、判断题

1）MOS 晶体管的并联是指把它们的源极和源极相连，漏极和漏极相连，各自的栅极是独立的。　　　（　　）

2）MOS 晶体管串联时，NMOS 晶体管的电流从漏极 D 流向源极 S，PMOS 晶体管的电流从漏极 D 流向源极 S。　　　（　　）

3）PMOS 晶体管的源极和衬底与电源相连，NMOS 晶体管的源极和衬底与地相连。（　　）

4）两输入与非门电路，NMOS 晶体管是串联关系，PMOS 晶体管是并联关系。　　　（　　）

5）在两输入或非门中，NMOS 晶体管是并联关系，PMOS 晶体管是串联关系。 （　　）

6）NMOS 晶体管或与复联电路，电路网络是先并联后串联。 （　　）

7）NMOS 晶体管与或复联电路，电路网络是先串联再并联。 （　　）

8）三输入与或非门（AOI）的电路中，如下描述：

①对于 NMOS 晶体管来说，两个 NMOS 晶体管是串联关系，然后与一个 NMOS 晶体管并联。
（　　）

②对于 PMOS 晶体管来说，两个 PMOS 晶体管是并联关系，然后与一个 PMOS 晶体管串联。
（　　）

9）三输入或与非门（OAI）的电路中，如下描述：

①对于 NMOS 晶体管来说，两个 NMOS 晶体管是并联关系，然后与一个 NMOS 晶体管串联。
（　　）

②对于 PMOS 晶体管来说，两个 PMOS 晶体管是串联关系，然后与一个 PMOS 晶体管并联。
（　　）

10）CMOS 传输门由一个 NMOS 晶体管和一个 PMOS 晶体管串联而成。 （　　）

11）二输入异或门两个输入 A、B 为相同值时，输出为逻辑 0；当输入 A、B 值不相同时，输出为逻辑 1。 （　　）

12）二输入同或门两个输入 A、B 为相同值时，输出为逻辑 0；当输入 A、B 值不相同时，输出为逻辑 1。 （　　）

三、电路设计题

1）采用 CMOS 晶体管电路设计并实现以下逻辑表达式。

① $F = \overline{A(B+C)+D}$ ② $F = \overline{(AB+C) \cdot D}$

③ $F = A \oplus B$ ④ $F = A + BC$

2）用伪 NMOS 晶体管电路设计并实现以下逻辑表达式。

① $F = \overline{A \cdot (B+C)+D}$ ② $F = \overline{A} + \overline{B} \cdot \overline{C}$

3）用 CMOS 传输门电路设计并实现以下逻辑表达式。

① $F = A \cdot \overline{S} + \overline{(B+C)} \cdot S$ ② $F = \overline{A} \cdot \overline{B} + A \cdot B$

四、电路识别题

根据图 4-71 所示电路图，完成下述内容：

1）写出输出 F 的逻辑表达式。

2）用 NOR 门设计一个实现相同逻辑功能的电路，画出晶体管级电路图。

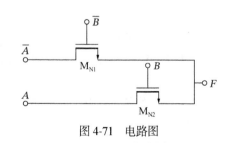

图 4-71　电路图

项目 5　时序逻辑门设计与仿真

【项目描述】

时序逻辑门是集成电路设计中基本的数字逻辑门单元，因此必须要掌握各种时序逻辑电路的工作原理。本项目详细阐述了锁存器和触发器电路工作原理。对各种常用锁存器如与非门 SR 锁存器、或非门 SR 锁存器、钟控 RS 锁存器、钟控 JK 锁存器，触发器如 SR 触发器、JK 触发器、D 触发器的电路结构和工作时序进行了详细的分析，并配有实操训练，以巩固理论知识。

【项目导航】

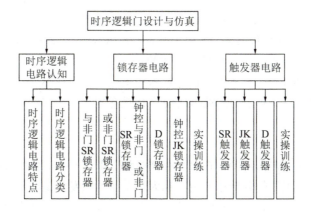

任务 5.1　时序逻辑电路认知

【任务导航】

5.1.1　时序逻辑电路特点

在时序逻辑电路中，输出信号不仅取决于当前的输入信号，还取决于原来的工作状态，时序逻辑电路的输出还与以前的输入有关，具有记忆功能。时序电路中必须包含具有记忆功能的存储电路。存储电路是时序逻辑中最关键的组成部分，通常由锁存器（Latch）或触发器（Flip-Flop, FF）构成。时序逻辑电路由组合逻辑电路和存储电路两部分组成，且电路中包含反馈电路，通过反馈，使电路功能与控制时钟脉冲的"时序"关联。

5.1.2　时序逻辑电路分类

锁存器和触发器之间的区别在于锁存器是控制脉冲电平触发的（只要输入改变，输出就会改变），而触发器是边沿触发的［只有当控制脉冲信号从高电平变为低电平（或从低到高）时，才会改变状态］。触发器是边沿敏感的存储单元电路，数据存储与控制脉冲信号的上升或者下降沿同步。按照数据传输特点，通常把存储电路分为锁存器和触发器两大类。

（1）锁存器

锁存器使用时钟脉冲信号控制数据的输入，当时钟设置为数据输入时，锁存器是透明的，此时输入数据直接传输送到输出端；当时钟设置为数据不能输入时，锁存器锁存数据。

锁存器根据电路工作的不同特点，可分为 RS（SR）和 D 锁存器等几种类型。

1）RS（SR）锁存器。RS 锁存器至少会加一个输入端作为控制脉冲信号，该脉冲信号有效时，锁存器能持续地输入、输出数据。其控制信号一般为高电平，因此锁存器是一种对脉冲电平敏感的存储单元电路，可以在特定输入脉冲电平作用下改变状态。锁存器最主要的作用是作为缓存器，RS（SR）锁存器存在不确定状态。

说明：RS 锁存器是置位优先型，S 为 1 时，无论 R 如何，输出均为 1；而 SR 锁存器是复位优先型，当 R 为 1 时，无论 S 为何值，输出均为 0。

2）D 锁存器。与 RS 锁存器不同，D 锁存器在工作中不存在不确定状态，因而得到广泛应用。目前，主要采用时钟脉冲控制传输门结构的 D 锁存器，其电路结构简单，在芯片中占用面积小。

（2）触发器

数字集成电路时序逻辑系统中，在每个存储电路上引入一个时钟脉冲作为控制信号，在时钟信号触发时才能正常工作的存储单元电路称为触发器。触发器是非透明传输，数据存储与输出是两个独立的事件，存储和输出是隔断的。

触发器根据逻辑功能的不同特点，可分为 D、T、SR（RS）、JK 触发器等几种类型。

1）D 触发器。D 触发器是最常用的存储数据单元电路。存储电路输出端逻辑电平 Q 在时钟脉冲信号的控制下跟随输入逻辑信号 D，具有置"0"和置"1"功能。

2）T 触发器。当输入端 T 的逻辑数据通过时钟触发时，T 触发器的输出逻辑数据就发生翻转；没有触发时，输出逻辑数据保持。

3）SR（RS）触发器。它也是一种常用的时序逻辑电路，通过 S 端来置位或通过 R 端来复位（置"1"，置"0"），或保持。

4）JK 触发器。与 SR（RS）触发器有点类似，JK 触发器的输入 J 端和 K 端能够同时置"0"和置"1"。输出具有置"1"、置"0"、保持功能。

CMOS 时序逻辑电路分类及特点如表 5-1 所示。

表 5-1　CMOS 时序逻辑电路分类及特点

类型	锁存器	触发器
传输特点	透明传输、电平敏感	不透明传输、边沿触发
分类	SR（RS）锁存器、D 锁存器 JK 锁存器、T 锁存器	SR（RS）触发器、D 触发器 JK 触发器、T 触发器

任务 5.2 锁存器电路

【任务导航】

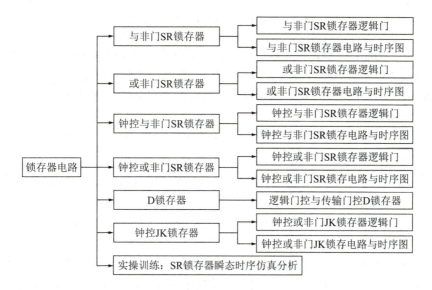

锁存器是一种对"脉冲电平敏感"的双稳态电路，它具有"0"和"1"两个稳定状态，一旦稳定状态被确定，就能自行保持存储，直到有外部输入脉冲电平改变时，才可能改变状态。这种特性可以用于传输（置位或复位）和存储 1 位二进制数据。

锁存器有很多种，SR（RS）锁存器是常用的锁存器单元。RS 锁存器和 SR 锁存器的区别在于：置位 S 信号和复位 R 信号同为高电平"1"时的优先级不同。当置位信号和复位信号均为"1"时：RS 锁存器输出为"1"，置位优先；SR 锁存器输出为"0"，复位优先。

常用的 SR 锁存器分类如表 5-2 所示。

表 5-2　SR 锁存器分类

序号	名称
1	基本 SR 锁存器（与非门）
2	基本 SR 锁存器（或非门）
3	钟控 SR 锁存器（与非门）
4	钟控 SR 锁存器（或非门）

5.2.1　与非门 SR 锁存器

（1）与非门 SR 锁存器逻辑门

与非门 SR 锁存器是逻辑电路的基本单元，有两个输入 S、R 和两个输出 Q 和 $\overline{Q}$。图 5-1 所示为与非门 SR 锁存器符号、逻辑电路和真值表。

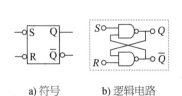

输入S	输入R	Q_{n+1}	$\overline{Q_{n+1}}$	工作状态
0	0	1	1	无效
0	1	1	0	置位
1	0	0	1	复位
1	1	Q_n	$\overline{Q_n}$	保持

a) 符号　　　　b) 逻辑电路　　　　　　　　c) 真值表

图 5-1　与非门 SR 锁存器符号、逻辑电路和真值表

1）S和R输入端的小圆圈表明逻辑电路为低电平有效，输出Q_n和$\overline{Q_n}$为一对逻辑互补的初态，Q_{n+1}和$\overline{Q_{n+1}}$为一对逻辑互补的次态，由与非门 SR 锁存器真值表可知：

2）当置位输入S为低电平"0"，复位输入为低电平"0"时，输出端Q_{n+1}和$\overline{Q_{n+1}}$都为"1"，此时工作处于无效状态。

3）当置位输入S为低电平"0"，复位输入为高电平"1"时，输出端Q_{n+1}为"1"、$\overline{Q_{n+1}}$为"0"，此时工作处于置位状态。

4）当置位输入S为高电平"1"，复位输入为低电平"0"时，输出端Q_{n+1}为"0"、$\overline{Q_{n+1}}$为"1"，此时工作处于复位状态。

5）当置位输入S为高电平"1"，复位输入为高电平"1"时，输出端Q_{n+1}为"Q_n"、$\overline{Q_{n+1}}$为"$\overline{Q_n}$"，此时工作处于保持状态。

由与非门 SR 锁存电路真值表可知，必须先使置位输入S或复位输入R为逻辑"0"，才能改变电路初始工作状态；然后为了使逻辑电路保持初始状态，两个外部输入S和R必须均为逻辑"1"。因此，与非门 SR 锁存器是低电平有效（置位"1"、复位"0"）。

（2）与非门 SR 锁存器电路

与非门 SR 锁存器电路由两个 CMOS 与非门（共 8 个晶体管）组成，如图 5-2 所示。

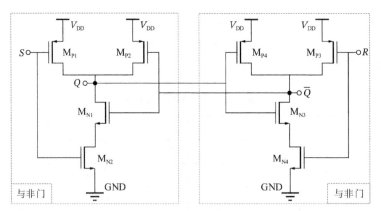

图 5-2　与非门 SR 锁存器电路

与非门 SR 锁存器电路工作原理如下：

1）若置位输入S为低电平"0"，复位输入R为低电平"0"，PMOS 晶体管M_{P1}和M_{P3}均导通，结果输出Q和$\overline{Q}$都为"1"，这是不合规的，处于无效状态。

2）若置位输入S为低电平"0"，复位输入R为高电平"1"，PMOS 晶体管M_{P1}导通，输出Q为"1"，NMOS 晶体管M_{N3}和M_{N4}都导通，结果输出$\overline{Q}$为"0"，处于置位状态。

3）若置位输入S为高电平"1"，复位输入R为低电平"0"，PMOS 晶体管M_{P3}导通，输出$\overline{Q}$

为"1"，NMOS 晶体管M_{N1}和M_{N2}都导通，结果输出Q为"0"，处于复位状态。

4）若置位输入S为高电平"1"，复位输入R为高电平"1"，PMOS 晶体管M_{P1}不导通，NMOS 晶体管M_{N2}导通，由 PMOS 晶体管M_{P2}和 NMOS 晶体管M_{N1}组合成第一个反相器；PMOS 晶体管M_{P3}不导通，NMOS 晶体管M_{N4}导通，由 PMOS 晶体管M_{P4}和 NMOS 晶体管M_{N3}组合成第二个反相器。第一个反相器输出端Q和第二个反相器输入端相连，第二个反相器输出端$\overline{Q}$和第一个反相器输入端相连，如图 5-3 所示，构成锁存状态，保持以前的数据不变，具有记忆功能。

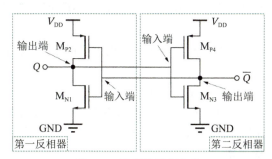

图 5-3　反相器锁存电路

（3）与非门 SR 锁存器时序图

与非门 SR 锁存器时序图如图 5-4 所示，当输入R、S都为低电平时，输出都为高电平，处于无效状态；当输入R为高电平、S为低电平时，输出Q为高电平，处于置位状态；当输入R为低电平、S为高电平时，输出Q为低电平，处于复位状态；当输入R、S都为高电平时，输出保持上一个状态。

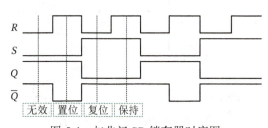

图 5-4　与非门 SR 锁存器时序图

5.2.2　或非门 SR 锁存器

（1）或非门 SR 锁存器逻辑门

或非门 SR 锁存器是逻辑电路的基本单元，有两个输入S、R和两个输出Q和$\overline{Q}$。图 5-5 所示为或非门 SR 锁存器符号、逻辑电路和真值表。

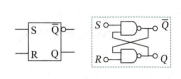

输入S	输入R	Q_{n+1}	$\overline{Q_{n+1}}$	工作状态
0	0	Q_n	$\overline{Q_n}$	保持
0	1	0	1	复位
1	0	1	0	置位
1	1	0	0	无效

a) 符号　　　b) 逻辑电路　　　c) 真值表

图 5-5　或非门 SR 锁存器符号、逻辑电路和真值表

S和R输入端的没有小圆圈表明逻辑电路为高电平有效，输出Q_n和$\overline{Q_n}$为一对逻辑互补的初态，Q_{n+1}和$\overline{Q_{n+1}}$为一对逻辑互补的次态，由或非门 SR 锁存器真值表可知：

1）当置位输入S为低电平"0"，复位输入为低电平"0"时，输出端Q_{n+1}为"Q_n"、$\overline{Q_{n+1}}$为"$\overline{Q_n}$"，此时工作处于保持状态。

2）当置位输入S为低电平"0"，复位输入为高电平"1"时，输出端Q_{n+1}为"0"、$\overline{Q_{n+1}}$为"1"，此时工作处于复位状态。

3）当置位输入S为高电平"1"，复位输入为低电平"0"时，输出端Q_{n+1}为"1"、$\overline{Q_{n+1}}$为"0"，此时工作处于置位状态。

4）当置位输入S为高电平"1"，复位输入为高电平"1"时，输出端Q_{n+1}和$\overline{Q_{n+1}}$都为"0"，此时工作处于无效状态。

由或非门 SR 锁存电路真值表可知，必须先使置位输入S或复位输入R为逻辑"1"，才能改变电路初始工作状态；然后为了使逻辑电路保持初始状态，两个外部输入S和R必须均为逻辑"0"。因此，或非门 SR 锁存器是高电平有效（置位"1"、复位"0"）。

（2）或非门 SR 锁存器逻辑门

或非门 SR 锁存器电路由两个 CMOS 或非门（共 8 个晶体管）组成，如图 5-6 所示。

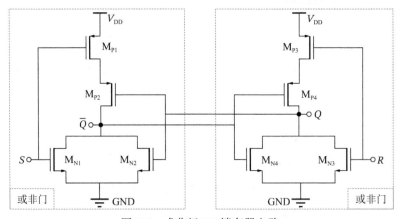

图 5-6　或非门 SR 锁存器电路

或非门 SR 锁存器电路工作原理如下：

1）若置位输入S为高电平"1"，复位输入R为高电平"1"，NMOS 晶体管M_{N1}和M_{N3}均导通，结果输出Q和$\overline{Q}$都为"0"，这是不合规的，处于无效状态。

2）若置位输入S为高电平"1"，复位输入R为低电平"0"，NMOS 晶体管M_{N1}导通，输出$\overline{Q}$为"0"，PMOS 晶体管M_{P3}和M_{P4}都导通，结果输出Q为"1"，处于置位状态。

3）若置位输入S为低电平"0"，复位输入R为高电平"1"，NMOS 晶体管M_{N3}导通，输出Q为"0"，PMOS 晶体管M_{P1}和M_{P2}都导通，结果输出$\overline{Q}$为"1"，处于复位状态。

4）若置位输入S为低电平"0"，复位输入R为低电平"0"，NMOS 晶体管M_{N1}不导通，PMOS 晶体管M_{P1}导通，由 PMOS 晶体管M_{P2}和 NMOS 晶体管M_{N2}组合成第一个反相器；NMOS 晶体管M_{N3}不导通，PMOS 晶体管M_{P3}导通，由 PMOS 晶体管M_{P4}和 NMOS 晶体管M_{N4}组合成第二个反相器。第一个反相器输出端$\overline{Q}$和第二个反相器输入端相连，第二个反相器输出端Q和第一个反相器输入端相连，如图 5-7 所示，构成锁存状态，保持以前的数据不变，具有记忆功能。

（3）或非门 SR 锁存器时序图

或非门 SR 锁存器时序图如图 5-8 所示，当输入 R、S 都为高电平时，输出都为低电平，处于无效状态；当输入 R 为低电平、S 为高电平时，输出 Q 为高电平，处于置位状态；当输入 R 为高电平、S 为低电平时，输出 Q 为低电平，处于复位状态；当输入 R、S 都为低电平时，输出保持上一个状态。

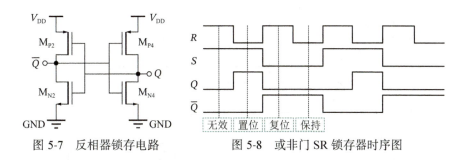

图 5-7　反相器锁存电路　　　　　图 5-8　或非门 SR 锁存器时序图

5.2.3　钟控与非门 SR 锁存器

（1）钟控与非门 SR 锁存器逻辑门

基本 SR 锁存器的输出状态是由输入 S 和 R 直接控制的，输入信号无法保证同步。为了实现同步工作，在 SR 锁存器电路中加上一个选通时钟脉冲信号，使得电路只有在时钟脉冲有效期间内（高电平或低电平）才对输入逻辑信号电平产生响应，这种锁存器称为钟控 SR 锁存器。一般时钟脉冲信号为周期性方波信号，通过时钟控制，可以实现多个锁存器同步锁存数据。

钟控与非门 SR 锁存器是逻辑电路的基本单元，有两个输入 S 和 R、一个同步时钟控制端 CLK 和两个输出 Q 和 $\overline{Q}$。图 5-9 所示为钟控与非门 SR 锁存器符号和逻辑电路。

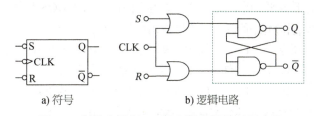

a) 符号　　　　　　　　　　b) 逻辑电路

图 5-9　钟控与非门 SR 锁存器符号和逻辑电路

输入 S、R 和钟控 CLK 端有小圆圈表明逻辑电路为低电平有效，输出 Q 和 $\overline{Q}$ 逻辑互补。

1）当时钟控制信号 CLK 为低电平 "0" 时，CLK 和任何逻辑相或的结果为维持 S 和 R 的状态，输入 S 和 R 传输给 SR 锁存器，SR 锁存器正常工作。

2）当时钟控制信号 CLK 为高电平 "1" 时，CLK 和任何逻辑相或的结果为 "1"，输入 S 和 R 为 "1" 状态传输给 SR 锁存器，SR 锁存器保持锁存状态。

因此，钟控与非门 SR 锁存器是时钟低电平使能有效，电路正常工作，高电平保持锁存。

（2）钟控与非门 SR 锁存器电路

根据钟控与非门 SR 锁存器逻辑电路可知，电路是由两个或与非门（共 12 个晶体管）组成，如图 5-10 所示。

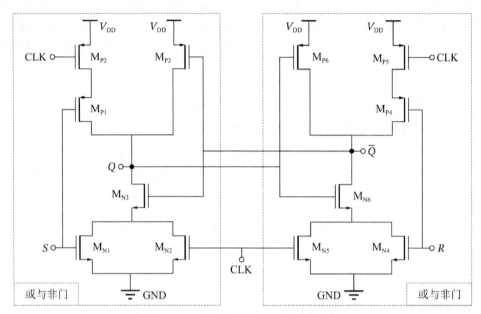

图 5-10　钟控与非门 SR 锁存器电路

钟控与非门 SR 锁存器电路工作原理如下。

1）钟控信号低电平。

当时钟控制信号 CLK 为低电平"0"时，NMOS 晶体管M_{N2}和M_{N5}均不导通，PMOS 晶体管M_{P2}和M_{P5}均导通，钟控 RS 锁存器正常工作。

①若置位输入S为低电平"0"，复位输入R为低电平"0"，PMOS 晶体管M_{P1}和M_{P4}均导通，结果输出Q和$\overline{Q}$都为"1"，这是不合规的，处于无效状态。

②若置位输入S为低电平"0"，复位输入R为高电平"1"，PMOS 晶体管M_{P1}导通，输出Q为"1"，NMOS 晶体管M_{N4}和M_{N6}都导通，结果输出$\overline{Q}$为"0"，处于置位状态。

③若置位输入S为高电平"1"，复位输入R为低电平"0"，PMOS 晶体管M_{N4}导通，输出$\overline{Q}$为"1"，NMOS 晶体管M_{N1}和M_{N3}都导通，结果输出Q为"0"，处于复位状态。

④若置位输入S为高电平"1"，复位输入R为高电平"1"，NMOS 晶体管M_{N1}导通，PMOS 晶体管M_{P1}不导通，由 PMOS 晶体管M_{P3}和 NMOS 晶体管M_{N3}组合成第一个反相器；NMOS 晶体管M_{N4}导通，PMOS 晶体管M_{P4}不导通，由 PMOS 晶体管M_{P6}和 NMOS 晶体管M_{N6}组合成第二个反相器。第一个反相器输出端Q和第二个反相器输入端相连，第二个反相器输出端$\overline{Q}$和第一个反相器输入端相连，构成锁存状态，保持以前的数据不变，具有记忆功能。

2）钟控信号高电平。

当时钟控制信号 CLK 为高电平"1"时，NMOS 晶体管M_{N2}和M_{N5}均导通，PMOS 晶体管M_{P2}和M_{P5}均不导通。由 PMOS 晶体管M_{P3}和 NMOS 晶体管M_{N3}组合成第一个反相器，由 PMOS 晶体管M_{P6}和 NMOS 晶体管M_{N6}组合成第二个反相器，第一个反相器输出端Q和第二个反相器输入端相连，第二个反相器输出端$\overline{Q}$和第一个反相器输入端相连，构成锁存状态，保持以前的数据不变。

（3）钟控与非门 SR 锁存器时序图

钟控与非门 SR 锁存器时序图如图 5-11 所示。在控制时钟信号 CLK 为低电平时正常工作：当输入 R、S 都为低电平时，输出都为高电平，处于无效状态；当输入 R 为高电平、S 为低电平时，输出 Q 为高电平，处于置位状态；当输入 R 为低电平、S 为高电平时，输出 Q 为低电平，处于复位状态；当输入 R、S 都为高电平时，输出保持上一个状态。在控制时钟信号 CLK 为高电平时保持以前的状态。

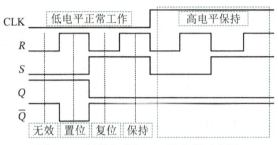

图 5-11   钟控与非门 SR 锁存器时序图

5.2.4   钟控或非门 SR 锁存器

（1）钟控或非门 SR 锁存器逻辑门

钟控或非门 SR 锁存器是逻辑电路的基本单元，有两个输入 S 和 R、一个同步时钟控制端 CLK 和两个输出 Q 和 $\overline{Q}$。图 5-12 所示为钟控或非门 SR 锁存器符号和逻辑电路。

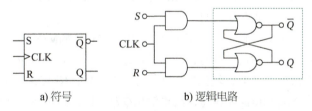

a) 符号   b) 逻辑电路

图 5-12   钟控或非门 SR 锁存器符号和逻辑电路

输入 S、R 和钟控 CLK 端没有小圆圈表明逻辑电路为高电平有效，输出 Q 和 $\overline{Q}$ 逻辑互补。

1）当时钟控制信号 CLK 为高电平 "1" 时，CLK 和任何逻辑相与的结果为维持 S 和 R 的状态，输入 S 和 R 传输给 RS 锁存器，RS 锁存器正常工作。

2）当时钟控制信号 CLK 为低电平 "0" 时，CLK 和任何逻辑相与的结果为 "0"，输入 S 和 R 为 "0" 状态传输给 RS 锁存器，RS 锁存器保持锁存状态。

因此，钟控或非门 SR 锁存器是时钟高电平使能有效，电路正常工作，低电平保持锁存。

（2）钟控或非门 SR 锁存器电路

根据钟控或非门 SR 锁存器逻辑电路可知，电路是由两个与或非门（共 12 个晶体管）组成，如图 5-13 所示。

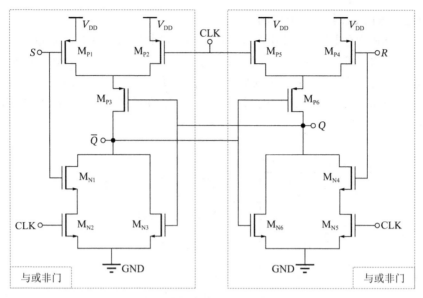

图 5-13　钟控或非门 SR 锁存器电路

钟控或非门 SR 锁存器电路工作原理如下。

1）钟控信号高电平。

当时钟控制信号 CLK 为高电平 "1" 时，NMOS 晶体管 M_{N2} 和 M_{N5} 均导通，PMOS 晶体管 M_{P2} 和 M_{P5} 均不导通，钟控 RS 锁存器正常工作。

①若置位输入 S 为高电平 "1"，复位输入 R 为高电平 "1"，NMOS 晶体管 M_{N1} 和 M_{N4} 均导通，结果输出 Q 和 $\overline{Q}$ 都为 "0"，这是不合规的，处于无效状态。

②若置位输入 S 为高电平 "1"，复位输入 R 为低电平 "0"，NMOS 晶体管 M_{N1} 导通，输出 $\overline{Q}$ 为 "0"，PMOS 晶体管 M_{P4} 和 M_{P6} 都导通，结果输出 Q 为 "1"，处于置位状态。

③若置位输入 S 为低电平 "0"，复位输入 R 为高电平 "1"，NMOS 晶体管 M_{N4} 导通，输出 Q 为 "0"，PMOS 晶体管 M_{P1} 和 M_{P3} 都导通，结果输出 $\overline{Q}$ 为 "1"，处于复位状态。

④若置位输入 S 为低电平 "0"，复位输入 R 为低电平 "0"，NMOS 晶体管 M_{N1} 不导通，PMOS 晶体管 M_{P1} 导通，由 PMOS 晶体管 M_{P3} 和 NMOS 晶体管 M_{N3} 组合成第一个反相器；NMOS 晶体管 M_{N4} 不导通，PMOS 晶体管 M_{P4} 导通，由 PMOS 晶体管 M_{P6} 和 NMOS 晶体管 M_{N6} 组合成第二个反相器。第一个反相器输入端 $\overline{Q}$ 和第二个反相器输出端相连，第二个反相器输出端 Q 和第一个反相器输入端相连，构成锁存状态，保持以前的数据不变，具有记忆功能。

2）钟控信号低电平。

当时钟控制信号 CLK 为低电平 "0" 时，NMOS 晶体管 M_{N2} 和 M_{N5} 均不导通，PMOS 晶体管 M_{P2} 和 M_{P5} 均导通。由 PMOS 晶体管 M_{P3} 和 NMOS 晶体管 M_{N3} 组合成第一个反相器，由 PMOS 晶体管 M_{P6} 和 NMOS 晶体管 M_{N6} 组合成第二个反相器，第一个反相器输出端 $\overline{Q}$ 和第二个反相器输入端相连，第二个反相器输出端 Q 和第一个反相器输入端相连，构成锁存状态，保持以前的数据不变。

（3）钟控或非门 SR 锁存器时序图

或非门 SR 锁存器时序图如图 5-14 所示。在时钟控制信号 CLK 为高电平时正常工作：当输入 R、S 都为高电平时，输出都为低电平，处于无效状态；当输入 R 为低电平、S 为高电平时，输出Q为高电平，处于置位状态；当输入R为高电平、S为低电平时，输出Q为低电平，处于复位状态；当输入R、S都为低电平时，输出保持上一个状态。在控制时钟信号 CLK 为低电平时保持以前的状态。

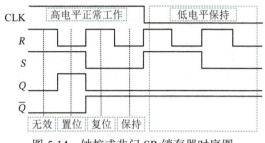

图 5-14　钟控或非门 SR 锁存器时序图

5.2.5　D 锁存器

D 锁存器与 SR 锁存器不同，在电路工作中不存在无效状态，因而得到广泛应用。目前，CMOS 集成电路主要采用逻辑门控 D 锁存器和传输门控 D 锁存器两种电路结构形式，特别是后者因电路结构简单、在芯片中占用面积小而更受青睐。

（1）逻辑门控 D 锁存器

逻辑门控 D 锁存器的逻辑电路在钟控 SR 锁存器的输入S和R之间连接了一个反相器，保证了钟控 SR 锁存器的输入端逻辑信号互补，不会出现无效状态。

1）低电平使能逻辑门控 D 锁存器。在钟控与非门 SR 锁存器电路的输入S前面增加一个反相器，再与输入R相连构成 D 锁存器的输入 D。图 5-15 所示为低电平使能逻辑门控 D 锁存器的符号和逻辑电路，其逻辑表达式为$Q = D$。

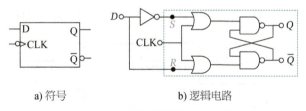

a) 符号　　　　　　　　b) 逻辑电路

图 5-15　低电平使能逻辑门控 D 锁存器

当时钟控制信号 CLK 为低电平 "0" 时，CLK 和任何逻辑相或的结果为维持S和R的状态，输入S和R传输给 SR 锁存器，RS 锁存器正常工作。当输入D为高电平 "1" 时，钟控 SR 锁存器的输入S为 "0"，输入R为 "1"，输出Q为 "1"；当输入D为低电平 "0" 时，钟控 SR 锁存器的输入S为 "1"，输入R为 "0"，输出Q为 "0"。

当时钟控制信号 CLK 为高电平 "1" 时，CLK 和任何逻辑相或的结果为 "1"，与非门 SR 锁存器的输入都为 "1"，处于保持状态。

低电平使能逻辑门控 D 锁存器时序图如图 5-16 所示。当时钟控制 CLK 为低电平时，正常工作，输入D传输，那么$Q = D$；当控制时钟 CLK 为高电平时，保持以前的状态，依旧为$Q = D$。

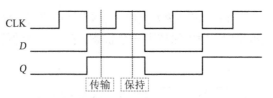

图 5-16 低电平使能逻辑门控 D 锁存器时序图

2）高电平使能逻辑门控 D 锁存器。在钟控或非门 SR 锁存器的电路的输入 R 前面增加一个反相器，再与输入 S 相连构成 D 锁存器的输入 D。图 5-17 所示为高电平使能逻辑门控 D 锁存器的符号和逻辑电路，逻辑表达式为 $Q = D$。

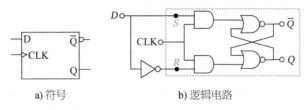

a) 符号   b) 逻辑电路

图 5-17 高电平使能逻辑门控 D 锁存器

当时钟控制信号 CLK 为高电平 "1" 时，CLK 和任何逻辑相与的结果为维持 S 和 R 的状态，输入 S 和 R 传输给 RS 锁存器，RS 锁存器正常工作。当输入 D 为高电平 "1" 时，钟控 SR 锁存器的输入 S 为 "1"，输入 R 为 "0"，输出 Q 为 "1"；当输入 D 为低电平 "0" 时，钟控 SR 锁存器的输入 S 为 "0"，输入 R 为 "1"，输出 Q 为 "0"。

当时钟控制信号 CLK 为低电平 "0" 时，CLK 和任何逻辑相与的结果为 "0"，或非门 SR 锁存器的输入都为 "0"，处于保持状态。

高电平使能逻辑门控 D 锁存器时序图如图 5-18 所示。当控制时钟 CLK 为高电平时，正常工作，输入 D 传输，那么 $Q = D$；当控制时钟 CLK 为低电平时，保持以前的状态，依旧为 $Q = D$。

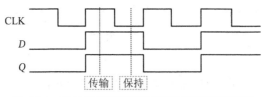

图 5-18 高电平使能逻辑门控 D 锁存器时序图

（2）传输门控 D 锁存器

传输门控 D 锁存器的逻辑电路如图 5-19 所示，工作过程中分为传输（图 5-19a）和保持（图 5-19b）。在传输逻辑电路中，当开关 SW_1 闭合，开关 SW_2 断开，信号 D 开始传输，经反相器 INV_1 后，完成传输，此时 $\overline{Q} = \overline{D}$；在保持逻辑电路中，当开关 SW_1 断开，开关 SW_2 闭合，信号 D 无法传输，反相器 INV_1 和反相器 INV_2 构成锁存结构，此时依然为 $\overline{Q} = \overline{D}$，处于保持状态。

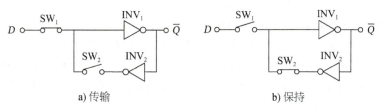

a) 传输   b) 保持

图 5-19 传输门控 D 锁存器逻辑电路

1）CMOS 传输门控 D 锁存器电路。传输门控 D 锁存器电路如图 5-20 所示。在时钟控制信号 CLK 为高电平 "1" 时，CMOS 传输门 TG_1 等效开关闭合，传输门 TG_2 等效开关断开，信号 D 开始传输，经反相器 INV_1 后，再经反相器 INV_2，完成传输，此时 $Q = D$；在时钟控制信号 CLK 为低电平 "0" 时，CMOS 传输门 TG_1 等效开关断开，传输门 TG_2 等效开关闭合，信号 D 无法传输，反相器 INV_1 和反相器 INV_2 构成锁存结构，此时依然为 $Q = D$，处于保持状态。

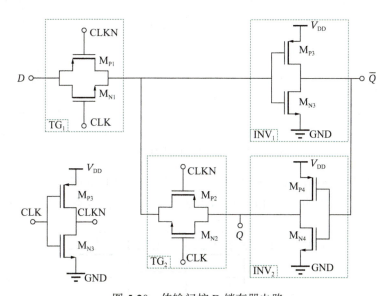

图 5-20 传输门控 D 锁存器电路

传输门控 D 锁存器时序图如图 5-21 所示。当控制时钟 CLK 为高电平时，输入 D 传输，那么 $Q = D$；当控制时钟 CLK 为低电平时，保持以前的状态，依旧为 $Q = D$。

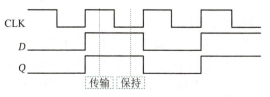

图 5-21 传输门控 D 锁存器时序图

2）三态门控 D 锁存器电路。三态门控 D 锁存器电路如图 5-22 所示。在时钟控制信号 CLK 为高电平 "1" 时，三态门 1 的 PMOS 晶体管 M_{P1} 导通，NMOS 晶体管 M_{N1} 也导通，等效开关闭合，由 PMOS 晶体管 M_{P2} 和 NMOS 晶体管 M_{N2} 构成的反相器正常工作，输入 D 开始传输，再经反相器 INV 后，输出 $Q = D$，电路处于传输状态；在时钟控制信号 CLK 为低电平 "0" 时，三态门 1 的 PMOS 晶体管 M_{P1} 不导通，NMOS 晶体管 M_{N1} 也不导通，等效开关断开，由 PMOS 晶体管 M_{P2} 和 NMOS 晶体管 M_{N2} 构成的反相器无法正常工作，处于高阻态，但是三态门 2 的 PMOS 晶体管 M_{P4} 导通，NMOS 晶体管 M_{N4} 也导通，等效开关闭合，由 PMOS 晶体管 M_{P3} 和 NMOS 晶体管 M_{N3} 构成的反相器正常工作，这个三态门中的反相器和反相器 INV 构成锁存状态，此时依然为 $Q = D$，处于保持状态。

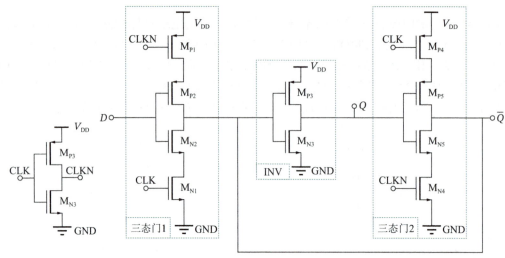

图 5-22　三态门控 D 锁存器电路

三态门控 D 锁存器时序图如图 5-23 所示。当控制时钟 CLK 为高电平时，正常工作，输入 D 传输，那么 $Q = D$；当控制时钟 CLK 为低电平时，保持以前的状态，依旧为 $Q = D$。

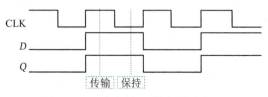

图 5-23　三态门控 D 锁存器时序图

5.2.6　钟控 JK 锁存器

（1）钟控或非门 JK 锁存器逻辑门

基本 SR 锁存器电路和钟控 SR 锁存器电路存在一个无效的输入逻辑状态，为了解决输入无效逻辑所造成的输出逻辑混乱这个问题，在钟控 SR 锁存器输出端加上两条反馈到输入端，钟控 JK 锁存器如图 5-24 所示。图 5-24a 所示为输入高电平有效的钟控 JK 锁存器符号，图 5-24b 所示为由钟控或非门组成的钟控 JK 锁存器逻辑电路。

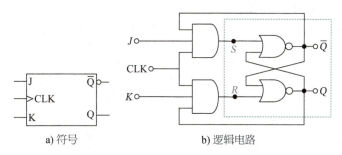

a) 符号　　　　　　　　　b) 逻辑电路

图 5-24　钟控 JK 锁存器

当时钟控制信号 CLK 为高电平 "1" 时，CLK 和任何逻辑相与的结果为维持以前的状态，那么输入 J 和 K 与反馈信号相与后传输给 RS 锁存器，RS 锁存器正常工作。工作过程如下。

1）当输入 J 和 K 都为低电平 "0" 时，"0" 与任何逻辑相与的结果为 "0"，因此 SR 锁存器的输入为 "0"，SR 锁存器处于保持状态。

2）当输入 J 为低电平 "0" 和 K 为高电平 "1" 时，因为 "0" 与任何逻辑相与的结果为 "0"，因此，输入 J 传输给节点 S 的值为 "0"。当输出 Q 初态为 "0" 时，次态也为 "0"；当输出 Q 初态为 "1" 时，次态还为 "0"，因此处于复位状态。

3）当输入 J 为高电平 "1" 和 K 为低电平 "0" 时，因为 "0" 与任何逻辑相与的结果为 "0"，因此，输入 K 传输给节点 R 的值 "0"。当输出 Q 初态为 "0" 时，次态为 "1"；当输出 Q 初态为 "1" 时，次态还为 "1"，因此处于置位状态。

4）当输入 J 为高电平 "1" 和 K 为高电平 "1" 时，因为 "1" 与任何逻辑相与的结果为维持以前的状态，因此，输入 J、K 传输给节点 S、R 的值输出初态反馈值。当输出 Q 初态为 "0" 时，次态为 "1"；当输出 Q 初态为 "1" 时，次态为 "0"，因此处于翻转状态。

当时钟控制信号 CLK 为低电平 "0" 时，CLK 和任何逻辑相与的结果为 "0"，输入 J 和 K 为不定态 "×" 时，状态传输给 RS 锁存器输入端的信号都为 "0"，RS 锁存器保持锁存状态。

因此，钟控或非门 JK 锁存器是时钟高电平使能有效，电路正常工作，低电平保持锁存。

钟控或非门 JK 锁存器真值表如表 5-3 所示。

表 5-3　JK 锁存器真值表

CLK	输入 J	输入 K	Q_n	$\overline{Q_n}$	节点 S	节点 R	Q_{n+1}	$\overline{Q_{n+1}}$	工作状态
0	×	×	0	1	0	0	0	1	保持
			1	0			1	0	
1	0	0	0	1	0	0	0	1	保持
			1	0			1	0	
1	0	1	0	1	0	0	0	1	复位
			1	0	0	1	0	1	
1	1	0	0	1	0	0	1	0	置位
			1	0	0	0	1	0	
1	1	1	0	1	1	0	1	0	翻转
			1	0	0	1	0	1	

（2）钟控或非门 JK 锁存器电路

钟控或门 JK 锁存器电路由两个与或非门（共 16 个晶体管）组成，如图 5-25 所示。

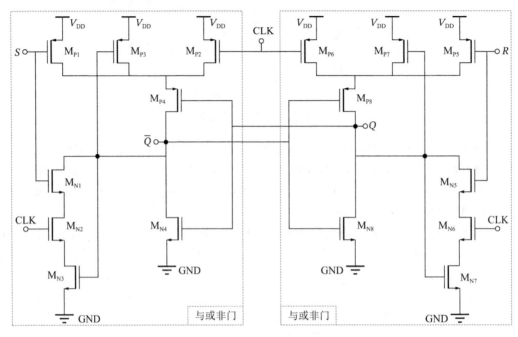

图 5-25　钟控或非门 JK 锁存器电路

钟控或非门 JK 锁存器电路是由钟控或非门 SR 锁存器在输入端增加了输出到输入反馈构成的，因此其电路图只需要在钟控或非门 SR 锁存器电路的基础上对输入与门进行扩展，由两输入与门变为三输入与门。

（3）钟控或非门 JK 锁存器时序图

钟控或非门 JK 锁存器时序图如图 5-26 所示。在时钟控制信号 CLK 为高电平时正常工作：当输入 K、J 都为高电平时，输出处于翻转状态；当输入 K 为低电平、J 为高电平时，输出 Q 为高电平，处于置位状态；当输入 K 为高电平、J 为低电平时，输出 Q 为低电平，处于复位状态；当输入 K、J 都为低电平时，输出保持上一个状态。在控制时钟信号 CLK 为低电平时保持以前的状态。

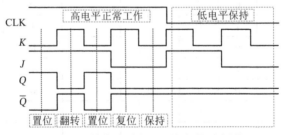

图 5-26　钟控或非门 JK 锁存器时序图

虽然钟控 JK 锁存器没有无效状态，但它存在一个问题：当时钟脉冲 CLK 为高电平"1"，电路正常工作时，如果输入 J、K 都为"1"，那么电路输出将不停地翻转，一直振荡下去，直到时钟脉冲 CLK 变为低电平 "0"，这时才停止翻转，变为保持状态。为防止这种问题出现，时钟脉冲宽度必须比 JK 锁存器电路输入到输出的传播延迟要窄。

5.2.7 实操训练

名称：SR 锁存器瞬态时序仿真分析

（1）训练目的

1）熟练掌握 ADE 设计环境及 TRAN 分析的参数设置与仿真。

2）掌握用或非门实现的 SR 锁存器电路设计方法和仿真验证。

3）掌握生成 Symbol 的流程，以及 Symbol 的修改方法。

4）掌握通过瞬态仿真图验证逻辑门电路功能的方法。

（2）SR 锁存器瞬态时序仿真电路

本实操训练 SR 锁存器瞬态时序仿真电路如图 5-27 所示。电路图使用了或非门的 Symbol，其中或非门中晶体管的参数为：PMOS 晶体管模型名为 p18，宽度 $w = 1.44\mu m$、长度 $l = 0.18\mu m$；NMOS 晶体管模型名为 n18，宽度 $w = 1.44\mu m$、长度 $l = 0.18\mu m$。

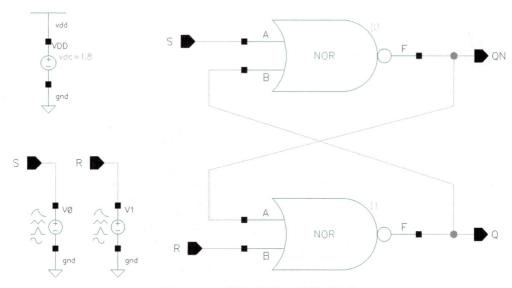

图 5-27 SR 锁存器瞬态时序仿真电路

（3）SR 锁存器瞬态时序仿真分析

SR 锁存器瞬态时序仿真图如图 5-28 所示，横坐标为时间 time（ms），纵坐标为四组电压（V），分别是：输入电压 R、S，输出电压 QN、输出电压 Q。图中显示了 time 在 0～4ms 变化时，SR 锁存器的输入和输出电压波形图。

从图 5-28 中可知，时间在 V_1，当输入 R 为高电平（$V_{DD} = 1.8V$）、输入 S 为低电平（0.0V）时，输出 Q 为低电平（$-2.9911\mu V$），复位；时间在 V_2，当输入 R 为低电平（0.0V）、输入 S 为高电平（$V_{DD} = 1.8V$）时，输出 Q 为高电平（$V_{DD} = 1.8V$），置位；时间在 V_3，当输入 R 为低电平（0.0V）、输入 S 为低电平（0.0V）时，输出 Q 为高电平（$V_{DD} = 1.8V$），输出保持时间在 V_1 时的数据，从而可知 SR 锁存器瞬态时序逻辑正确。

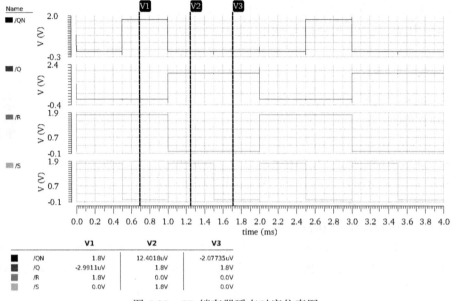

图 5-28　SR 锁存器瞬态时序仿真图

任务 5.3　触发器电路

【任务导航】

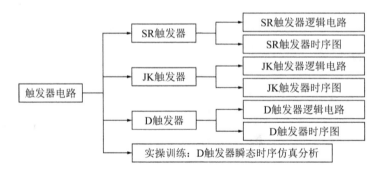

同步钟控锁存器均属于电平触发方式，电平触发方式有高电平触发（高电平使能）和低电平触发（低电平使能）两种。JK 触发器在高电平期间，输出状态可能一直在不停地翻转，造成空翻现象。由于空翻问题，同步钟控锁存器只能用于数据的锁存，而不能实现计数、移位、存储等功能。为了解决空翻问题，希望在每个时钟脉冲周期内输出端状态只改变一次，因此，在同步钟控锁存器的基础上设计出主从结构的边沿触发器，从而提高触发器工作的可靠性。

主从边沿触发器的结构特点如下。

1）前后由主、从两级锁存器级联组成。

2）主、从两级边沿触发器的时钟控制脉冲相位相反。

3）主、从触发器状态的改变是在时钟脉冲下降沿（上升沿）完成，避免了空翻现象。

4）主、从触发器的主、从两级锁存器负责传输输入和触发输出，传输与触发是隔断的，属于不透明传输。

5.3.1　SR 触发器

由主、从两级钟控 SR 锁存器构成的 SR 触发器（SRFF）逻辑电路如图 5-29 所示。主、从 SR 触发器是由两个钟控 SR 锁存器级联而成。第一级（主）锁存器由脉冲信号 CLK 驱动，第二级（从）锁存器由 CLK 的反相脉冲信号驱动。当 CLK 为高电平时，主锁存器传输数据，因此主锁存器高电平敏感；当 CLK 为低电平时，从锁存器传输数据，因而从锁存器低电平敏感。

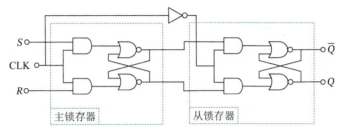

图 5-29　SR 触发器逻辑电路

SR 触发器真值表如表 5-4 所示。

表 5-4　SR 触发器真值表

CLK	输入S	输入R	Q_{n+1}	$\overline{Q_{n+1}}$	工作状态
⎍	×	×	Q_n	$\overline{Q_n}$	保持
⎍	0	0	Q_n	$\overline{Q_n}$	保持
⎍	0	1	0	1	复位
⎍	1	0	1	0	置位
⎍	1	1	×	×	无效

当时钟控制信号 CLK 为高电平"1"时，即时钟脉冲上升沿，主锁存器开始输入S、R，从锁存器保持以前的状态；当时钟控制信号 CLK 为低电平"0"时，即时钟脉冲下降沿，主锁存器开始锁存数据S、R，从锁存器完成传输数据，因为主锁存器与输入S、R分离，所以输入不影响输出。由于在时钟信号的下降沿，从锁存器完成传输数据，故为下降沿触发的主、从 SR 触发器。

SR 触发器时序图如图 5-30 所示。当控制时钟脉冲为上升沿时，输入S、R传输；当控制时钟脉冲为下降沿时触发，输出数据。

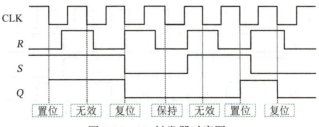

图 5-30　SR 触发器时序图

5.3.2　JK 触发器

由主、从两级钟控 JK 锁存器构成的 JK 触发器（JKFF）逻辑电路如图 5-31 所示。主、从 JK 触发器是由两个钟控 JK 锁存器级联而成。第一级（主）锁存器由脉冲信号 CLK 驱动，第二级（从）锁存器由 CLK 的反相脉冲信号驱动。当 CLK 为高电平时，主锁存器传输数据，因此主锁存器高电平敏感；当 CLK 为低电平时，从锁存器传输数据，因而从锁存器低电平敏感。

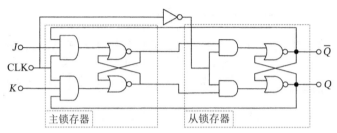

图 5-31　JK 触发器逻辑电路

JK 触发器真值表如表 5-5 所示。

表 5-5　JK 触发器真值表

CLK	输入 J	输入 K	Q_{n+1}	$\overline{Q_{n+1}}$	工作状态
⎍	×	×	Q_n	$\overline{Q_n}$	保持
⎍	0	0	Q_n	$\overline{Q_n}$	保持
⎍	0	1	0	1	复位
⎍	1	0	1	0	置位
⎍	1	1	$\overline{Q_n}$	Q_n	翻转

当时钟控制信号 CLK 为高电平"1"时，即时钟脉冲上升沿，主锁存器开始输入数据 J、K，从锁存器保持以前的状态；当时钟控制信号 CLK 为低电平"0"时，即时钟脉冲下降沿，主锁存器开始锁存数据 J、K，从锁存器完成传输数据，因为主锁存器与输入 J、K 分离，所以输入不影响输出。由于在时钟信号的下降沿从锁存器完成传输数据，故为下降沿触发的主、从 JK 触发器。

JK 触发器时序图如图 5-32 所示。当控制时钟脉冲为上升沿时，输入 J、K 传输；当控制时钟脉冲为下降沿时触发，输出数据。

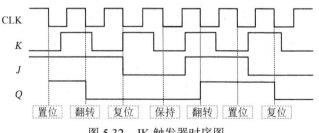

图 5-32　JK 触发器时序图

5.3.3　D 触发器

由传输门和反相器构成的 D 触发器（DFF）逻辑电路如图 5-33 所示。D 触发器是两级主、从触发器电路，它由两个基本 D 锁存器电路级联而成。第一级（主）锁存器由脉冲信号 CLK 驱动，第二级（从）锁存器由反相的脉冲信号 CLKN 驱动。当 CLK 为高电平时，主锁存器传输数据，因此主锁存器高电平敏感；当 CLK 为低电平时，从锁存器传输数据，因而从锁存器低电平敏感。

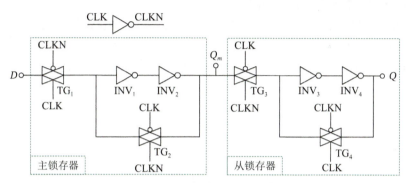

图 5-33　D 触发器逻辑电路

D 触发器工作过程如下：

1）在时钟控制信号 CLK 为高电平"1"时，主锁存器的 CMOS 传输门 TG_1 等效开关闭合，传输门 TG_2 等效开关断开，信号 D 开始传输，经反相器 INV_1 后，再经反相器 INV_2，完成传输，此时 $Q_m = D$；从锁存器的 CMOS 传输门 TG_3 等效开关断开，传输门 TG_4 等效开关闭合，信号 Q_m 无法传输，反相器 INV_3 和反相器 INV_4 构成锁存结构，保持以前的数据。

2）在时钟控制信号 CLK 为低电平"0"时，主锁存器的 CMOS 传输门 TG_1 等效开关断开，传输门 TG_2 等效开关闭合，信号 D 无法传输，反相器 INV_1 和反相器 INV_2 构成锁存结构，此时依然 $Q_m = D$，处于保持状态；从锁存器的 CMOS 传输门 TG_3 等效开关闭合，传输门 TG_4 等效开关断开，信号 Q_m 开始传输，经反相器 INV_3 后，再经反相器 INV_4，完成传输，此时 $Q = Q_m$。

当时钟控制信号 CLK 为高电平"1"时，即时钟脉冲上升沿，主锁存器开始输入数据 D，从锁存器保持以前的状态；当时钟控制信号 CLK 为低电平"0"时，即时钟脉冲下降沿，主锁存器开始锁存数据 D，从锁存器完成传输数据 D，因为主锁存器与输入信号 D 分离，所以输入不影响输出。由于在时钟信号的下降沿从锁存器完成传输数据 D，故为下降沿触发的主、从 D 触发器。

D 触发器时序图如图 5-34 所示。当控制时钟脉冲为上升沿时，输入信号 D 传输；当控制时钟脉冲为下降沿时触发，输出数据 D，即 $Q = D$。

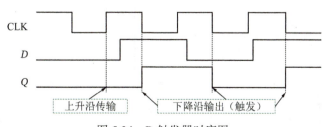

图 5-34　D 触发器时序图

5.3.4 实操训练

名称：D 触发器瞬态时序仿真分析

（1）训练目的

1）熟练掌握 ADE 设计环境及 TRAN 分析的参数设置与仿真。

2）掌握用传输门和反相器实现的 D 触发器电路设计方法和仿真验证。

3）掌握通过瞬态仿真图验证逻辑门电路功能的方法。

5.3.4 实操训练

（2）D 触发器瞬态时序仿真电路图

本实操训练 D 触发器瞬态时序仿真电路如图 5-35 所示。电路图使用了反相器和传输门的 Symbol，其中反相器和传输门中晶体管的参数为：PMOS 晶体管模型名为 p18，宽度 $w = 1.44\mu m$、长度 $l = 0.18\mu m$；NMOS 晶体管模型名为 n18，宽度 $w = 1.44\mu m$、长度 $l = 0.36\mu m$。

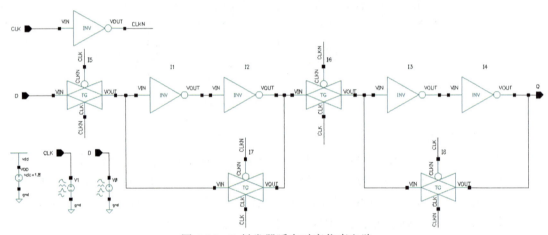

图 5-35　D 触发器瞬态时序仿真电路

（3）D 触发器瞬态时序仿真分析

D 触发器瞬态时序仿真图如图 5-36 所示，横坐标为时间 time（ms），纵坐标为三组电压（V），分别是：输出电压 Q、控制时钟 CLK、输入数据 D。图中显示了 time 在 0～5ms 变化时，D 触发器瞬态的输入和输出电压波形图。

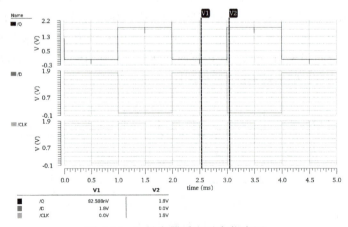

图 5-36　D 触发器瞬态时序仿真图

　　从图 5-36 中可知，在控制时钟 CLK 下降沿时，对应时间在 V_1，控制时钟 CLK 变为低电平（0.0V），此时输入数据D维持以前的状态，输出Q为低电平（0.0V）；在控制时钟 CLK 上升沿时，对应时间在 V_2，控制时钟 CLK 变为高电平（$V_{DD}=1.8V$），此时输入数据D传输，输出Q为高电平（$V_{DD}=1.8V$），从而可知 D 触发器瞬态时序逻辑正确。

习题

一、选择题

1）下列工作状态，（　　）不是 SR 锁存器的工作状态。
　　A. 无效　　　　　　B. 置位　　　　　C. 翻转　　　　　D. 保持
2）下列工作状态，（　　）不是 JK 锁存器的工作状态。
　　A. 无效　　　　　　B. 置位　　　　　C. 翻转　　　　　D. 保持

二、判断题

1）用 CMOS 传输门和 CMOS 反相器可以组成数据选择器、触发器。　　　　（　　）
2）锁存器是一种对脉冲电平敏感的存储单元电路，锁存器是透明的，此时输入数据直接传输送到输出端。　　　　（　　）
3）触发器是非透明传输，数据值的读取和改变与触发器的输出值是两个独立的事件。
　　　　（　　）

三、电路分析题

1）分析如图 5-37 所示电路，写出电路工作过程。

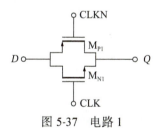

图 5-37　电路 1

2）分析如图 5-38 所示电路，写出电路工作过程。

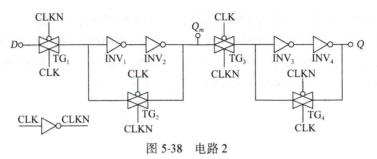

图 5-38　电路 2

四、电路设计题

1）分析如图 5-39 所示逻辑电路，画出 CMOS 晶体管的电路图。

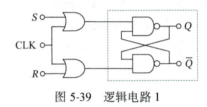

图 5-39　逻辑电路 1

2）分析如图 5-40 所示逻辑电路，画出 CMOS 晶体管的电路图。

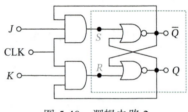

图 5-40　逻辑电路 2

项目6　动态逻辑门设计与仿真

【项目描述】

　　动态逻辑门是集成电路设计中基本的数字逻辑门单元，因此必须掌握各种动态逻辑电路的工作原理。本项目详细阐述了传输门动态逻辑电路、高性能动态逻辑电路和施密特触发器的工作原理，并就其应用电路的工作过程进行了详细分析及实操训练。

【项目导航】

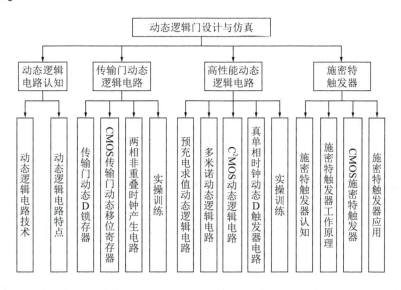

任务6.1　动态逻辑电路认知

【任务导航】

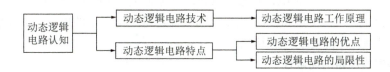

6.1.1　动态逻辑电路技术

　　大部分的组合逻辑电路和时序逻辑电路都属于静态逻辑电路，一般由CMOS晶体管构成。只要电源供电，它将保持稳定的输出状态。动态逻辑电路的状态取决于高阻节点上寄生电容的电荷，有充电电荷为逻辑高电平"1"；电荷释放完毕，没有电荷为逻辑低电平"0"。因为储存在寄生电容上的电荷不能永久保存，所以需要在时钟脉冲控制下实现不断对寄生电容充电，从而刷新数据，因此逻辑电路状态是不稳定的，属于动态电路，如图6-1所示。

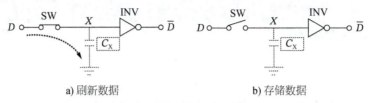

a) 刷新数据   b) 存储数据

图 6-1　动态逻辑电路工作原理

在时钟脉冲的控制下，当 MOS 晶体管等效开关 SW 闭合时，数据 D 传输；当 MOS 晶体管等效开关 SW 打开时，高阻节点 X 保持数据 D 的值，存储在高阻节点寄生电容 C_X 上；等待 SW 闭合，数据刷新。在同步时钟脉冲的控制下，高阻节点寄生电容暂时存储电荷，保持电路状态，这种动态逻辑电路适合有存储功能的时序逻辑电路。

6.1.2　动态逻辑电路特点

动态逻辑电路的优点包括全摆幅输出、开关速度快等，缺点包括需要充电和储存、噪声容限小、对漏电敏感等，而局限性则主要包括电荷泄漏、电荷共享和级联问题。

（1）动态逻辑电路的优点

1）晶体管数少。动态逻辑电路中使用的晶体管数量相对较少，这有助于简化电路设计和降低制造成本。

2）全摆幅输出。动态逻辑电路能够实现全摆幅输出，即输出信号可以从低电平迅速变化到高电平，反之亦然。

3）无比逻辑。允许电路在没有稳定电源的情况下工作，可以不用稳定的电源电压。

4）开关速度快。由于动态逻辑的设计特点，需要高速时钟脉冲不断刷新数据，因此其开关速度通常较快，适用于高速数字逻辑电路。

5）没有静态功耗。动态逻辑电路不存在静态功耗，在没有信号传输时，几乎不消耗功率。

（2）动态逻辑电路的缺点

1）需要充电和储存。动态逻辑电路工作时需要充电和储存两个阶段，输入信号只能在充电阶段变化，储存阶段必须保持稳定。

2）噪声容限小。动态逻辑电路对噪声敏感，容易受到外部噪声的影响。

3）对漏电敏感。由于动态电路逻辑电路需要保持寄生电容上的电荷，因此电路对漏电敏感，需要采取措施来保持电路的稳定性。

（3）动态逻辑电路的局限性

1）电荷泄漏：动态逻辑电路中的一个主要问题是电荷泄漏，这是由于电路中的电容不是完全理想的，会导致电荷逐渐流失，从而影响电路的性能和稳定性。

2）电荷共享：在动态逻辑电路中，电荷共享是一个常见的问题。当电路中的电容在充电或放电过程中发生共享时，会导致输出信号的电压偏离预期值，从而影响电路的正确工作。

3）级联问题：由于动态逻辑电路的特性，级联使用时可能会遇到问题。特别是在多级级联的电路中，前一级的输出信号可能会对后一级的输入信号产生影响，导致信号失真或延迟。

综上所述，动态逻辑电路的特点需要在电路设计和应用中进行适当的考虑和解决。这些特点共同决定了动态逻辑电路在特定应用中的优势和局限性。

任务 6.2 传输门动态逻辑电路

【任务导航】

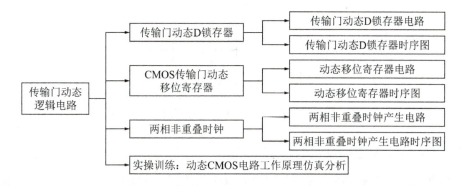

6.2.1 传输门动态 D 锁存器

传输门动态 D 锁存器逻辑电路如图 6-2 所示。动态电路由两个串联的反相器和 NMOS 传输晶体管组成。

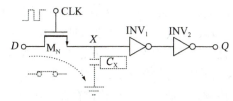

图 6-2 传输门动态 D 锁存器逻辑电路

传输门动态 D 锁存器逻辑电路工作过程如下：

1）当时钟脉冲信号为逻辑高电平（"1"）时，传输晶体管M_N导通。节点X处寄生电容C_X是充电还是放电取决于输入D的电平：输入D为高电平，则充电；输入D为低电平，则放电。输出Q与输入D有相同的逻辑电平，即$Q = D$。

2）当时钟脉冲信号为逻辑低电平（"0"）时，传输门晶体管M_N不导通。高阻节点X处寄生电容C_X保持以前的状态，同样输出Q保持以前的逻辑电平，即$Q = D$。

传输门动态 D 锁存器时序图如图 6-3 所示。当控制时钟脉冲 CLK 为高电平时，传输晶体管M_N导通，此时输出有一个阈值电压损耗，其值为V_{THN}。那么反相器INV_1的输入节点X处的电压值$V_X = V_{DD} - V_{THN}$，这个节点X处的电压值一定要大于反相器INV_1的最小输入高电平V_{IH}，即$V_X > V_{IH}$，以保证反相器顺利翻转。当控制时钟脉冲 CLK 为低电平时，传输晶体管M_N不导通，高阻节点X处寄生电容C_X保持以前的电压值V_X，使得数据输出$Q = D$。

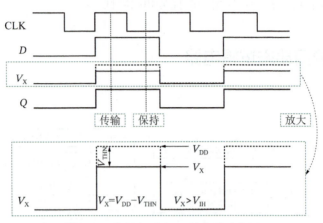

图 6-3　传输门动态 D 锁存器时序图

6.2.2　CMOS 传输门动态移位寄存器

CMOS 传输门动态电路的开关晶体管为 PMOS 晶体管和 NMOS 晶体管构成的 CMOS 晶体管传输门，它避免了 NMOS 晶体管传输门的阈值电压损耗问题。CMOS 传输门动态电路的一个应用是 CMOS 传输门动态移位寄存器。

CMOS 传输门动态移位寄存器逻辑电路如图 6-4 所示，它由 CMOS 传输门和反相器构成。在时钟脉冲 CLK 为逻辑高电平（"1"）时，输入传输门TG_1等效开关闭合，逻辑信号D传输，经过反相器INV_1传输至节点X_1，节点X_1上逻辑电平为$\overline{D}$，此时传输门TG_2等效开关打开，节点X_1为高阻节点，电荷存储在节点寄生电容C_{X1}上。在时钟脉冲 CLK 为逻辑低电平（"0"）时，输入传输门TG_1等效开关打开，逻辑信号D不能传输，此时传输门TG_2等效开关闭合，存储在节点寄生电容C_{X1}上的电荷（对应逻辑电平$\overline{D}$）开始传输，经过反相器INV_2后，使得输出$Q_1 = D$。输入信号经过第一次动态 D 触发器传输，完成了第一位移位存储。在下一个时钟脉冲周期期间，完成第二位移位存储。如此反复，可以实现N位移位寄存器。

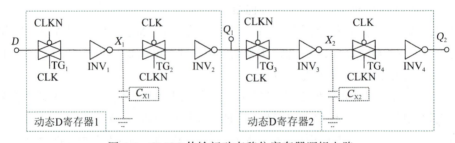

图 6-4　CMOS 传输门动态移位寄存器逻辑电路

CMOS 传输门动态移位寄存器时序图如图 6-5 所示。当控制时钟脉冲 CLK 为上升沿时，信号D传输；当控制时钟脉冲为下降沿时触发，输出数据D，即$Q = D$。

理想情况下，时钟脉冲信号 CLK 与 CLKN 高低电平切换时，没有延时。在真实逻辑电路中，单相时钟 CLKN 是由 CLK 反相传输后得到的，因此有一定的传输延时和上升沿、下降沿时间，如图 6-6 所示。当时钟信号 CLK 为高电平（"1"）时，CLK 和 CLKN 存在一段时间的

"1"重叠时间,即奇数传输门和偶数传输门存在都导通的情况;同样,当时钟信号 CLK 为低电平("0")时,CLK 和 CLKN 存在一段时间的"0"重叠时间,即奇数传输门和偶数传输门存在都导通的情况。这些都会造成逻辑混乱,因此需要设计两相非重叠时钟信号,即 CLK 与 CLKN 不存在同时为"1"或"0"的情况。

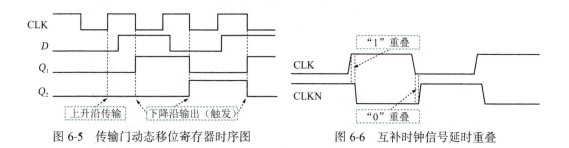

图 6-5 传输门动态移位寄存器时序图   图 6-6 互补时钟信号延时重叠

6.2.3 两相非重叠时钟产生电路

两相非重叠时钟产生电路(Two-phase Non-overlapping Clock Generator)能产生两组时钟脉冲,这两组脉冲之间不会出现高电平和低电平这两个同时重叠,只允许有一个"1"或"0"重叠出现,即高电平不重叠或低电平不重叠,不能两个都出现。

两相非重叠时钟产生电路如图 6-7 所示,它是由与非门 SR 锁存器拓展改变而构成的。SR 锁存器的两个输入端信号分别为时钟 CLK 及其反相信号,因此两个输入S、R交替为"0"、"1"。当与非门 $NAND_2$ 的输入R从"1"翻转为"0"后,经过反相器链延时,输出ϕ_2'为"1",作为另一个与非门 $NAND_1$ 的输入信号。与非门 $NAND_1$ 的另一个输入S从"0"翻转为"1"后,与ϕ_2'相与非后,经过反相器链延时,输出ϕ_1'为"0",作为与非门 $NAND_1$ 的输入信号。因为延时,在ϕ_1'和ϕ_2'之间产生时间间隔,生成两相低电平不重叠时钟。

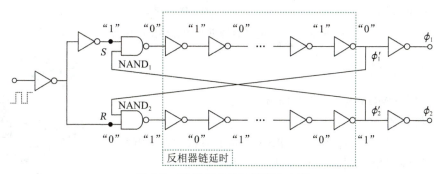

图 6-7 两相非重叠时钟产生电路

ϕ_1和ϕ_2是ϕ_1'和ϕ_2'经过反相后得到的逻辑电平,因此,ϕ_1和ϕ_2是两相低电平重叠、高电平不重叠的时钟。其时序图如图 6-8 所示。如果需要产生两相低电平不重叠、高电平重叠的时钟,只需要把电路中的与非门换成或非门即可。

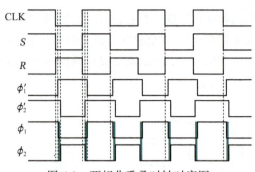

图 6-8　两相非重叠时钟时序图

　　为了避免图 6-4 中 CMOS 动态移位寄存器由于所有传输门同时导通而造成的逻辑混乱，采用非重叠时钟控制传输门可以实现所有传输门不同时导通。由于非重叠时钟只能实现"0"或"1"其中的一个非重叠时钟，如果采用 CMOS 传输门，那么总有一个 MOS 晶体管在重叠期间会短暂导通。可以采用 NMOS 晶体管传输门开关替代 CMOS 传输门，因为控制时钟高电平时 NMOS 晶体管传输门导通，低电平不导通，避免了同时导通造成的逻辑混乱。

　　无高电平时钟重叠动态移位寄存器如图 6-9 所示，它使用 NMOS 晶体管作为传输门开关。ϕ_1 和 ϕ_2 为两相高电平不重叠（低电平重叠）时钟，当 ϕ_1 为高电平时，传输门 TG_1 和 TG_3 导通，ϕ_2 为低电平，TG_2 和 TG_4 不导通；相反，当 ϕ_1 为低电平时，传输门 TG_1 和 TG_3 不导通，ϕ_2 为高电平，TG_2 和 TG_4 导通。如果 ϕ_1 和 ϕ_2 低电平重叠，所有传输门都不导通，因此不存在传输门同时导通的状态，有效避免了逻辑混乱。

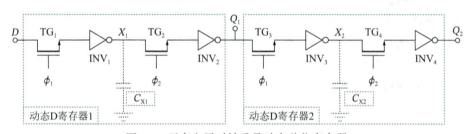

图 6-9　无高电平时钟重叠动态移位寄存器

6.2.4　实操训练

名称：动态 CMOS 电路工作原理仿真分析

（1）训练目的

1）熟练掌握 ADE 设计环境及 TRAN 分析的参数设置与仿真。

2）掌握动态 CMOS 电路工作原理并可以仿真验证。

3）掌握用传输门和反相器实现的 D 锁存器电路设计方法和仿真验证。

4）掌握通过瞬态仿真图验证动态逻辑门电路功能的方法。

6.2.4 实操训练

（2）动态 CMOS 电路图

　　本实操训练动态 CMOS 电路如图 6-10 所示。PMOS 晶体管模型名为 p18，宽度 $w = 1.44\mu m$、长度 $l = 0.18\mu m$；NMOS 晶体管模型名为 n18，宽度 $w = 1.44\mu m$、长度 $l = 0.36\mu m$。

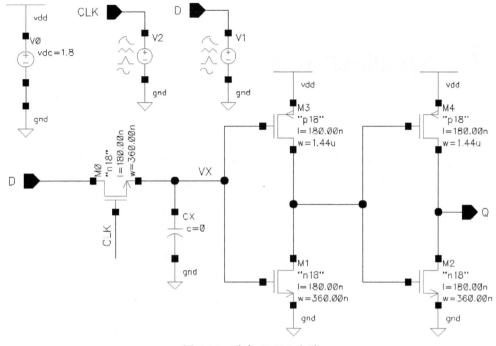

图 6-10 动态 CMOS 电路

（3）动态 CMOS 电路仿真分析

动态 CMOS 电路时序仿真图如图 6-11 所示，横坐标为时间 time（ns），纵坐标为四组电压（V），分别是：输出电压 Q、动态节点 V_X、控制时钟 CLK、输入数据 D。图中显示了 time 在 0～5ns 变化时，动态 CMOS 电路瞬态的输入和输出电压波形图。

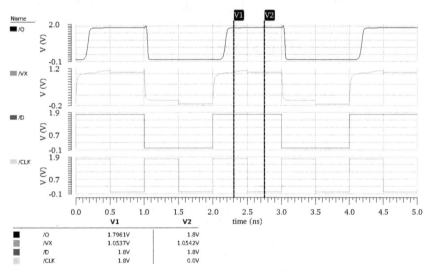

图 6-11 动态 CMOS 电路时序仿真图

从图 6-11 中可知，在控制时钟 CLK 为高电平（$V_{DD} = 1.8V$）时，对应时间在 V_1，此时输入 D 传输，节点 V_X 和输出 Q 为高电平（$V_{DD} = 1.8V$）；在控制时钟 CLK 为低电平（0.0V）时，对应时间在 V_2，此时输入 D 维持以前的数据，节点 V_X 和输出 Q 仍为高电平（$V_{DD} = 1.8V$），从而可知动态 CMOS 电路时序逻辑正确。

任务 6.3 高性能动态逻辑电路

【任务导航】

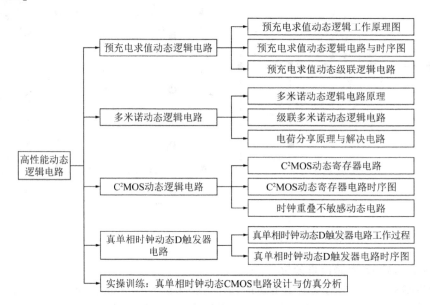

6.3.1 预充电求值动态逻辑电路

预充电求值动态逻辑电路是一种常用的动态 CMOS 电路技术，它可以减少逻辑门电路的晶体管数量。电路工作原理为先对输出节点 F 的分布电容预充电，然后根据所给的输入值求出输出电平。预充电求值动态逻辑电路如图 6-12 所示。

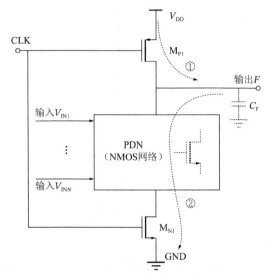

图 6-12 预充电求值动态逻辑电路

预充电求值动态逻辑电路由一个单时钟信号 CLK 控制,这个时钟信号控制着一个 NMOS 晶体管和一个 PMOS 晶体管交替导通,从而实现预充电和求值。工作过程如下。

1)图 6-12 中①为预充电阶段,当 CLK 为低电平("0")时,NMOS 晶体管M_{N1}不导通,下拉网络 PDN 呈高阻状态,PMOS 晶体管M_{P1}导通,电源电压V_{DD}对输出节点F的分布电容预充电到高电平("1")。

2)图 6-12 中②为求值阶段,当 CLK 为高电平("1")时,PMOS 晶体管M_{P1}不导通,输出节点F的分布电容上的电荷维持高电平,此时 NMOS 晶体管M_{N1}导通,等效开关闭合,下拉网络 PDN 有了低阻通道。如果下拉网络 PDN 的逻辑存在输出F到 GND 的通道,那么输出节点F的分布电容开始对 GND 放电,直到放电完成,输出节点F为低电平("0")。如果下拉网络 PDN 的逻辑不存在输出F到 GND 的通道,那么输出节点F的分布电容维持高电平。

所以预充电求值动态逻辑电路的逻辑关系取决于求值阶段下拉网络的逻辑关系。图 6-13a 所示为一个预充电求值动态逻辑电路,其逻辑关系为$F = \overline{(A + B + C) \cdot (D + E)}$,其时序图如图 6-13b 所示。

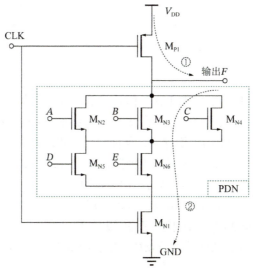

a) 动态逻辑电路

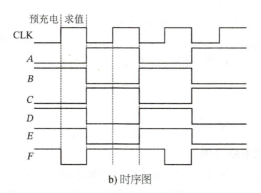

b) 时序图

图 6-13 预充电求值动态逻辑电路和时序图

预充电求值动态逻辑电路的一个缺点是不能级联工作,否则会出现逻辑混乱。图 6-14 所示为一个预充电求值动态级联逻辑电路，在控制时钟 CLK 为低电平时，PMOS 晶体管M_{P1}、M_{P2}都导通，此时对输出节点F_1、F_2充电到高电平。

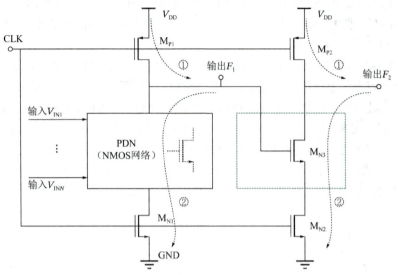

图 6-14　预充电求值动态级联逻辑电路

下面分两种情况说明：

1）输出节点没有延时（理想）。如果在求值阶段输出F_1为低电压（"0"），由于输出节点F_1分布电容开始放电，不存在延时，这个 "0" 会使第二级动态逻辑电路的 NMOS 晶体管下拉网络（假定只有一个 NMOS 晶体管M_{N3}）不导通，从而输出节点F_2为高电平（"1"）。

2）输出节点存在延时（现实）。如果在求值阶段输出F_1为低电压（"0"），那么输出节点F_1分布电容开始放电，存在一定的电容放电延时。由于延时，输出F_1短时间维持在输入高电平（"1"）阶段，这个 "1" 会使第二级动态逻辑电路的 NMOS 晶体管下拉网络（假定只有一个 NMOS 晶体管M_{N3}）导通，从而输出节点F_2放电，使得输出F_2为低电平（"0"）。

因此理想电路中输出应该为 "1"，而现实电路中，由于延时，出现了逻辑混乱，而使得输出为 "0"。图 6-15 所示为正确时序和错误时序的对比。

一个预充电求值动态逻辑电路可以正常工作，但是不适合做级联电路。

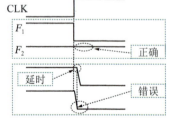

图 6-15　正确时序和错误时序的对比

6.3.2　多米诺动态逻辑电路

（1）多米诺动态逻辑电路原理

在级联预充电求值动态逻辑电路中，在求值阶段如果第一级输出由高电平（"1"）向低电平（"0"）转变时，第二级或后级容易发生逻辑错误。因此可以在第一级的后面增加一个反相器 INV，使得输出 F 由低电平（"0"）向高电平（"1"）转变，可以避免出现由于延时造成的后级放电到地（"0"）的情况，这种电路称为多米诺（Domino）动态逻辑电路，如图 6-16 所示。

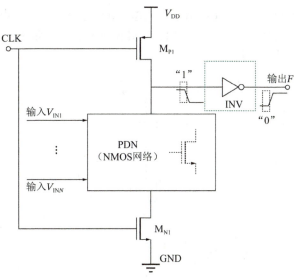

图 6-16 多米诺动态逻辑电路原理图

（2）级联多米诺动态逻辑电路

级联多米诺动态逻辑电路如图 6-17 所示。当 CLK 为 "0" 时，预充电阶段输出节点 X_1 为 "1"，经过反相器 INV_1 后变为 "0"。这个低电平 "0" 可使得第二级的输入 NMOS 晶体管不导通，因此不存在提前放电回路，不会出现逻辑错误。在预充电阶段，所有的级联输出 F 都为 "0"，因此级联 NMOS 晶体管都不导通，只有在求值阶段，第一级输出 F_1 从 "0" 到 "1" 变化时，第二级 NMOS 晶体管才导通，依此类推。在多级级联时，前一级的求值输出对后级输出产生多米诺的影响。因为级联之间插入了一个反相器，级联多米诺动态逻辑电路只能实现非反相的电路，如 "与门" "或门" "与或" 等动态逻辑电路。

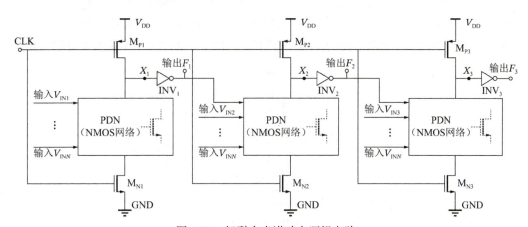

图 6-17 级联多米诺动态逻辑电路

（3）电荷分享

动态逻辑电路存在一个问题，就是电荷分享，如图 6-18 所示。在预充电阶段，节点 V_X 充电到高电平（"1"），正电荷都集中在这个节点的分布电容上。在求值阶段，PMOS 晶体管 M_{P1} 不导通，如果此时 NMOS 晶体管 M_{N2} 的输入为 "1"，晶体管 M_{N2} 导通，在预充电阶段的正电荷就会通过这个导通晶体管向下拉网络 PDN 节点 V_Y 分布电容 C_Y 进行充电。那么以前预充电阶段的正电荷就会重新分布在节点分布电容C_X和C_Y上，这种电荷分享会造成节点电压V_X减小。当这个节点电压V_X小于反相器的输入高电平V_{IH}时，反相器 INV 无法正常工作，不能实现反相功能或者产生错误输出"1"，造成后级逻辑混乱。

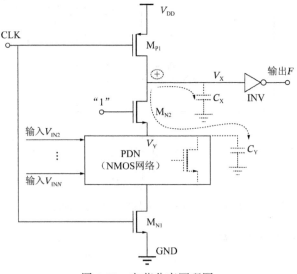

图 6-18　电荷分享原理图

（4）电荷分享解决方法

为了解决电荷分享造成的逻辑混乱问题，可采用两种方法：一种方法是减小反相器 INV 的开关阈值电压，当电荷共享导致V_X减小时，它不会使反相器翻转，从而保证正常工作；另一种方法是采用一个反馈上拉 PMOS 晶体管M_{P2}来使输出节点V_X为高电平，如图 6-19 所示。在预充电阶段，节点V_X为"1"，输出F为"0"，这个低电平"0"使 PMOS 晶体管M_{P2}导通，节点V_X上拉到"1"。在求值阶段，存在电荷分享的情况下，输出节点V_X电压理论上应该下降，但是上拉 PMOS 晶体管导通，节点V_X被重新上拉到"1"，从而解决了电荷分享造成的逻辑混乱问题。

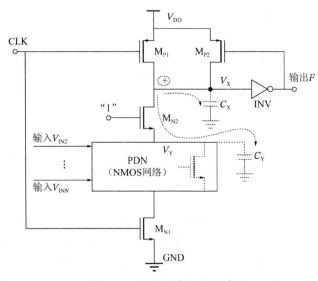

图 6-19　电荷分享解决电路

6.3.3　C²MOS 动态逻辑电路

时钟 CLK 与其反相时钟 CLKN 由于传输延时或其他原因产生时钟偏移，可能会产生短时间内 CLK 与 CLKN 都为 "1" 或 "0" 的重叠情况，如图 6-6 所示的互补时钟信号延时重叠。而采用双相时钟 CMOS 动态逻辑电路（C²MOS 动态逻辑电路）对时钟重叠不敏感，因此可采用双相时钟 CMOS 动态逻辑电路，构成下降沿触发的 C²MOS 动态寄存器，如图 6-20 所示。

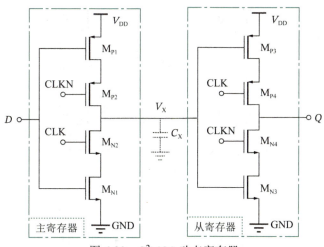

图 6-20　C²MOS 动态寄存器

C²MOS 动态寄存器工作过程如下：

1）当时钟 CLK 为高电平时，主寄存器 NMOS 晶体管 M_{N2} 导通，PMOS 晶体管 M_{P2} 也导通，由 NMOS 晶体管 M_{N1} 和 PMOS 晶体管 M_{P1} 组成的反相器正常工作，节点 V_X 为输入逻辑数据 D 的反相逻辑数据，属于求值阶段。从寄存器 NMOS 晶体管 M_{N4} 不导通，PMOS 晶体管 M_{P4} 不导通，处于高阻状态，输出节点 Q 分布电容没有充放电回路，维持以前的状态。

2）当时钟 CLK 为低电平时，主寄存器 NMOS 晶体管 M_{N2} 不导通，PMOS 晶体管 M_{P2} 也不导通，处于高阻状态，输出 V_X 节点分布电容没有充放电回路，维持以前的状态。从寄存器 NMOS 晶体管 M_{N4} 导通，PMOS 晶体管 M_{P4} 也导通，由 NMOS 晶体管 M_{N3} 和 PMOS 晶体管 M_{P3} 组成的反相器正常工作，输出节点 Q 为节点 V_X 的反相逻辑数据。

C²MOS 动态寄存器电路时序图如图 6-21 所示。在时钟 CLK 上升沿传输，V_X 为输入 D 的反相传输，下降沿时触发输出，$Q = D$。

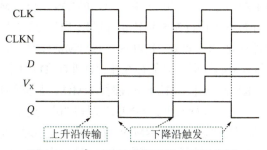

图 6-21　C²MOS 动态寄存器电路时序图

　　C²MOS 动态寄存器对时钟重叠不敏感，时钟重叠可能会使上拉网络或下拉网络同时导通，但不能使其同时有效工作，如图 6-22 所示。

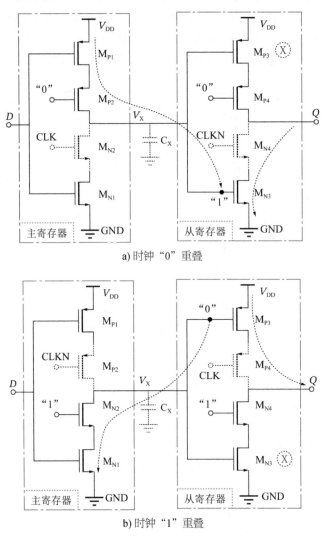

a) 时钟 "0" 重叠

b) 时钟 "1" 重叠

图 6-22　时钟重叠不敏感动态电路

　　对时钟重叠不敏感动态电路工作过程如下：

　　1）当时钟 CLK 和 CLKN 低电平（"0"）重叠时，PMOS 晶体管M_{P2}导通，仅当输入D为逻辑 "0" 时，对节点V_X的分布电容进行充电到V_{DD}即逻辑 "1"。这个节点V_X逻辑 "1" 使 PMOS 晶体管M_{P3}不导通，此时即使是 "0" 重叠，PMOS 晶体管M_{P4}导通，也没有从V_{DD}到输出Q的回路；但可使得 NMOS 晶体管M_{N3}导通，只能存在输出Q到 GND 的回路。

　　2）当时钟 CLK 和 CLKN 高电平（"1"）重叠时，NMOS 晶体管M_{N2}导通，仅当输入D为逻辑 "1" 时，对节点V_X的分布电容进行放电到 GND 即逻辑 "0"。这个节点V_X逻辑 "0" 使 NMOS 晶体管M_{N3}不导通，此时即使是 "1" 重叠，NMOS 晶体管M_{N4}导通，也没有从输出Q到 GND 的回路；但可使得 PMOS 晶体管M_{P3}导通，只能存在V_{DD}到输出Q的回路。

　　如上所述，C²MOS 动态寄存器对时钟重叠不敏感，如果时钟上升沿和下降沿时间长，存在竞争风险，在电路设计时需注意。

6.3.4 真单相时钟动态 D 触发器电路

虽然 C²MOS 动态逻辑电路对时钟重叠不敏感，但是需要双相时钟（CLK 或 CLKN），为了简化时钟设计，可只需一个时钟 CLK 控制。一个时钟控制的真单相时钟（True Single Phase Clock，TSPC）动态 D 触发器电路如图 6-23 所示。

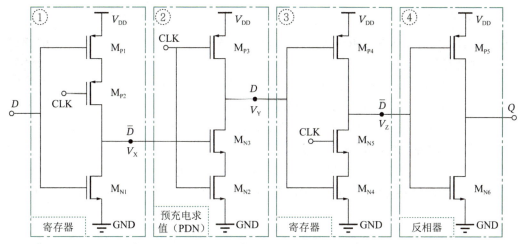

图 6-23 真单相时钟动态 D 触发器电路

真单相时钟动态 D 触发器电路工作过程如下：

（1）当时钟 CLK 为低电平（"0"）时

1）图 6-23①寄存器中 PMOS 晶体管M_{P2}导通，由 PMOS 晶体管M_{P1}和 NMOS 晶体管M_{N1}组成的反相器正常工作，当输入为D时，输出节点V_X为$\overline{D}$。

2）图 6-23②预充电求值逻辑电路中，PMOS 晶体管M_{P3}导通，NMOS 晶体管M_{N2}不导通，节点V_Y处于预充电阶段，输出V_Y为高电平（"1"）。

3）图 6-23③寄存器中 NMOS 晶体管M_{N5}不导通，寄存器输出维持以前的状态。

4）图 6-23④反相器正常工作。

（2）当 CLK 为高电平（"1"）时

1）图 6-23①寄存器中 PMOS 晶体管M_{P2}不导通，寄存器维持以前的状态，输出节点V_X仍为$\overline{D}$。

2）图 6-23②预充电求值逻辑电路中，PMOS 晶体管M_{P3}不导通，NMOS 晶体管M_{N2}导通，此时处于求值阶段，下拉网络 NMOS 晶体管M_{N3}使输入反相，输出V_Y为D。

3）图 6-23③寄存器中 NMOS 晶体管M_{N5}导通，由 PMOS 晶体管M_{P4}和 NMOS 晶体管M_{N4}组成的反相器正常工作，此时输入为D，输出节点V_Z为$\overline{D}$，上升沿触发，输入与输出反相。

4）图 6-23④反相器正常工作，节点V_Z的值$\overline{D}$经过反相器传输，最后输出$Q = D$。

真单相时钟动态D触发器电路时序图如图 6-24 所示。在时钟 CLK 下降沿时传输，上升沿时触发。

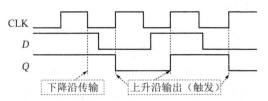

图 6-24　真单相时钟动态 D 触发器电路时序图

6.3.5　实操训练

名称：真单相时钟动态 CMOS 电路设计与仿真分析

6.3.5　实操训练

（1）训练目的

1）熟练掌握 ADE 设计环境及 TRAN 分析的参数设置与仿真。

2）掌握真单相时钟动态 D 触发器电路设计方法和仿真验证。

3）掌握通过瞬态仿真图验证逻辑门电路功能的方法。

（2）真单相时钟动态 CMOS 电路图

本实操训练真单相时钟动态 CMOS 电路如图 6-25 所示。PMOS 晶体管模型名为 p18，宽度 $w = 1.44\mu m$、长度 $l = 0.18\mu m$；NMOS 晶体管模型名为 n18，宽度 $w = 0.36\mu m$、长度 $l = 0.18\mu m$。

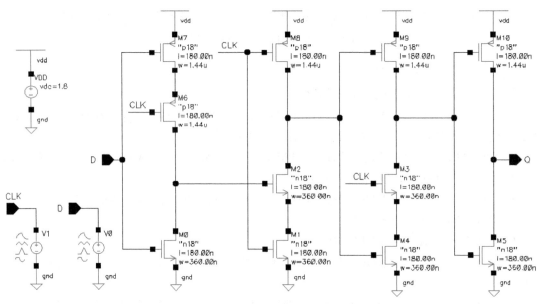

图 6-25　真单相时钟动态 CMOS 电路

（3）单相时钟动态 CMOS 电路瞬态时序仿真分析

单相时钟动态 CMOS 电路瞬态时序仿真图如图 6-26 所示，横坐标为时间 time（ns），纵坐标为三组电压（V），分别是：输出电压 Q、控制时钟 CLK、输入 D。图中显示了 time 在 0～5ns 变化时，单相时钟动态 CMOS 电路瞬态的输入和输出电压波形图。

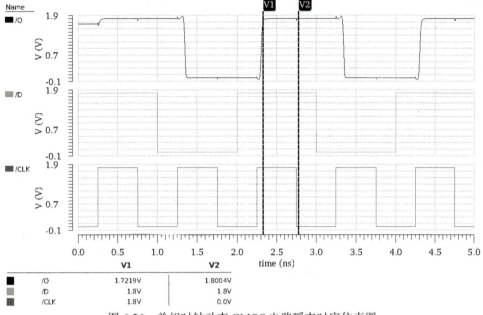

图 6-26　单相时钟动态 CMOS 电路瞬态时序仿真图

从图 6-26 中可知，在控制时钟 CLK 上升沿时，对应时间在 V_1，控制时钟 CLK 变为高电平（$V_{DD} = 1.8V$），此时输入数据 D 传输，输出 Q 为高电平（1.7219V）；在控制时钟 CLK 下降沿时，对应时间在 V_2，控制时钟 CLK 变为低电平（0.0V），此时输入数据 D 维持以前的状态，输出 Q 为高电平（1.8004V），从而可知单相时钟动态 CMOS 电路瞬态时序逻辑正确。

任务 6.4　施密特触发器

【任务导航】

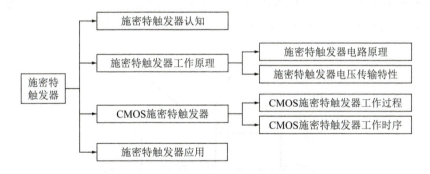

6.4.1　施密特触发器认知

施密特触发器有两个稳定状态，但与一般触发器不同的是，施密特触发器采用电压触发方式，其状态由输入信号电压维持；对于正向递增电压和负向递减电压两种不同变化方向的输入模拟信号，施密特触发器有不同的开关阈值电压。

当输入电压高于正向阈值电压 V_{T+}，输出为高；当输入电压低于负向阈值电压 V_{T-}，输出为低；当输入在正、负向阈值电压之间变化时，输出不改变，即输出由高电压翻转为低电压，或是由低电压翻转为高电压时所对应的阈值电压是不同的。正向阈值电压与负向阈值电压之间的电压差称为回差电压。这种双阈值触发称为迟滞现象，表明施密特触发器具有记忆性，正是由于施密特触发器具有滞回特性，所以可用于抗干扰电路设计。

6.4.2 施密特触发器工作原理

（1）施密特触发器电路原理

施密特触发器电路如图 6-27 所示，由两个 CMOS 反相器INV$_1$、INV$_2$以及两个电阻R_1、R_2构成。从图中可知，两个 CMOS 反相器通过串接相连，通过分压电阻R_2把输出端V_{OUT}的电压反馈给输入参考电压端V_{REF}（正反馈），便组成了带有施密特触发特性的电路。

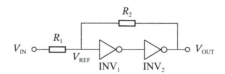

图 6-27　施密特触发器电路

根据叠加定理，所有的独立电压源短路到地（"$V = 0$"），所有的独立电流源断路（"$I = 0$"），可得

$$V_{REF} = V_{IN} \frac{R_2}{R_1 + R_2} + \frac{R_1}{R_1 + R_2} V_{OUT} \tag{6-1}$$

反相器工作电源电压为V_{DD}，接地电压 GND 为"0"。反相器 INV 的开关阈值电压为$V_{DD}/2$，即$V_{REF} = V_{DD}/2$。V_{IN}在 $0 \rightarrow V_{T-} \rightarrow V_{T+} \rightarrow V_{DD}$ 之间往返变化时，令V_{OUT}分别等于V_{DD}和"0"，从而可求出V_{T+}和V_{T-}，即

$$V_{T+} = V_{REF} \frac{R_1 + R_2}{R_2}, \quad V_{T-} = \left(V_{REF} - \frac{R_1}{R_1 + R_2} V_{DD} \right) \frac{R_1 + R_2}{R_2} \tag{6-2}$$

施密特触发器工作时序如图 6-28 所示。当输入V_{IN}大于正向阈值电压V_{T+}时，输出V_{OUT}为高电平；当输入V_{IN}小于负向阈值电压V_{T-}时，输出V_{OUT}为低电平。

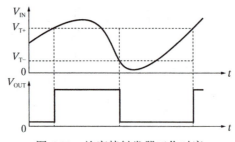

图 6-28　施密特触发器工作时序

（2）施密特触发器电压传输特性

施密特触发器可以理解为缓冲器或反相器有两个阈值电压，分同向施密特触发器和反相施密特触发器。同向施密特触发器的符号和电压传输特性如图 6-29 所示。

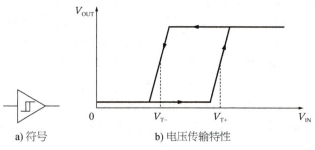

图 6-29 同向施密特触发器的符号和电压传输特性

反相施密特触发器的符号和电压传输特性如图 6-30 所示。

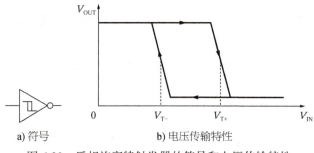

图 6-30 反相施密特触发器的符号和电压传输特性

6.4.3 CMOS 施密特触发器

常用施密特触发器可由 CMOS 电路构成，如图 6-31 所示为反相施密特触发器电路。它主要用于使用正反馈将边沿变化缓慢的周期模拟信号转化为边沿陡峭的矩形数字脉冲信号。

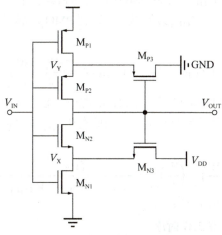

图 6-31 反相施密特触发器电路

CMOS 施密特触发器电路工作过程如下：

（1）正向转换过程

当输入信号 V_{IN} 从低电平（"0"）开始增大时，$0 < V_{IN} < V_{THN1}$，此时输出 V_{OUT} 为高电平

V_{DD}（"1"）。NMOS 晶体管M_{N1}、M_{N2}不导通，而 NMOS 晶体管M_{N3}导通，晶体管M_{N3}的源极节点V_X电压为$V_{DD} - V_{THN3}$。随着V_{IN}的增大，当$V_{IN} > V_{THN1}$时，NMOS 晶体管M_{N1}导通，节点V_X电压开始下降，V_{IN}继续增大超过V_{THN2}，此时 NMOS 晶体管M_{N2}导通，由于 NMOS 晶体管M_{N2}比 NMOS 晶体管M_{N1}晚一些导通，形成迟滞现象。此时有

$$V_{IN} = V_{T+} = V_{THN2} + V_X \qquad (6\text{-}3)$$

输出V_{OUT}开始下降直到"0"，导致 NMOS 晶体管M_{N3}不导通，形成正反馈回路。

当 NMOS 晶体管M_{N2}导通，V_{OUT}逐渐增大，直到 NMOS 晶体管M_{N1}和 NMOS 晶体管M_{N3}的漏极电流相同时，即

$$I_D = \frac{KP_{N1}}{2}\left(\frac{W}{L}\right)_{N1}(V_{T+} - V_{THN1})^2 = \frac{KP_{N3}}{2}\left(\frac{W}{L}\right)_{N3}(V_{DD} - V_X - V_{THN3})^2 \qquad (6\text{-}4)$$

由于 NMOS 晶体管M_{N2}和 NMOS 晶体管M_{N3}的源极一起连在节点V_X上，体效应导致的阈值电压的变化对每个 NMOS 晶体管都是相同的，因此有$V_{THN2} = V_{THN3}$。将式(6-3)中的V_X代入式(6-4)中，化简可得

$$\left(\frac{W}{L}\right)_{N1} / \left(\frac{W}{L}\right)_{N3} = \frac{(V_{DD} - V_{T+})^2}{(V_{T+} - V_{THN1})^2} \qquad (6\text{-}5)$$

由式(6-5)可以求出正向阈值电压V_{T+}。

（2）负向转换过程

当输入信号V_{IN}从高电平V_{DD}（"1"）开始减小时，$V_{THP1} < V_{IN} < V_{DD}$，此时输出$V_{OUT}$为低电平（"0"）。PMOS 晶体管$M_{P1}$、$M_{P2}$不导通，而 PMOS 晶体管$M_{P3}$导通，晶体管$M_{P3}$的源极节点$V_Y$电压为$V_{THP3}$。随着$V_{IN}$的减小，当$V_{IN} < V_{THP1}$时，PMOS 晶体管$M_{P1}$导通，节点$V_Y$电压开始上升，$V_{IN}$继续增加，当超过$V_{THP2}$时，此时 PMOS 晶体管$M_{P2}$导通，由于 PMOS 晶体管$M_{P2}$比 PMOS 晶体管$M_{P1}$晚一些导通，形成迟滞现象。此时有

$$V_{IN} = V_{T-} = V_Y - V_{THP2} \qquad (6\text{-}6)$$

输出V_{OUT}开始上升直到V_{DD}，导致 PMOS 晶体管M_{P3}不导通，形成正反馈回路。

当 PMOS 晶体管M_{P2}导通，V_{OUT}逐渐减小，直到 PMOS 晶体管M_{P1}和 PMOS 晶体管M_{P3}的漏极电流相同时，即

$$I_D = \frac{KP_{P1}}{2}\left(\frac{W}{L}\right)_{P1}(V_{DD} - V_{T-} - V_{THP1})^2 = \frac{KP_{P3}}{2}\left(\frac{W}{L}\right)_{P3}(V_Y - V_{THP3})^2 \qquad (6\text{-}7)$$

由于 PMOS 晶体管M_{P2}和 PMOS 晶体管M_{P3}的源极一起连在节点V_Y上，体效应导致的阈值电压的变化对每个 PMOS 晶体管都是相同的，因此有$V_{THP2} = V_{THP3}$。将式(6-6)中的V_X代入式(6-7)中，化简可得

$$\left(\frac{W}{L}\right)_{P1} / \left(\frac{W}{L}\right)_{P3} = \frac{(V_{T-})^2}{(V_{DD} - V_{T-} - V_{THP1})^2} \qquad (6\text{-}8)$$

由式(6-8)可以求出负向阈值电压V_{T-}。

（3）CMOS 施密特触发器工作时序

CMOS 施密特触发器工作时序图如图 6-32 所示。当输入V_{IN}从"0"开始逐渐增大时，在t_1时刻，V_{IN}值超过正向阈值电压V_{T+}时，输出反相为低电平（"0"）；当输入V_{IN}从V_{DD}开始逐渐减小时，在t_2时刻，V_{IN}值低于负向阈值电压V_{T-}时，输出反相为高电平（"1"）。

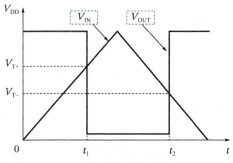

图 6-32　CMOS 施密特触发器工作时序图

6.4.4　施密特触发器应用

施密特触发器常常又称为迟滞比较器、滞回比较器，它的主要用途是波形变换、脉冲波的整形、脉冲鉴幅以及构成多谐振荡器等。

（1）波形变换

可将三角波、正弦波、周期性波等变换成矩形波。

（2）脉冲波的整形

数字集成电路系统中，矩形脉冲在传输中经常发生波形畸变，出现上升沿和下降沿不理想的情况，可用施密特触发器整形后，获得较理想的矩形脉冲。

（3）脉冲鉴幅

幅度不同、不规则的脉冲信号施加到施密特触发器的输入端时，能选择幅度大于阈值电压的脉冲信号进行输出。

（4）构成多谐振荡器

幅值不同的信号在通过具有 RC 延时的施密特触发器后会产生矩形脉冲，常用作脉冲信号源及时序电路中的时钟信号。

习题

一、单选题

1）下列不属于静态电路的是（　　　）。

    A. 标准 CMOS 电路　　　　　　　　B. 传输门逻辑电路

    C. 多米诺逻辑电路　　　　　　　　D. 级联电压转换逻辑电路

2）下列不属于动态电路的是（　　　）。

    A. 无竞争逻辑电路　　　　　　　　B. 传输晶体管逻辑电路

    C. 多米诺逻辑电路　　　　　　　　D. 真正的单相时钟电路

二、判断题

1）动态逻辑电路属于无比逻辑，允许电路在没有稳定电源的情况下工作，可以不用稳定

的电源电压。 （　　）

2）动态逻辑电路工作需要充电和储存两个阶段，输入信号只能在充电阶段变化，储存阶段必须保持稳定。 （　　）

3）施密特触发器可以用作波形变换、整形、鉴幅、比较以及构成振荡器。 （　　）

三、设计题

设计一个鉴幅电路，工作电压为 1.8V，正向阈值电压为 1.2V，负向阈值电压为 0.6V，画出电路图，写出晶体管尺寸，并进行仿真验证。

项目 7　电流镜设计与仿真

【项目描述】

电流镜是模拟集成电路设计中的基本电路单元，本项目主要讲解各种电流镜的工作原理与仿真分析，主要包括基本电流镜、比例电流镜、共源共栅电流镜以及偏置电路，并对相关电流镜电路进行了仿真验证。

【项目导航】

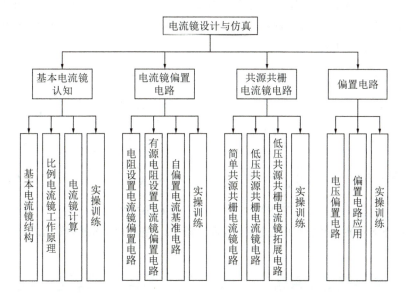

任务 7.1　基本电流镜认知

【任务导航】

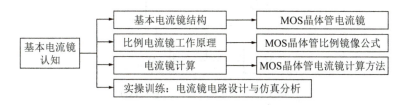

电流镜（镜像恒流源）是模拟集成电路中普遍存在的一种标准电路，它的受控电流与输入参考电流相等，即输入与输出电流比等于 1，实现了 1:1 镜像，因此称为电流镜。电流镜也可以按比例镜像，其特点是输出电流是对参考电流按一定比例的"复制"。电流镜电路常用来产生偏置电流和作为有源负载。

7.1.1 基本电流镜结构

（1）NMOS 晶体管电流镜

一个基本 NMOS 晶体管组成的电流镜电路如图 7-1 所示，镜像电路的关键就是 NMOS 晶体管M_{N1}和M_{N2}的尺寸（沟道长度和沟道宽度）相等，此时，$V_{GS1} = V_{DS1} = V_{GS2}$。因为两个 NMOS 晶体管$M_{N1}$和$M_{N2}$的栅源电压相等，那么这两个晶体管的漏极电流相等，就可以实现电流镜像。如果晶体管M_{N1}电流通道的参考电流为I_{REF}，M_{N2}电流通道的镜像电流为I_{MIRROR}，即$I_{MIRROR} = I_{REF}$。

（2）PMOS 晶体管电流镜

一个基本 PMOS 晶体管组成的电流镜电路如图 7-2 所示，PMOS 晶体管M_{P1}和M_{P2}的尺寸相等，此时，$V_{GS1} = V_{DS1} = V_{GS2}$。两个 PMOS 晶体管$M_{P1}$和$M_{P2}$的栅源电压相等，那么这两个晶体管的漏极电流相等。晶体管M_{P1}电流通道的参考电流为I_{REF}，M_{P2}电流通道的镜像电流为I_{MIRROR}，即$I_{MIRROR} = I_{REF}$。

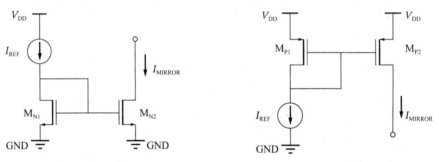

图 7-1　基本 NMOS 晶体管组成的电流镜电路　　图 7-2　基本 PMOS 晶体管组成的电流镜电路

7.1.2 比例电流镜工作原理

一个 NMOS 晶体管组成的比例电流镜电路如图 7-3 所示，工作原理如下。

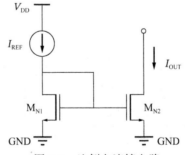

图 7-3　比例电流镜电路

对于 NMOS 晶体管M_{N1}，它的漏极电流I_{D1}为

$$I_{D1} = I_{REF} = \frac{\mu_n C_{ox}}{2}\left(\frac{W_1}{L_1}\right)(V_{GS1} - V_{THN})^2(1 + \lambda_n V_{DS1}) \tag{7-1}$$

对于 NMOS 晶体管M_{N2}，它的漏极电流I_{D2}为

$$I_{D2} = I_{OUT} = \frac{\mu_n C_{ox}}{2}\left(\frac{W_2}{L_2}\right)(V_{GS2} - V_{THN})^2(1 + \lambda_n V_{DS2}) \qquad (7\text{-}2)$$

因为 $V_{GS1} = V_{GS2}$，所以两个 MOS 晶体管漏极电流之比为

$$\frac{I_{D2}}{I_{D1}} = \frac{I_{OUT}}{I_{REF}} = \left(\frac{W_2/L_2}{W_1/L_1}\right)\left(\frac{1 + \lambda V_{DS2}}{1 + \lambda V_{DS1}}\right) \qquad (7\text{-}3)$$

在忽略沟道长度调制效应的情况下，式(7-3)可以简化为

$$\frac{I_{OUT}}{I_{REF}} = \left(\frac{W_2/L_2}{W_1/L_1}\right) = A \qquad (7\text{-}4)$$

式(7-4)说明，NMOS 晶体管比例镜像电路的输出电流I_{OUT}与参考电流I_{REF}的比值取决于这两个晶体管的宽长比。

PMOS 晶体管比例镜像公式与 NMOS 晶体管比例镜像公式一样。

7.1.3 电流镜计算

（1）比例电流镜计算

NMOS 晶体管比例电流镜电路如图 7-4 所示，参考电流$I_{REF} = 10\mu A$，NMOS 晶体管M_{N1}的宽长比为 10/1，M_{N2}的宽长比为 20/1，M_{N3}的宽长比为 50/1，M_{N4}的宽长比为 10/2。

说明：本书中所涉及 MOS 晶体管的宽长比即为真实尺寸，单位为 μm。如宽长比为 10/1，即宽度为 10μm，长度为 1μm。

根据比例镜像公式可以计算出晶体管M_{N2}的漏极电流I_{OUT2}为 20μA，M_{N3}的漏极电流I_{OUT3}为 50μA，M_{N4}的漏极电流I_{OUT4}为 5μA。

（2）电流镜设计

1）NMOS 晶体管电流镜。图 7-5 所示为一个电流镜电路，电源电压$V_{DD} = 1.8V$，NMOS 晶体管M_{N1}和M_{N2}的宽长比都为 10/1。

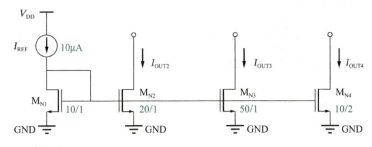 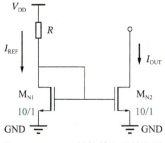

图 7-4　NMOS 晶体管比例电流镜　　　　图 7-5　NMOS 晶体管电流镜电路

MOS 晶体管参数如表 7-1 所示。忽略沟道长度调制效应，现在要求输出漏极电流$I_{OUT} = 40\mu A$，计算参考基准电流I_{REF}和电阻R。

表 7-1　MOS 晶体管参数

NMOS		PMOS	
V_{THN}	0.419V	V_{THP}	-0.424V
$\mu_n C_{ox} = KP_N$	242μA/V^2	$\mu_p C_{ox} = KP_P$	58μA/V^2

首先根据比例电流镜公式，可知 $I_{REF} = 40\mu A$。在参考电流 I_{REF} 通道上，有电阻 R 和 NMOS 晶体管 M_{N1} 构成的有源电阻串联，根据欧姆定律，可知

$$I_{REF} = (V_{DD} - V_{GS1})/R \tag{7-5}$$

再根据 NMOS 晶体管漏极电流方程，有

$$I_{REF} = \frac{\mu_n C_{ox}}{2}\left(\frac{W_1}{L_1}\right)(V_{GS1} - V_{THN})^2 \tag{7-6}$$

联立方程式(7-5)和式(7-6)，可求出电阻 R 约为 30kΩ，$V_{GS1} = 0.6V$。

2）PMOS 晶体管电流镜。图 7-6 所示为一个电流镜电路，电源电压 $V_{DD} = 1.8V$，PMOS 晶体管 M_{P1} 和 M_{P2} 的宽长比都为 10/1。

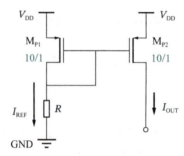

图 7-6 PMOS 晶体管电流镜电路

MOS 晶体管参数如表 7-1 所示。忽略沟道长度调制效应，现在要求输出漏极电流 $I_{OUT} = 40\mu A$，计算参考基准电流 I_{REF} 和电阻 R。

首先根据比例电流镜公式，可知 $I_{REF} = 40\mu A$。在参考电流 I_{REF} 通道上，有电阻 R 和 PMOS 晶体管 M_{P1} 构成的有源电阻串联，根据欧姆定律，可知

$$I_{REF} = V_{SG1}/R \tag{7-7}$$

再根据 PMOS 晶体管漏极电流方程，有

$$I_{REF} = \frac{\mu_p C_{ox}}{2}\left(\frac{W_1}{L_1}\right)(V_{SG1} - V_{THP})^2 \tag{7-8}$$

联立方程式(7-7)和式(7-8)，可求出电阻 R 约为 20kΩ。

7.1.4 实操训练

名称：电流镜电路设计与仿真分析

（1）训练目的

1）掌握 IC 设计软件绘制电路图及 DC 分析的参数设置与仿真。

2）掌握电流镜的工作原理及仿真流程。

（2）电流镜仿真电路图

本实操训练电流镜仿真电路如图 7-7 所示。MOS 晶体管采用三端口器件，PMOS 晶体管模型名为 p18，NMOS 晶体管模型名为 n18，图中给出了 MOS 晶体管的沟道尺寸（宽度 w、长度 l）和电阻值。

7.1.4 实操训练

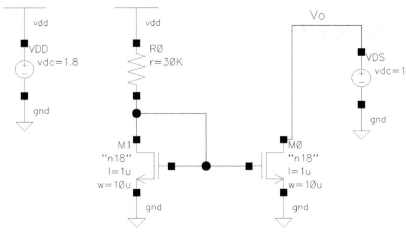

图 7-7   电流镜仿真电路

（3）电流镜仿真分析

图 7-8 所示为电流镜仿真图，横坐标为晶体管 M_0 漏极电压 V_{DS}（V），纵坐标为漏极电流 I_D（μA）。图中显示了 V_{DS} 在 0～1.8V 变化时，电流镜漏极电流 I_D 随漏极电压 V_{DS} 变化的曲线。

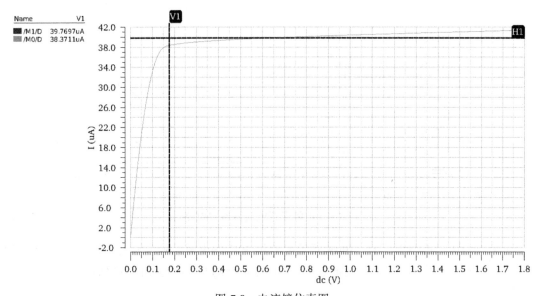

图 7-8   电流镜仿真图

从图 7-8 中可知，随着 V_{DS} 的增大，在电压 $V_{DS,SAT}=182\text{mV}$ 处，电流源进入饱和区。基准电流不是精确的 40μA，大约为 38.37μA。由于沟道长度调制的影响，饱和区的曲线并不是一个恒定的电流，而是微微上升。

任务7.2 电流镜偏置电路

【任务导航】

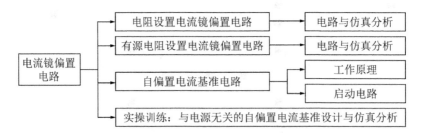

7.2.1 电阻设置电流镜偏置电路

电流镜的参考基准电流可以用电阻来设置。图 7-9a 所示为一个电阻设置电流镜偏置电路，这个电路存在一个问题：当电源电压V_{DD}变化时，基准电流也会随着V_{DD}的变化而变化，不能保持恒定的电流，如图 7-9b 所示为其仿真图。

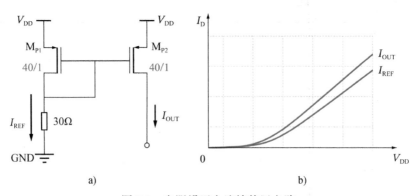

图 7-9 电阻设置电流镜偏置电路

在图 7-9 中，如果使用一个 40μA 恒流源替代 30Ω 的电阻，那么输出电流I_{OUT}基本保持恒定。由此可见，电阻设置电流镜偏置电路，输出电流会随着电源电压的变化而变化。

7.2.2 有源电阻设置电流镜偏置电路

电流镜的参考基准电流也可以用有源电阻来设置。图 7-10a 所示为一个 NMOS 晶体管M_{N1}栅漏短接构成有源电阻来设置电流镜偏置电路，图 7-10b 所示为一个 PMOS 晶体管M_{P1}栅漏短接构成有源电阻来设置电流镜偏置电路。

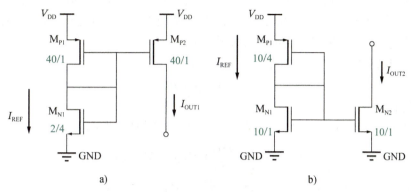

图 7-10　有源电阻设置电流镜偏置电路

有源电阻设置偏置基准电流也存在一个问题：当电源电压V_{DD}变化时，基准电流也会随着V_{DD}的变化而变化，不能保持恒定的电流，如图 7-11 所示为其仿真图。

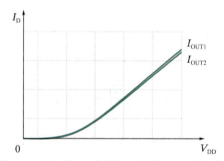

图 7-11　有源电阻设置电流镜偏置电路仿真图

7.2.3　自偏置电流基准电路

（1）工作原理

电阻和有源电阻作为基准设置电流镜偏置电路，它们的输出基准电流都存在随电源电压变化而变化的问题，因此需要设计一个电路实现基准电流与电源电压无关。图 7-12 所示为一个与电源电压无关的自偏置电流基准电路，它的工作原理如下。

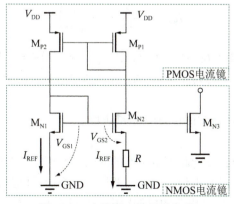

图 7-12　自偏置电流基准电路

NMOS 晶体管M_{N1}、M_{N3}组成电流镜电路，要使得 NMOS 晶体管M_{N2}也可以镜像M_{N1}的参考电流I_{REF}，增加 PMOS 晶体管M_{P1}、M_{P2}构成的电流镜电路，强迫使流过M_{N1}和M_{N2}的漏极电流相等即都为I_{REF}。这种电路结构称为自偏置结构。

因为流过M_{N1}和M_{N2}的漏极电流相等，那么有

$$V_{GS1} = V_{GS2} + I_{REF}R \tag{7-9}$$

因此有$V_{GS1} > V_{GS2}$。

对于 NMOS 晶体管M_{N1}，忽略沟道长度调制效应，它的漏极电流为

$$I_{D1} = \frac{\mu_n C_{ox}}{2}\left(\frac{W_1}{L_1}\right)(V_{GS1} - V_{THN})^2 \tag{7-10}$$

对于 NMOS 晶体管M_{N2}，忽略沟道长度调制效应，它的漏极电流为

$$I_{D2} = \frac{\mu_n C_{ox}}{2}\left(\frac{W_2}{L_2}\right)(V_{GS2} - V_{THN})^2 \tag{7-11}$$

MOS 晶体管的$\beta = \mu_n C_{ox} \cdot \left(\frac{W}{L}\right)$，因为$V_{GS1} > V_{GS2}$，要使得$I_{D1} = I_{D2}$，必须有$\beta_1 < \beta_2$，那么就有$\beta_2 = K\beta_1$。因为跨导参数$KP_N = \mu_n C_{ox}$不变，如果这两个晶体管长度$L$不变，那么晶体管$M_{N2}$宽度$W_2$是晶体管$M_{N1}$宽度$W_1$的$K$倍，即$W_2 = KW_1$。

因此，可以由晶体管M_{N1}的漏极电流公式(7-10)推导出

$$V_{GS1} = \sqrt{\frac{2I_{D1}}{\beta_1}} + V_{THN} \tag{7-12}$$

由晶体管M_{N2}的漏极电流公式(7-11)推导出

$$V_{GS2} = \sqrt{\frac{2I_{D2}}{\beta_2}} + V_{THN} \tag{7-13}$$

把式(7-12)和式(7-13)代入式(7-9)中，可得

$$\sqrt{\frac{2I_{D1}}{\beta_1}} + V_{THN} = \sqrt{\frac{2I_{D2}}{\beta_2}} + V_{THN} + I_{REF}R \tag{7-14}$$

把$\beta_2 = K\beta_1$代入式(7-14)，因为$I_{D1} = I_{D2} = I_{REF}$，化简可得

$$I_{REF} = \frac{2}{R^2\beta_1}\left(1 - \frac{1}{\sqrt{K}}\right)^2 \tag{7-15}$$

由式(7-15)可知，基准电流I_{REF}与电源电压V_{DD}无关。当$K = 4$时，即晶体管M_{N2}宽度W_2是晶体管M_{N1}宽度W_1的 4 倍，电流$I_{REF} = 40\mu A$，晶体管M_{N1}宽长比为 10/1 时，可计算出电阻$R = 2.1k\Omega$。

这个电路称为β倍增（Beta Multiplier）基准电路。

（2）启动电路

自偏置电路有一个缺点：在电路上电工作的时候，有可能所有的晶体管没有导通，电路工作进入不了饱和区，电路中没有电流。因此需要设计一个启动电路，使自偏置电路可以正常工作。图 7-13 所示为一个带有启动电路的自偏置电流基准电路，虚线框中为启动电路。

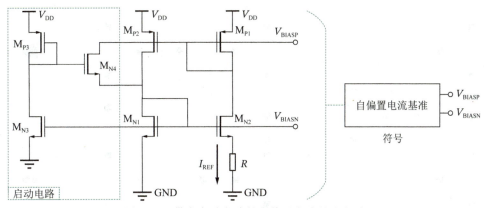

图 7-13 带有启动电路的自偏置电流基准电路

工作过程如下：

当自偏置电流基准电路中没有电流时，NMOS 晶体管M_{N3}不导通，PMOS 晶体管M_{P3}栅漏短接作为有源电阻，因此M_{P3}的漏极电压为V_{DD}，即 NMOS 晶体管M_{N4}的栅极电压为V_{DD}，M_{N4}导通，电流从V_{DD}经过 PMOS 晶体管M_{P1}，流过M_{N4}，进入自偏置电流基准主电路，启动完成。一旦启动完成，NMOS 晶体管M_{N3}导通，M_{P3}有源电阻与M_{N3}导通电阻分压值很小，接近"0"。这个小的电压使M_{N4}不导通，从而断开与自偏置电流基准主电路的联系，启动结束。

把自偏置电流基准电路封装成一个符号，方便后面电路调用。

7.2.4 实操训练

名称：与电源无关的自偏置电流基准设计与仿真分析

（1）训练目的

1）掌握 IC 设计软件绘制电路图及 DC 分析的参数设置与仿真。

2）掌握自偏置电流基准电路的工作原理及仿真流程。

7.2.4 实操训练

（2）自偏置电流基准仿真电路图

图 7-14 所示为本实操训练自偏置电流基准仿真电路。MOS 晶体管采用三端口器件，PMOS 晶体管模型名为 p18，NMOS 晶体管模型名为 n18，图中给出了 MOS 晶体管的沟道尺寸（宽度 w、长度 l）和电阻值。

电源电压$V_{DD} = 1.8V$，参考基准电流$I_{REF} = 40\mu A$。MOS 晶体管忽略沟道长度调制效应，对于 NMOS 晶体管 M3，根据漏极电流方程可以求出$V_{GS3} = 0.6V$，即$V_{biasn} = 0.6V$；对于 PMOS 晶体管 M0，根据漏极电流方程可以求出$V_{SG0} = 1.2V$，即$V_{biasp} = 1.2V$。

V_{DD}的最小值可通过M_1和M_3的漏-源电压的最小值估算出来。对于M_1而言，这个最小值为$V_{SD1,SAT} = 0.182V$；对于M_3而言，这个最小值为$V_{DS3} = V_{GS3} = 0.6V$。于是得出：$V_{DDmin} = V_{SD1,SAT} + V_{GS3} = 0.782V$。

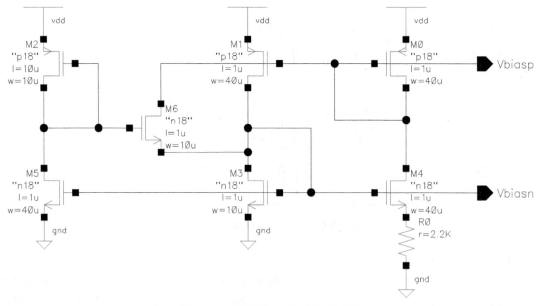

图 7-14　自偏置电流基准仿真电路

（3）自偏置电流基准仿真分析

自偏置电流基准仿真图如图 7-15 所示，横坐标为电源电压V_{DD}（V），纵坐标为漏极电流I_D（μA）。图中显示了V_{DD}在 0～1.8V 变化时，电路中 NMOS 晶体管M_3和M_4的漏极电流I_D随电源电压V_{DD}变化的曲线。

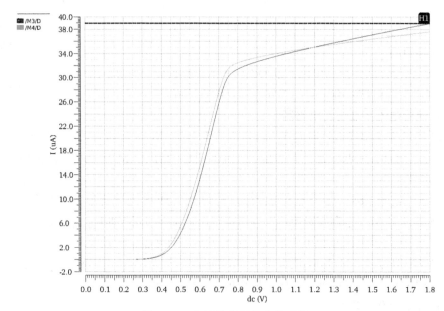

图 7-15　自偏置电流基准仿真图

从图 7-15 中可知，随着V_{DD}的增大，在$V_{DD}=782\text{mV}$处，晶体管进入饱和区，自偏置电流基准开始正常工作。在$V_{DD}=1.8\text{V}$处，基准电流大约为 39μA。由于沟道长度调制效应的影响，饱和区的曲线并不是一个恒定的电流，而是微微上升。

共源共栅电流镜电路

【任务导航】

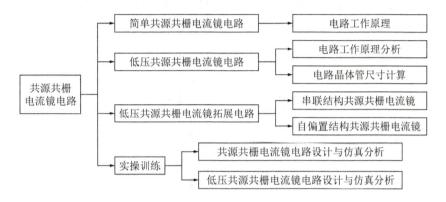

7.3.1　简单共源共栅电流镜电路

理想电流源的输出电阻应该是无穷大的，单个 MOS 晶体管的输出电阻为 kΩ～MΩ 级别，为了增大电流源输出电阻，采用共源共栅（Cascode）结构的电流镜电路，其输出电阻可以增大很多。图 7-16 所示为共源共栅电流镜电路，NMOS 晶体管 M_{N1} 和 M_{N2} 组成的电流镜与对应 NMOS 晶体管 M_{N3} 和 M_{N4} 组成的电流镜以共源共栅结构串联。输出电流 I_{OUT} 仍然由晶体管 M_{N1} 和 M_{N2} 的栅源电压 V_{GS1} 确定。自偏置基准电路输出 $V_{BIASP} = 1.2V$、镜像电流 $I_{REF} = 40\mu A$。

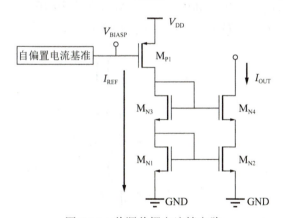

图 7-16　共源共栅电流镜电路

共源共栅电流镜电路中，NMOS 晶体管 M_{N1}、M_{N2}、M_{N3}、M_{N4} 的尺寸都一样。M_{N2} 栅极电压为 $V_{GS2} = V_{DS2,SAT} + V_{THN}$，$M_{N4}$ 栅极电压为 $2V_{GS2} = 2(V_{DS2,SAT} + V_{THN})$。

M_{N2} 和 M_{N4} 工作在饱和区，M_{N2} 漏极上的电压为 V_{GS2}。由于 $V_{DS2,SAT} = V_{DS4,SAT} = V_{DS,SAT}$，那么共源共栅电流镜上的最小电压为 $V_{OUT,min} = V_{DS,SAT4} + V_{GS2} = 2V_{DS,SAT} + V_{THN}$。

共源共栅电流镜的输出交流电阻理论值为 $r_{OUT} \cong g_{m4}r_{ds2}r_{ds4}$。

7.3.2 低压共源共栅电流镜电路

简单共源共栅电流镜节点电压如图 7-17 所示。NMOS 晶体管M_{N1}的漏极电压与M_{N2}的漏极电压一致，为$V_{GS1} = V_{DS1,SAT} + V_{THN}$；NMOS 晶体管$M_{N3}$的漏极电压与栅极电压（G 点）一致，为栅漏短接的$M_{N1}$与$M_{N3}$的漏极电压叠加，G 点为$V_G = V_{GS1} + V_{GS3}$，即$V_G = (V_{DS1,SAT} + V_{THN}) + (V_{DS3,SAT} + V_{THN})$。NMOS 晶体管$M_{N4}$的漏源电压最小值为$V_{DS4,SAT}$，共源共栅电流镜输出最小电压（D 点）为$V_D = (V_{DS1,SAT} + V_{THN}) + V_{DS4,SAT}$。

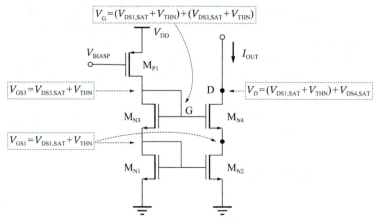

图 7-17 共源共栅电流镜节点电压

这个输出电压值比较大，设计电流镜希望它的输出电压越小越好，分析电路如图 7-18 所示。它的输出最低电压可以为 NMOS 晶体管M_{N2}与M_{N4}的最小漏源饱和电压之和，即节点 D 的电压为$V_D = V_{DS2,SAT} + V_{DS4,SAT}$。此时，NMOS 晶体管$M_{N2}$的栅极电压为$V_{GS2} = V_{DS2,SAT} + V_{THN}$，$M_{N4}$的栅极电压 G 点值为$V_G = (V_{DS4,SAT} + V_{THN}) + V_{DS2,SAT}$。

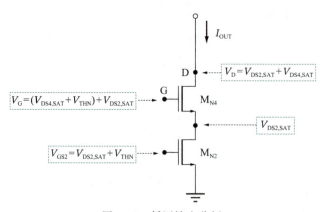

图 7-18 低压输出分析

因此可以改进电路结构，使其输出电压更小，如图 7-19 所示为低压共源共栅电流镜电路。

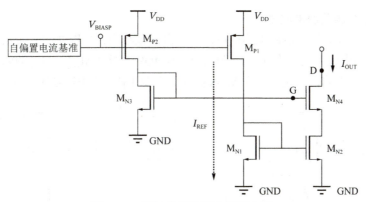

图 7-19　低压共源共栅电流镜电路

NMOS 晶体管M_{N4}的栅极偏置电压由电流镜 PMOS 晶体管M_{P2}和 NMOS 晶体管M_{N3}、M_{N4}组成的电流镜提供，其 G 点偏置电压值为$V_G = (V_{DS4,SAT} + V_{THN}) + V_{DS2,SAT}$。电路设计中晶体管$M_{N1}$、$M_{N2}$、$M_{N4}$的尺寸一致，那么：$V_{DS1,SAT} = V_{DS2,SAT} = V_{DS4,SAT} = V_{DS,SAT} = V_{GS} - V_{THN}$。G 点偏置电压值可以改写为$V_G = 2V_{DS,SAT} + V_{THN}$。设计电流镜参考电流$I_{REF}$为 40μA，晶体管$M_{N1}$的漏极电流为

$$I_{REF} = \frac{\mu_n C_{ox}}{2}\left(\frac{W_1}{L_1}\right)\left(V_{DS,SAT}\right)^2 \tag{7-16}$$

晶体管M_{N3}的栅源电压$V_{GS3} = V_G = 2V_{DS,SAT} + V_{THN}$，其漏极电流为

$$I_{REF} = \frac{\mu_n C_{ox}}{2}\left(\frac{W_3}{L_3}\right)\left[(2V_{DS,SAT} + V_{THN}) - V_{THN}\right]^2 = \frac{\mu_n C_{ox}}{2}\left(\frac{W_3}{L_3}\right) \times 4 \times \left(V_{DS,SAT}\right)^2 \tag{7-17}$$

联立式(7-16)与式(7-17)，可得$\left(\frac{W_1}{L_1}\right) = 4\left(\frac{W_3}{L_3}\right)$。

7.3.3　低压共源共栅电流镜拓展电路

（1）串联 MOS 结构共源共栅电流镜

电流镜为了达到优秀的晶体管匹配效果，共源共栅结构电流镜常采用如图 7-20 所示结构。NMOS 晶体管M_{N1}和M_{N3}串联替代图 7-19 中的一个晶体管，晶体管M_{N1}和M_{N3}分别与晶体管M_{N2}和M_{N4}对应匹配。

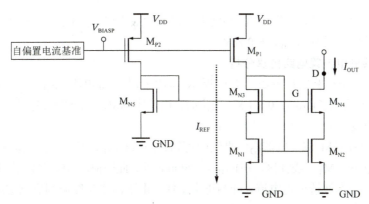

图 7-20　串联共源共栅电流镜

（2）自偏置共源共栅电流镜

常用的低压共源共栅电流镜电路也可以采用自偏置结构，如图 7-21a 所示，电路中串联电阻 R，电阻两端的电压分别作为共源共栅电流镜 NMOS 晶体管 M_{N2}、M_{N4} 的偏置电压。电阻易受工艺制造偏差的影响，因此，改为 MOS 晶体管有源电阻，如图 7-21b 所示。

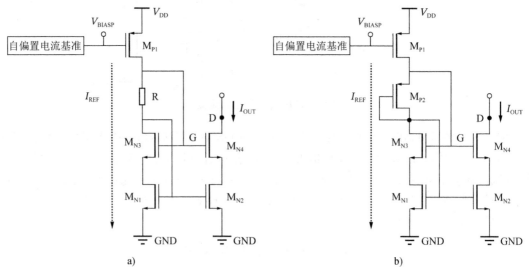

图 7-21　自偏置共源共栅电流镜

7.3.4　实操训练

1.　共源共栅电流镜电路设计与仿真分析

（1）训练目的

1）掌握 IC 设计软件绘制电路图及 DC 分析的参数设置与仿真。

2）掌握共源共栅电流镜电路的工作原理及仿真流程。

7.3.4 实操训练-1

（2）共源共栅电流镜电路图

本实操训练共源共栅电流镜电路如图 7-22 所示。MOS 晶体管采用三端口器件，PMOS 晶体管模型名为 p18，NMOS 晶体管模型名为 n18，图中给出了 MOS 晶体管的沟道尺寸（宽度 w、长度 l）。

M_1 和 M_2 工作在饱和区，那么共源共栅电流镜上的最小电压为 $V_{O,min} = 2V_{DS,sat} + V_{THN}$，经计算可知，最小电压为 $V_{O,min} = 0.78V$。

（3）共源共栅电流镜电路仿真分析

共源共栅电流镜电路仿真图如图 7-23 所示，横坐标为电源电压 V_{DD}（V），纵坐标为漏极电流 I_D（μA）。图中显示了 V_{DD} 在 0～1.8V 变化时，电路中 NMOS 晶体管 M_1 漏极电流 I_D 随电源电压 V_{DD} 变化的曲线。

从 NMOS 晶体管 M_1 漏极电流 I_D 仿真图中可知，随着 V_{DD} 的增大，在 $V_{DD} = 182mV$ 处，晶体管 M_2 进入饱和区、M_1 在线性区。在 $V_{DD} = 750mV$ 处，此时 M_1、M_2 都进入饱和区，基准电流大约为 37.4μA，基本保持恒定电流，开始正常工作。由于沟道长度调制影响造成的曲线微微上升现象，表现很弱。

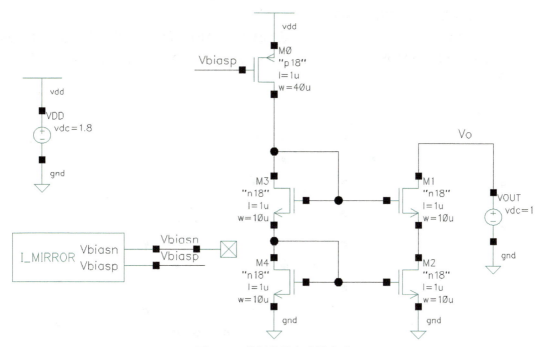

图 7-22 共源共栅电流镜电路

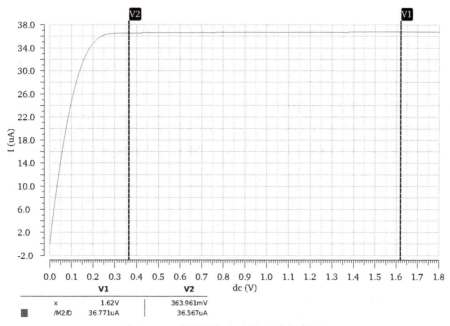

图 7-23 共源共栅电流镜电路仿真图

2. 低压共源共栅电流镜电路设计与仿真分析

（1）训练目的

1）掌握 IC 设计软件绘制电路图及 DC 分析的参数设置与仿真。

2）掌握低压共源共栅电流镜电路的工作原理及仿真流程。

7.3.4 实操训练-2

（2）低压共源共栅电流镜电路图

本实操训练低压共源共栅电流镜电路如图 7-24 所示。MOS 晶体管采用三端口器件，PMOS 晶体管模型名为 p18，NMOS 晶体管模型名为 n18，图中给出了 MOS 晶体管的沟道尺寸（宽度 w、长度 l）。

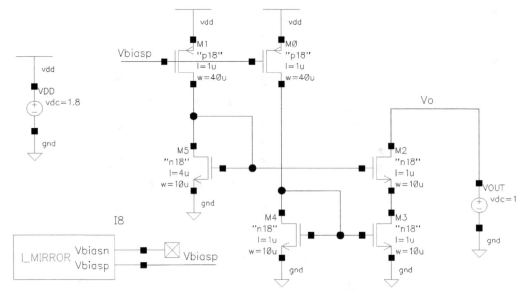

图 7-24　低压共源共栅电流镜电路

M_2 和 M_3 工作在饱和区，那么共源共栅电流镜上的最小电压为 $V_{O,min} = 2V_{DS,sat}$，经计算可知，最小电压为 $V_{O,min} = 0.362V$。

（3）低压共源共栅电流镜电路仿真分析

低压共源共栅电流镜电路仿真图如图 7-25 所示，横坐标为电源电压 V_{DD}（V），纵坐标为漏极电流 I_D（μA）。V_{DD} 在 0~1.8V 变化时，电路中 NMOS 晶体管 M_2 漏极电流 I_D 随电源电压 V_{DD} 变化的曲线图。

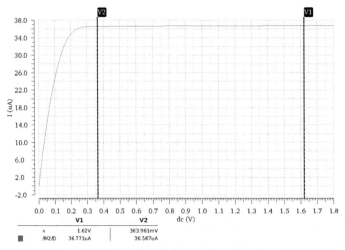

图 7-25　低压共源共栅电流镜电路仿真图

从 NMOS 晶体管M_2漏极电流I_D仿真图中可知，随着V_{DD}的增大，在$V_{DD}=363.961\text{mV}$处，此时M_2、M_3都进入饱和区，基准电流大约为 $36.771\mu A$，基本保持恒定电流，开始正常工作。由于沟道长度调制影响造成的曲线微微上升现象，表现很弱。

任务7.4 偏置电路

【任务导航】

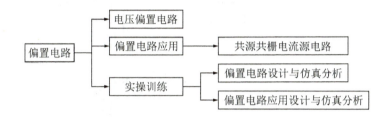

7.4.1 电压偏置电路

模拟电路设计中经常要用到电压偏置电路，典型的偏置电路如图 7-26 所示。偏置电路由自偏置基准电流电路和低压共源共栅电路构成，自偏置基准产生一个与电源电压无关的偏置参考电流I_{REF}，通过低压共源共栅电流镜电路产生四个偏置电压V_{B1}、V_{B2}、V_{B3}、V_{B4}。

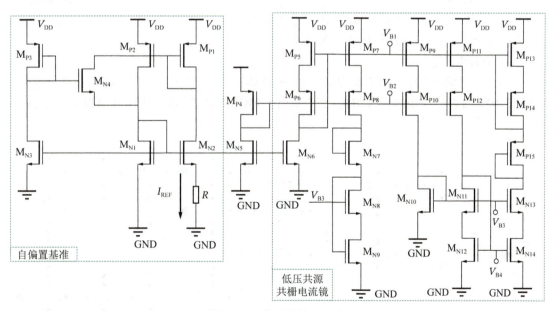

图 7-26 典型的偏置电路

7.4.2 偏置电路应用

偏置电路为特定的设计电路提供偏置电压，如图 7-27 所示为其一个应用电路。偏置电压

V_{B1}、V_{B2}、V_{B3}、V_{B4}分别为共源共栅电流镜由 PMOS 晶体管M_{P1}、M_{P2}和 NMOS 晶体管M_{N2}、M_{N1}构成的栅极提供偏置电压，使所有晶体管工作在饱和区。

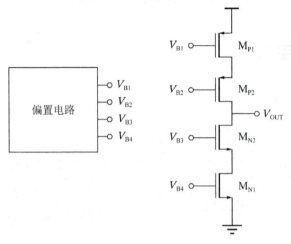

图 7-27　偏置电路应用

7.4.3　实操训练

1.　偏置电路设计与仿真分析

（1）训练目的

1）掌握 IC 设计软件绘制电路图及瞬态分析的参数设置与仿真。

2）掌握偏置电路的工作原理及仿真流程。

7.4.3　实操训练-1

（2）偏置电路图

本实操训练偏置电路如图 7-28 所示。MOS 晶体管采用三端口器件，PMOS 晶体管模型名为 p18，NMOS 晶体管模型名为 n18，图中给出了 MOS 晶体管的沟道尺寸（宽度 w、长度 l）。

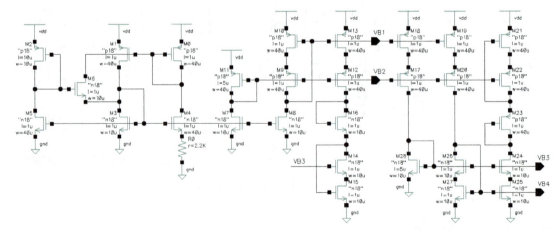

图 7-28　偏置电路

（3）偏置电路仿真分析

偏置电路时序仿真图如图 7-29 所示，横坐标为时间 time（μs），纵坐标为偏置电压（V/mV）和支路电流（μA）。

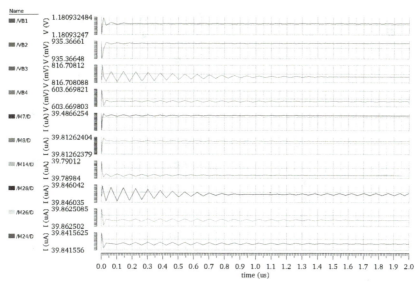

图 7-29 偏置电路时序仿真图

从图 7-29 中可知，偏置电压 $V_{B1} \approx 1.18V$、$V_{B2} \approx 935mV$、$V_{B3} \approx 816mV$、$V_{B4} \approx 603mV$；各个支路 NMOS 晶体管 M_7、M_8、M_{14}、M_{28}、M_{26}、M_{24} 漏极电流大约为 40μA。

2. 偏置电路应用设计与仿真分析

（1）训练目的

1）掌握 IC 设计软件绘制电路图及 DC 分析的参数设置与仿真。

7.4.3 实操训练-2

2）掌握共源共栅电流源电路的工作原理及仿真流程。

（2）共源共栅电流源电路图

本实操训练共源共栅电流源电路如图 7-30 所示。MOS 晶体管采用三端口器件，PMOS 晶体管模型名为 p18，NMOS 晶体管模型名为 n18，图中给出了 MOS 晶体管的沟道尺寸（宽度 w、长度 l）。

PMOS 晶体管 M_0 和 M_1 工作在饱和区，那么 PMOS 共源共栅电流源上的最小电压降为 $2V_{DS,sat} = 0.362V$，NMOS 晶体管 M_2 和 M_3 工作在饱和区，那么 NMOS 共源共栅电流源上的最小电压降为 $2V_{DS,sat} = 0.362V$。

（3）共源共栅电流源电路仿真分析

共源共栅电流源电路仿真图如图 7-31 所示，横坐标为电源电压 V_{DD}（V），纵坐标为漏极电流 I_D（μA）。图中显示了 V_{DD} 在 0～1.8V 变化时，输出 PMOS 共源共栅电流源上 M_1 源极电流和 NMOS 共源共栅电流源上 M_2 漏极的电流曲线。

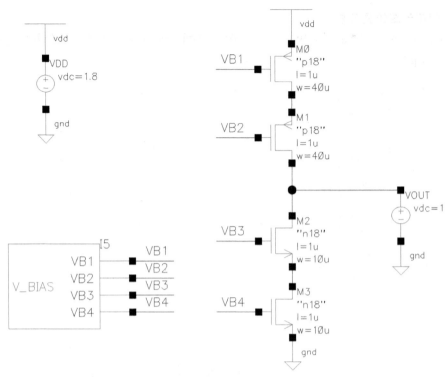

图 7-30　共源共栅电流源电路

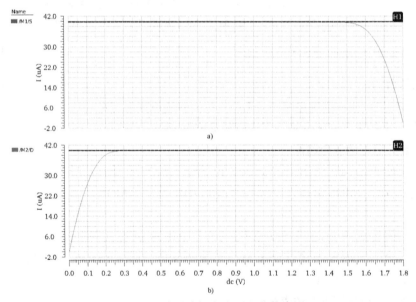

图 7-31　共源共栅电流源电路仿真图

从图 7-31 中可知，随着 V_{DD} 的增大，PMOS 共源共栅电流源上的最小电压降约为 360mV 时，即 V_{DD} 为 $1.8V - 0.36V = 1.44V$，基准电流约为 40μA，基本保持恒定电流；NMOS 共源共栅电流源上的最小电压降约为 $V_{DD} = 360mV$ 处，基准电流约为 40μA，基本保持恒定电流。

习题

计算题

1）如图 7-32 所示电路，已知 $I_{REF} = 10\mu A$，求 I_{OUT1}、I_{TOUT2}、I_{OUT3}、I_{OUT4}。

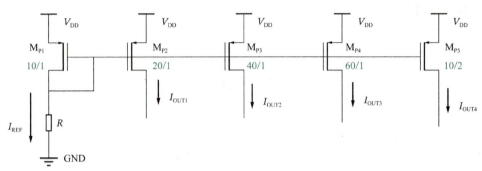

图 7-32　电路 1

2）如图 7-33 所示电路，已知 $V_{BIASP} = 1.2V$，$I_{REF} = 40\mu A$，所有 PMOS 晶体管宽长比为 40/1，所有 NMOS 晶体管宽长比为 10/1（晶体管宽、长的单位为 μm）。计算 NMOS 晶体管 M_{N3} 的漏极电流。

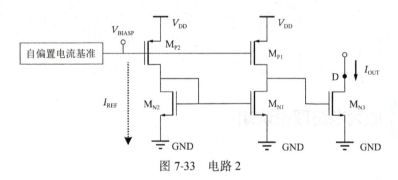

图 7-33　电路 2

3）如图 7-34 所示电路，电源电压 $V_{DD} = 1.8V$，NMOS 晶体管 M_{N1} 和 M_{N2} 的宽长比都为 10/1。NMOS 晶体管阈值电压 $V_{THN} = 0.419V$，跨导参数 $K_{PN} = 242\mu A/V^2$。忽略沟道长度调制效应，输出漏极电流 $I_{OUT} = 40\mu A$，计算参考基准电流 I_{REF} 和电阻 R。

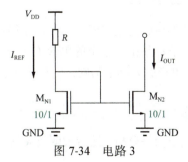

图 7-34　电路 3

项目 8 单管放大器设计与仿真

【项目描述】

放大器是模拟集成电路基本电路单元，而单管放大器是其中的基础。本项目阐述了单管放大器、有源负载放大器和电流源负载放大器的理论知识，并就对应电路以实操训练形式进行了验证。

【项目导航】

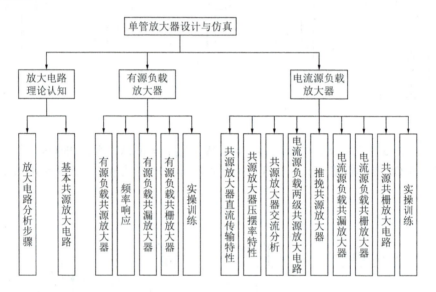

任务 8.1 放大电路理论认知

【任务导航】

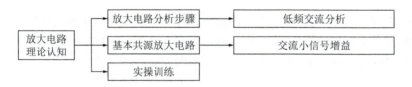

放大器是模拟集成电路设计的核心电路单元，主要用于微弱信号的放大。放大器的应用很广泛，种类也很多，所有的放大器都是由一个个的单管（一个 MOS 晶体管）放大器级联在一起，组成多级放大电路。因此，单管放大器是基础，只有学好了它，才可以继续进行高阶学习。

8.1.1 放大电路分析步骤

学习放大电路必须要做交流小信号分析，然后求解放大倍数（增益），一般只做低频交流分析。求解放大倍数大致分为三步：

1）画出放大电路的低频小信号模型。

2）根据小信号模型列出节点电流方程。

3）解方程求出放大倍数。

8.1.2　基本共源放大电路

图 8-1 所示为一个基本共源放大电路，输入与输出的公共端为源极（GND），因此称为共源放大。图 8-1a 为单管共源放大通用电路，图 8-1b 为单管电阻负载共源放大电路，图 8-1c 为单管共源放大电路的低频小信号模型。做交流分析时，所有的直流电压源短路到 "0"，忽略沟道长度调制效应。

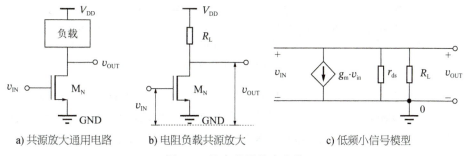

a) 共源放大通用电路　　　b) 电阻负载共源放大　　　c) 低频小信号模型

图 8-1　基本共源放大电路

根据图 8-1c 所示的低频小信号模型，可以列出节点 "0" 的电流方程为

$$g_m v_{in} + v_{out}/r_{ds} + v_{out}/R_L = 0 \tag{8-1}$$

通过节点电流方程，可以求出单管共源放大电路的增益为 $A_v = \dfrac{v_{out}}{v_{in}} = -g_m(r_{ds} \parallel R_L)$，一般由于 $r_{ds} \gg R_L$，因此增益约为 $A_v = \dfrac{v_{out}}{v_{in}} = -g_m R_L$，负号表示输出与输入相位方向相反，由放大电路公式可知，增大放大晶体管的跨导或增大负载电阻都可以增大增益。

任务 8.2　有源负载放大器

【任务导航】

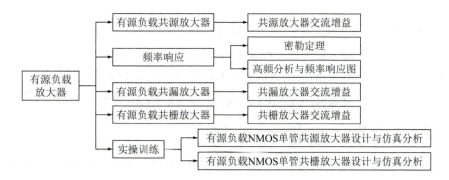

8.2.1　有源负载共源放大器

放大器中的无源负载（电阻）的值为 kΩ～MΩ 级别，它的版图面积较大。为了节省版图面积，一般常用有源负载（MOS 晶体管栅漏短接）来替代无源负载。图 8-2 所示为常用的四种有源负载共源放大器。

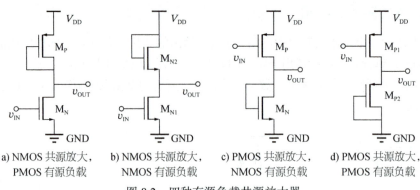

a) NMOS 共源放大，　　b) NMOS 共源放大，　　c) PMOS 共源放大，　　d) PMOS 共源放大，
　PMOS 有源负载　　　　NMOS 有源负载　　　　NMOS 有源负载　　　　PMOS 有源负载

图 8-2　四种有源负载共源放大器

图 8-2a 为 NMOS 晶体管共源放大，PMOS 晶体管栅漏短接作为有源负载；图 8-2b 为 NMOS 晶体管共源放大，NMOS 晶体管栅漏短接作为有源负载；图 8-2c 为 PMOS 晶体管共源放大，NMOS 晶体管栅漏短接作为有源负载；图 8-2d 为 PMOS 晶体管共源放大，PMOS 晶体管栅漏短接作为有源负载。

选取图 8-2a 中 PMOS 有源负载放大器做交流小信号分析，如图 8-3 所示。其他三个交流分析过程一致，不再重复说明。

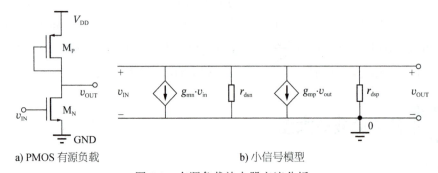

a) PMOS 有源负载　　　　　　　　　　b) 小信号模型

图 8-3　有源负载放大器交流分析

根据图 8-3b 的小信号模型，列出节点电流方程为

$$g_{mn}v_{in} + v_{out}/r_{dsn} + g_{mp}v_{out} + v_{out}/r_{dsp} = 0 \tag{8-2}$$

为了便于计算，用电导表示电阻，即 $g_{ds} = 1/r_{ds}$。那么式(8-2)可改写为

$$g_{mn}v_{in} + g_{dsn}v_{out} + g_{mp}v_{out} + g_{dsp}v_{out} = 0 \tag{8-3}$$

可以求出：$A_v = \dfrac{v_{out}}{v_{in}} = -\dfrac{g_{mn}}{g_{dsn}+g_{dsp}+g_{mp}} \cong -\dfrac{g_{mn}}{g_{mp}}$。

说明：一般情况下，MOS 晶体管交流电阻 r_{ds} 为 MΩ 级别，其对应跨导 g_m 为 1/kΩ 级别，那么交流电导g_{ds}值要比其对应跨导g_m值小很多，即$g_{ds} \ll g_m$。因此，放大器增益近似计算是允许的。

图 8-3 中有源负载放大器小信号交流分析，其输出电阻为$(1/g_{mp}) \parallel r_{dsn} \parallel r_{dsp}$，一般情况下，$r_{dsn} \parallel r_{dsp}$远远大于$1/g_{mp}$，因此还可以简化。图中 PMOS 栅漏短接有源负载可以直接用其交流电阻值$1/g_{mp}$表示。那么其交流小信号模型可以简化为如图 8-4 所示。

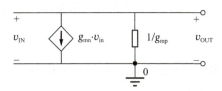

图 8-4　简化交流小信号模型

根据图 8-4，列节点电流方程，求出其增益为$A_v = -g_{mn}/g_{mp}$，与式(8-3)求出的近似值一致。

8.2.2　频率响应

频率响应是用来描述放大器对于不同频率的信号进行放大处理能力的差异。频率响应曲线是指放大器增益随频率的变化曲线。

学习放大器，频率响应是绕不开的。尽管它的高频小信号分析很复杂，但是为了更好理解放大器的频率响应，必须进行高频交流小信号分析。本书中高频交流分析，只做一个有源负载共源放大器简单的高频分析流程说明，其他放大电路高频分析方法依此类推，不做详细介绍。

（1）密勒定理

图 8-3 中的 PMOS 晶体管栅漏短接有源负载共源放大器是一个反相放大器，其增益为A_v，反馈电容C_F位于放大晶体管M_N的栅极（G）输入和漏极（D）输出之间（即 MOS 晶体管M_N的C_{gdN}）。等效电路如图 8-5a 所示，那么有$v_{OUT} = A_v v_{IN}$。

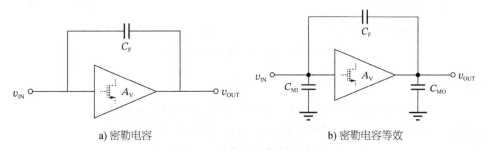

a) 密勒电容　　　　　　　　b) 密勒电容等效

图 8-5　密勒定理等效电路

流过反馈电容C_F上的电流i_{C_F}为$i_{C_F} = j\omega C_F(v_{IN} - v_{OUT})$，由于放大器增益值为负（输入与输出相位相反）：$A_v = -(v_{OUT}/v_{IN})$，所以反馈电容上的电流可以等效为

$$i_{C_F} = j\omega C_F(1 + A_v)v_{IN} = j\omega C_F\left(1 + \frac{1}{A_v}\right)v_{OUT} \tag{8-4}$$

现在用放大器输入端接地电容C_{MI}和输出端接地电容C_{MO}替代反馈电容C_F，如图 8-5b 所示。反馈电容上的电流与等效输入电流和等效输出电流相同。这种替代通常称为密勒定理，反馈电容称为密勒电容C_M，即$C_M = C_F$。对于图 8-3a 所示放大器，其密勒电容为$C_M = C_{gdN}$。

根据密勒定理，可将图 8-3a 中晶体管M_N的栅漏电容C_{gdN}分为两部分：栅极到地密勒电容

C_{MI}和漏极到地密勒电容C_{MO}，图 8-3a 中放大器的低频增益为$A_v = -\frac{g_{mn}}{g_{mp}}$，根据式(8-4)，改写密勒等效电容，可知输入密勒电容为$C_{MI} = C_{gdN}\left(1 + \frac{g_{mn}}{g_{mp}}\right)$，输出密勒电容为$C_{MO} = C_{gdN}\left[1 + 1/\left(\frac{g_{mn}}{g_{mp}}\right)\right]$。可见，放大器输入端等效电容被放大器放大，增益越大，等效电容越大。对于高增益，这意味着放大器的输入电容很大，从而导致电路速度降低。对于放大器输出端等效电容，其值变化不大。

（2）频率响应

1）传输函数。根据信号与系统理论，线性系统的传输函数都是复变量s的有理分式，其分子多项式和分母多项式经分解后可写为

$$H(s) = \frac{b_0}{a_0} \times \frac{(s - z_1)(s - z_2)\cdots(s - z_m)}{(s - p_1)(s - p_2)\cdots(s - p_n)} \tag{8-5}$$

式中，$z_{1,2,\ldots,m}$是分子多项式等于零时的根，故称为传输函数的零点；$p_{1,2,\ldots,n}$是分母多项式等于零时的根，故称为传输函数的极点；b_0/a_0称为传输系数或传输增益。

2）高频分析。在做高频分析时，需要考虑 MOS 晶体管的分布电容。图 8-3 中的放大器增加了分布电容后的电路如图 8-6 所示。图 8-6a 为放大器分布电容图，因为 PMOS 晶体管M_P的栅、漏极短接在一起，所以没有栅漏电容；图 8-6b 为简化高频小信号等效模型。

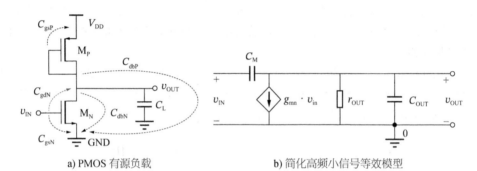

a) PMOS 有源负载   b) 简化高频小信号等效模型

图 8-6　高频小信号等效模型

根据高频小信号等效模型，列节点电流方程为

$$sC_M(v_{OUT} - v_{IN}) + g_{in}v_{in} + g_{OUT}v_{OUT} + sC_{OUT}v_{OUT} = 0 \tag{8-6}$$

电导$g_{OUT} = 1/r_{OUT}$，C_{OUT}是所有输出节点v_{OUT}的分布电容之和。

那么有$v_{OUT}(g_{OUT} + sC_M + sC_{OUT}) = -(g_{mn} - sC_M)v_{in}$，从而有

$$\frac{v_{OUT}}{v_{IN}} = \frac{-(g_{mn} - sC_M)}{g_{OUT} + sC_M + sC_{OUT}} = -g_{mn}r_{OUT}\left(\frac{1 - \frac{sC_M}{g_{mn}}}{1 + sr_{OUT}(C_M + C_{OUT})}\right) = -g_{mn}r_{OUT}\frac{\left(1 - \frac{s}{z_1}\right)}{1 - \frac{s}{p_1}}$$

那么$p_1 = \frac{-1}{r_{OUT}(C_{OUT} + C_M)}$，$z_1 = \frac{g_{mn}}{C_M}$，$C_M = C_{gdN}$。

其中：$r_{OUT} = 1/(g_{dsn} + g_{dsp} + g_{mp}) \cong 1/g_{mp}$，$C_{OUT} = C_{dbN} + C_{dbP} + C_{gsP} + C_L$。

低频增益（直流增益，频率为 0 时的增益值）为$g_{mn}r_{OUT}$，极点$p1$为$-3dB$带宽（表示低频增益衰减 3dB 时对应的带宽）。

3）频率响应图。一般$|p1| < |z_1|$，频率响应曲线如图 8-7 所示。因此，通过修改密勒电容C_M（增加密勒补偿电容），可改变零点与极点。

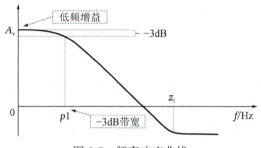

图 8-7　频率响应曲线

8.2.3　有源负载共漏放大器

MOS 晶体管栅漏短接有源负载共漏放大器如图 8-8 所示。图 8-8a 为 NMOS 晶体管M_{N1}放大，M_{N2}栅漏短接作为有源负载，输入从栅极输入，从源极输出；图 8-8b 为 PMOS 晶体管M_{P1}放大，M_{P2}栅漏短接作为有源负载，输入从栅极输入，从源极输出。这两个电路的输入与输出公共端都是漏极，称为共漏放大器。

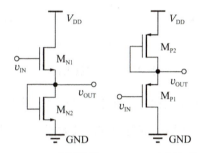

a) NMOS 有源负载　　b) PMOS 有源负载

图 8-8　共漏放大器

下面画小信号模型，求解共漏放大器的增益。图 8-9 所示为 NMOS 共漏放大器的小信号模型，该模型忽略衬底的影响。其中$v_{gs1} = v_{OUT} - v_{IN}$，$r_{ds1} \parallel 1/g_{m2} \cong 1/g_{m2}$。

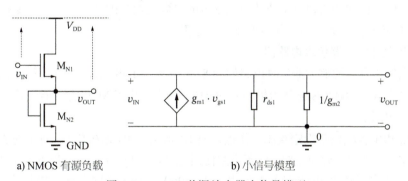

a) NMOS 有源负载　　　　　　　　b) 小信号模型

图 8-9　NMOS 共漏放大器小信号模型

根据小信号模型，可以求出共漏放大器的增益为

$$A_v = \frac{v_{OUT}}{v_{IN}} = \frac{g_{m1}}{g_{m1} + g_{m2}} \cong 1 \tag{8-7}$$

因为共漏放大器的增益约为 1，输出从晶体管源极输出，所以又称为源极跟随器，一般作为电平移位电路。

8.2.4 有源负载共栅放大器

MOS 晶体管栅漏短接有源负载共栅放大器如图 8-10 所示。图 8-10a 为 NMOS 晶体管M_N共栅放大，PMOS 晶体管M_P栅漏短接作为有源负载，输入从源极输入，从漏极输出。这个电路的输入与输出公共端都是栅极，称为共栅放大器。图 8-10b 为共栅放大器的小信号模型。

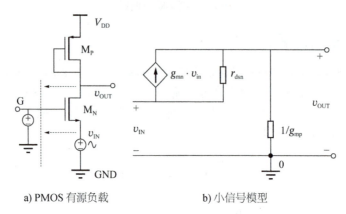

a) PMOS 有源负载　　　　　　　　b) 小信号模型

图 8-10　共栅放大器

根据小信号模型，列节点电流方程，从而求出共栅放大器增益为$A_v \cong \frac{g_{mn}}{g_{mp}}$，共栅放大器的输入与输出同向。另外，共栅放大器的增益与共源放大器的增益形式相同。

8.2.5 实操训练

1. 有源负载 NMOS 单管共源放大器设计与仿真分析

（1）训练目的

1）掌握 IC 设计软件绘制电路图及交流分析的参数设置与仿真。

2）掌握单管共源放大器的工作原理及仿真流程。

8.2.5 实操训练-1

（2）单管共源放大器仿真电路图

本实操训练单管共源放大器仿真电路如图 8-11 所示。MOS 晶体管采用三端口器件，PMOS 晶体管模型名为 p18，NMOS 晶体管模型名为 n18，图中给出了 MOS 晶体管的沟道尺寸（宽度w、长度l）和电阻值。

大电阻R_0和电容C_0用于设定直流工作点，但不影响电路的交流工作。对于交流分析，大电阻等效为开路，大电容等效为短路。偏置电路使用电流镜项目里的，V_{B4}提供的电压约为 0.6V，它为 NMOS 晶体管M_1提供的偏置电流大约 40μA。放大器增益计算结果为$A_v = -\frac{g_{m1}}{g_{m0}} = -\frac{432μA/V}{415μA/V} \approx -1.04$。

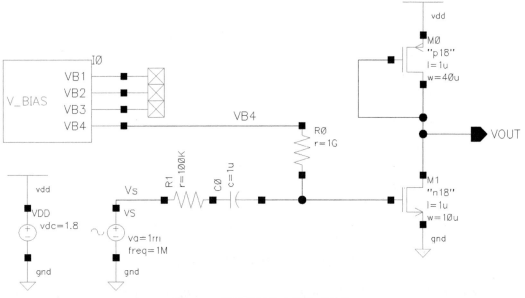

图 8-11 单管共源放大器仿真电路

（3）单管共源放大器仿真分析

单管共源放大器交流仿真图如图 8-12 所示，横坐标为频率 f（Hz），纵坐标为电压放大倍数，计算时输入参考电压值为 1，输出电压值（V）就是放大倍数。

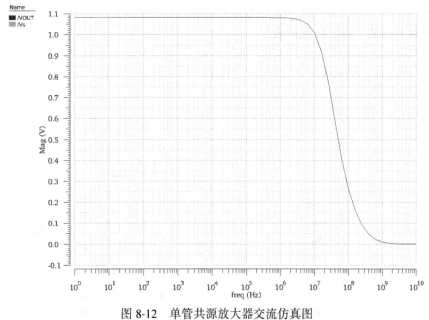

图 8-12 单管共源放大器交流仿真图

从图 8-12 中可知，低频增益为 1.07，随着频率的增大，增益开始衰减，衰减 3dB 时，对应的 -3dB 频率约为 10^7Hz。

单管共源放大器瞬态仿真图如图 8-13 所示，横坐标为时间 time（μs），纵坐标为电压 V（mV）。图中显示了当时间在 $0\sim2$μs 变化时，输入电压 V_s 与输出电压 V_{OUT} 波形图。

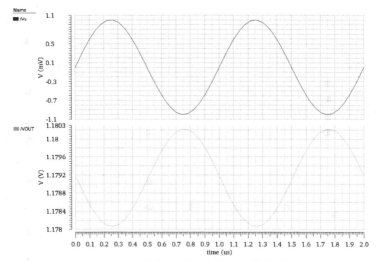

图 8-13　单管共源放大器瞬态仿真图

从图 8-13 中可知，输入峰-峰值为 2mV，输出峰-峰值为 $1.1802V - 1.1781V = 0.0021V = 2.1mV$，放大器增益计算结果为 1.05。

2. 有源负载 NMOS 单管共栅放大器设计与仿真分析

（1）训练目的

1）掌握 IC 设计软件绘制电路图及交流分析的参数设置与仿真。

2）掌握单管共栅放大器的工作原理及仿真流程。

8.2.5 实操训练-2

（2）单管共栅放大器仿真电路图

本实操训练单管共栅放大器仿真电路如图 8-14 所示。MOS 晶体管采用三端口器件，PMOS 晶体管模型名为 p18，NMOS 晶体管模型名为 n18，图中给出了 MOS 晶体管的沟道尺寸（宽度 w、长度 l）和电阻值。

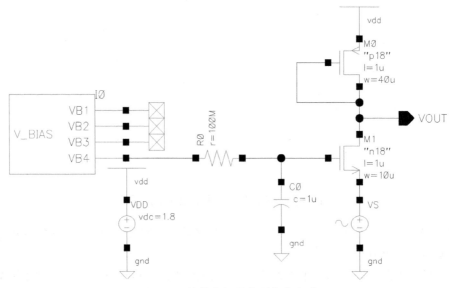

图 8-14　单管共栅放大器仿真电路

（3）单管共栅放大器仿真分析

单管共栅放大器交流仿真图如图 8-15 所示，横坐标为频率 f（Hz），纵坐标为电压放大倍数，计算时输入参考电压值为 1，输出电压值（V）就是放大倍数。

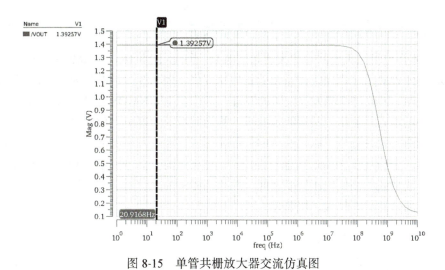

图 8-15　单管共栅放大器交流仿真图

从图 8-15 中可知，低频增益约为 1.39，随着频率的增大，增益开始衰减，衰减 3dB 时，对应的 $-3\mathrm{dB}$ 频率约为 $10^8\mathrm{Hz}$。

任务 8.3　电流源负载放大器

【任务导航】

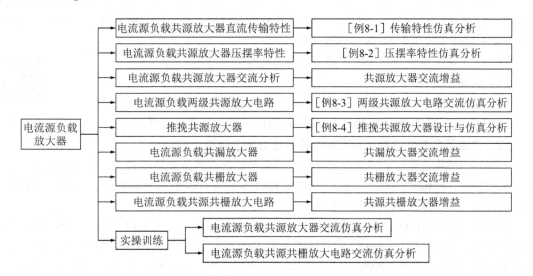

栅漏短接有源负载构成的放大器，带宽大，输出阻抗低，但缺点是增益小。电流源负载放大器具有很高的增益和输出阻抗，但带宽较小。当用外部反馈来设定放大器增益时，更倾向于采用电流源负载放大器。

8.3.1 电流源负载共源放大器直流传输特性

MOS 晶体管电流源负载共源放大器如图 8-16 所示。图 8-16a 为 NMOS 晶体管M_N共源放大，PMOS 晶体管M_P的偏置电压V_{B1}由偏置电路提供，PMOS 电流源作为负载，可以提供很大的交流输出电阻，因此可以增大放大器的增益。信号输入从 NMOS 晶体管栅极输入，从漏极输出。这个电路的输入与输出公共端都是源极，称为共源放大器。做放大器设计时，经常要对输入放大晶体管进行直流分析，以找到 MOS 晶体管工作在饱和区时最合适的偏置电压（直流静态工作点电压）。图 8-16b 为电压传输特性曲线，对直流输入信号V_{IN}进行扫描，V_{OUT}为输出转移特性曲线。在曲线的高低电压转换期间，两个 MOS 晶体管处于饱和状态，此时转移曲线的斜率为放大器增益，斜率越大，增益越大。

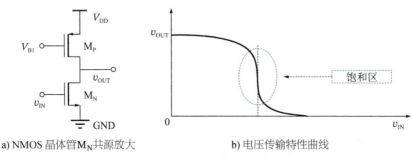

a) NMOS 晶体管M_N共源放大   b) 电压传输特性曲线

图 8-16　电流源负载共源放大器

图 8-16 中的放大器称为 A 类放大器，因为在正常工作情况下，两个 MOS 晶体管都导通；在 B 类放大器中，在某一时刻只有一个 MOS 晶体管导通；在 AB 类放大器中，在某一时刻，两个 MOS 晶体管或单个 MOS 晶体管导通。

【例 8-1】电流源负载共源放大器直流传输特性仿真分析。

（1）训练目的

1）掌握 IC 设计软件绘制电路图及 DC 分析的参数设置与仿真。

2）掌握电流源负载共源放大器直流传输特性的工作原理及仿真流程。

例 8-1

（2）电流源负载共源放大器直流传输特性仿真电路图

本实操训练电流源负载共源放大器直流传输特性仿真电路如图 8-17 所示。MOS 晶体管采用三端口器件，PMOS 晶体管模型名为 p18，NMOS 晶体管模型名为 n18，图中给出了 MOS 晶体管的沟道尺寸（宽度w、长度l）和电阻值。

从偏置电路 V_BIAS 中出来的偏置电压$V_{B1} = 1.2V$，可知，图 8-17 中的 PMOS 晶体管M_0被偏置后电流源的值$I_{D0} = 40\mu A$。这意味着如果 NMOS 晶体管M_1关断，可提供给输出的最大电流为$40\mu A$。正常工作时，NMOS 放大晶体管M_1也应该提供$40\mu A$的电流，因此通过计算，可知M_1的栅压大约为 0.6V。

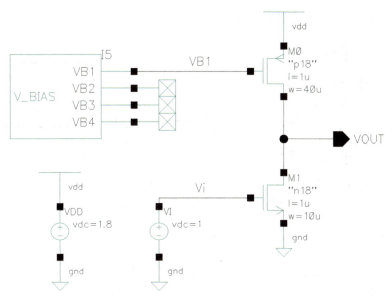

图 8-17　电流源负载共源放大器直流传输特性仿真电路

（3）电流源负载共源放大器直流传输特性仿真分析

电流源负载共源放大器直流传输特性仿真图如图 8-18 所示，横坐标为输入电压 v_{IN}（V），纵坐标为输出电压 v_{OUT}（V）。图中显示了 v_{IN} 在 0～1.8V 变化时，电路中输出电压 v_{OUT} 随输入电压 v_{IN} 变化的曲线。

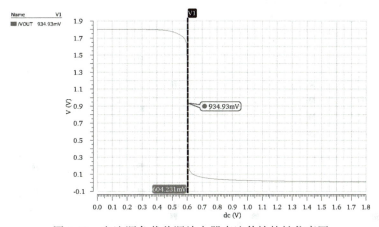

图 8-18　电流源负载共源放大器直流传输特性仿真图

从图 8-18 中可知，随着 v_{IN} 的增大，在 $v_{IN} = 604.231\text{mV}$ 处，两个 MOS 晶体管都进入饱和区，输出电压 $v_{OUT} = 934.93\text{mV}$，仿真值与理论计算值相差不大。

8.3.2　电流源负载共源放大器压摆率特性

压摆率（Slew Rate，SR）是指电压转换速率，单位通常有 V/s、V/ms 和 V/μs 三种。当输入为阶跃信号时放大器的输出电压随时间的变化率，表示放大器处理大信号时的速度能力，是衡量放大器在大幅度信号作用时工作速度的参数。图 8-19a 所示为电流源负载共源放大器压摆率测试示意，图 8-19b 为压摆率特性曲线。

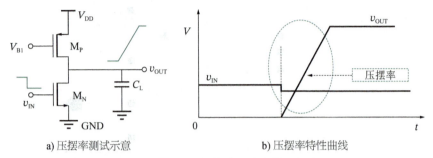

a) 压摆率测试示意　　　　　　b) 压摆率特性曲线

图 8-19　电流源负载共源放大器压摆率

压摆率计算公式为 $I = C_L \cdot \dfrac{\mathrm{d}v_{OUT}}{\mathrm{d}t}$ 或 $SR = \dfrac{\mathrm{d}v_{OUT}}{\mathrm{d}t} = \dfrac{I}{C_L}$。

【例 8-2】电流源负载共源放大电路压摆率特性仿真分析。

（1）训练目的

1）掌握 IC 设计软件绘制电路图及瞬态分析的参数设置与仿真。

2）掌握电流源负载共源放大器压摆率的工作原理及仿真流程。

例 8-2

（2）电流源负载共源放大器压摆率仿真电路图

本实操训练电流源负载共源放大器压摆率仿真电路如图 8-20 所示。MOS 晶体管采用三端口器件，PMOS 晶体管模型名为 p18，NMOS 晶体管模型名为 n18，图中给出了 MOS 晶体管的沟道尺寸（宽度 w、长度 l）和电阻值。

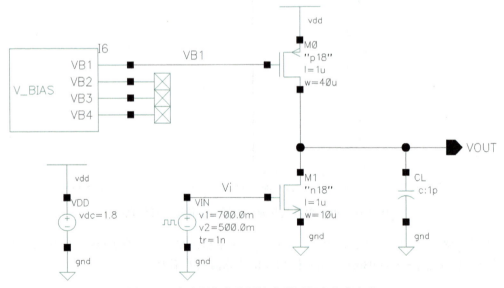

图 8-20　电流源负载共源放大器压摆率仿真电路

从偏置电路 V_BIAS 中出来的偏置电压 $V_{B1} = 1.2V$，可知，图 8-20 中的 PMOS 晶体管 M_0 被偏置后电流源的值 $I_{D0} = 40\mu A$。正常工作时，NMOS 放大晶体管 M_1 也应该提供 $40\mu A$ 的电流。当负载电容 C_L 为 1pF 时，放大器能够提供的最大电流为 $40\mu A$。那么压摆率 $SR = \dfrac{40\mu A}{1pF} = 40V/\mu s$。

（3）电流源负载共源放大器仿真分析

电流源负载共源放大器仿真图如图 8-21 所示，横坐标为时间 time（ns），纵坐标为输入电压与输出电压（V）。图中显示了当时间在 0～200ns 变化时，输入电压 v_{IN} 与输出电压 v_{OUT} 波形图。

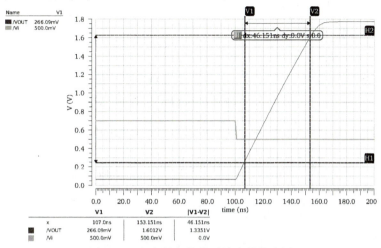

图 8-21　电流源负载共源放大器仿真图

从图 8-21 中可知，输入电压由 700mV 向 500mV 转换，在时间为 107ns 时，输出电压值 $v_{OUT} = 266.09\text{mV}$；在时间为 153.151ns 时，输出电压值 $v_{OUT} = 1.6012\text{V}$。两次输出的差值电压为 1.3351V，差值时间为 46.151ns，从而可计算出压摆率为 29V/μs。

8.3.3　电流源负载共源放大器交流分析

（1）NMOS 晶体管共源放大

电流源负载 NMOS 共源放大器电路如图 8-22a 所示，其等效小信号模型如图 8-22b 所示。

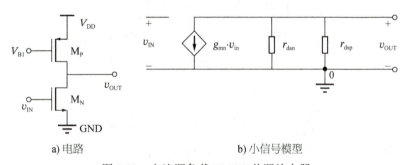

a) 电路　　　　　　　　　　　　　　　　　b) 小信号模型

图 8-22　电流源负载 NMOS 共源放大器

根据小信号模型列节点电流方程，从而可以求出放大器的电压增益为

$$A_V = \frac{v_{OUT}}{v_{IN}} = -g_{mn}(r_{dsn} \parallel r_{dsp}) = -\frac{g_{mn}}{g_{dsn} + g_{dsp}} \tag{8-8}$$

（2）PMOS 晶体管共源放大

电流源负载 PMOS 共源放大器如图 8-23a 所示，其等效小信号模型如图 8-23b 所示。

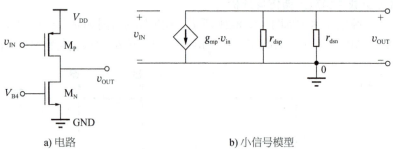

a) 电路   b) 小信号模型

图 8-23   电流源负载 PMOS 共源放大器

根据小信号模型列节点电流方程，从而可以求出放大器的电压增益为

$$A_v = \frac{v_{OUT}}{v_{IN}} = -g_{mp}(r_{dsp} \parallel r_{dsn}) = -\frac{g_{mp}}{g_{dsp} + g_{dsn}} \tag{8-9}$$

8.3.4   电流源负载两级共源放大电路

电流源负载两级共源放大电路由第一级共源放大与第二级共源放大级联构成，如图 8-24 所示。第一级放大的输出与第二级放大的输入相连。两级或以上级联放大有一个问题：输出相位裕度很小，不能满足放大器稳定的条件，放大器相位裕度至少要大于 45°，在留有设计裕度的时候，一般相位裕度要超过 60°。因此，二级放大电路需要增加相位补偿电容C_C和调零电阻R_Z，以满足相位裕度的要求。

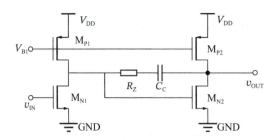

图 8-24   电流源负载两级共源放大电路

电流源负载两级共源放大电路的增益是两级增益的积，即

$$A_v = \frac{v_{OUT}}{v_{IN}} = [-g_{m1}(r_{ds1} \parallel r_{ds1})][-g_{m2}(r_{ds2} \parallel r_{ds2})] \tag{8-10}$$

【例 8-3】电流源负载两级共源放大电路交流仿真分析。

（1）训练目的

1）掌握 IC 设计软件绘制电路图及交流分析的参数设置与仿真。

2）掌握电流源负载两级共源放大电路的工作原理及仿真流程。

例 8-3

（2）电流源负载两级共源放大电路仿真电路图

本实操训练电流源负载两级共源放大电路仿真电路如图 8-25 所示。MOS 晶体管采用三端口器件，PMOS 晶体管模型名为 p18，NMOS 晶体管模型名为 n18，图中给出了 MOS 晶体管的沟道尺寸（宽度w、长度l）和电阻值。

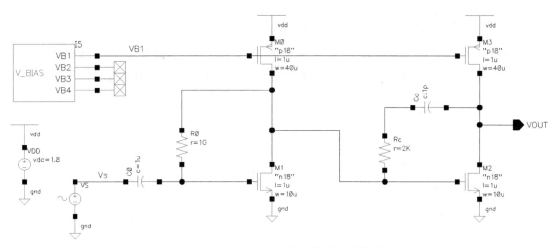

图 8-25 电流源负载两级共源放大电路仿真电路

大电阻R_0和大电容C_0用于设定直流工作点，但不影响电路的交流工作。V_{B1}提供的电压约为 1.2V，它为 MOS 晶体管所提供的偏置电流大约为 40μA。增益计算用 dB 表示为 $20\log_{10}A_v = 82\text{dB}$。

（3）电流源负载两级共源放大电路仿真分析

电流源负载两级共源放大电路交流仿真图如图 8-26 所示，横坐标为频率 f（Hz），上图纵坐标为相位（deg），下图纵坐标为电压放大倍数，计算时输入参考电压值为 1，输出电压值就是放大倍数（dB）。

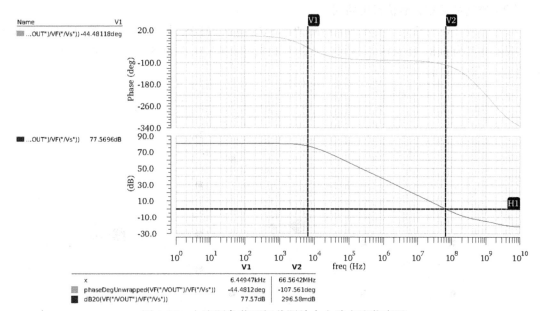

图 8-26 电流源负载两级共源放大电路交流仿真图

从图 8-26 中可知，低频增益约为 80.6dB，−3dB（衰减 3dB 的增益为 77.57dB）带宽为 6.44947kHz，单位增益（0dB）带宽为 66.5642MHz，相位裕度约为 72°（180deg − |−107.561deg| = 72.439deg）。

8.3.5　推挽共源放大器

CMOS 放大器可以作为推挽放大器，它属于共源放大器，如图 8-27 所示。它由 PMOS 晶体管 M_P 放大和 NMOS 晶体管 M_N 放大构成，它们彼此作为负载晶体管。它的输出摆幅可以达到轨到轨。

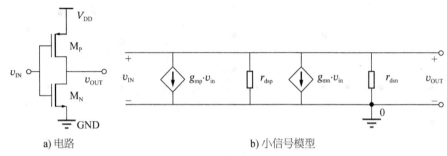

a) 电路　　　　　　　　　　　　　b) 小信号模型

图 8-27　推挽共源放大器

根据小信号模型列节点电流方程，从而可求出电压增益为

$$A_v = \frac{v_{OUT}}{v_{IN}} = -(g_{mp} + g_{mn})(r_{dsp} \parallel r_{dsn}) = -\frac{g_{mp} + g_{mn}}{g_{dsp} + g_{dsn}} \tag{8-11}$$

【例 8-4】推挽共源放大器设计与仿真分析。

（1）训练目的

1）掌握 IC 设计软件绘制电路图及交流分析的参数设置与仿真。

2）掌握推挽共源放大器的工作原理及仿真流程。

例 8-4

（2）推挽共源放大器仿真电路图

本实操训练推挽共源放大器仿真电路如图 8-28 所示。MOS 晶体管采用三端口器件，PMOS 晶体管模型名为 p18，NMOS 晶体管模型名为 n18，图中给出了 MOS 晶体管的沟道尺寸（宽度 w、长度 l）和电阻值。

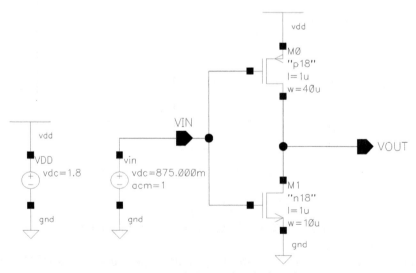

图 8-28　推挽共源放大器仿真电路

NMOS 和 PMOS 晶体管放大的栅极偏置电压都为 875mV。

（3）推挽共源放大器仿真电路图仿真分析

推挽共源放大器仿真电路交流仿真图如图 8-29 所示，横坐标为频率 f（Hz），纵坐标为电压放大倍数，计算时输入参考电压值为 1，输出电压值就是放大倍数。

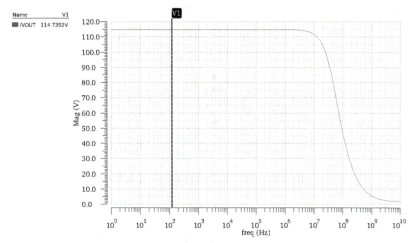

图 8-29　推挽共源放大器仿真电路交流仿真图

从电压放大倍数仿真图中可知，低频放大倍数为 114.7392。

8.3.6　电流源负载共漏放大器

电流源负载共漏放大器（源极跟随器）电路如图 8-30 所示。图 8-30a 为 NMOS 晶体管电流源负载共漏放大器，M_{N1} 为放大晶体管，M_{N2} 为电流源负载晶体管；图 8-30b 为 PMOS 晶体管电流源负载共漏放大器，M_{P1} 为放大晶体管，M_{P2} 为电流源负载晶体管。

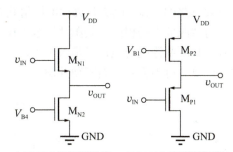

a) NMOS 电流源负载　　b) PMOS 电流源负载

图 8-30　电流源负载共漏放大器电路

对于图 8-30a 中 NMOS 跟随器的增益，可以通过交流小信号模型列节点电流方程，从而求解出增益为

$$A_\mathrm{v} = \frac{v_\mathrm{OUT}}{v_\mathrm{IN}} = \frac{g_{m1}}{g_{m1} + 1/(r_{ds1} \parallel r_{ds2})} \approx 1 \tag{8-12}$$

电流源负载共漏放大器（跟随器）的增益约为 1。

跟随器的一个重要应用是给输入电压提供直流移动（电平移位）。在图 8-30b 中，晶体管 M_{P1} 工作在饱和状态时，即有 $v_\mathrm{IN} \geqslant |V_\mathrm{THP}|$。那么跟随器的输出与输入的关系为 $v_\mathrm{OUT} = v_\mathrm{IN} + V_\mathrm{SG}$。

8.3.7 电流源负载共栅放大器

电流源负载共栅放大器电路如图 8-31 所示，NMOS 晶体管M_{N2}为共栅放大晶体管，PMOS 晶体管M_{P3}为电流源负载。

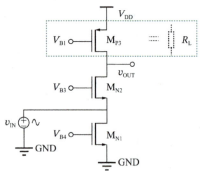

图 8-31　电流源负载共栅放大器电路

画共栅放大器小信号模型（略），列节点电流方程，从而可求出电压增益为

$$A_v = \frac{v_{OUT}}{v_{IN}} = g_{m2}(r_{ds2} \parallel r_{ds3}) \tag{8-13}$$

单独使用电流源负载共栅放大器的情况很少，大多数以共源共栅放大器的形式出现。

8.3.8 电流源负载共源共栅放大电路

为了提高放大器的增益，把共源放大器与共栅放大器级联起来，构成电流源负载共源共栅放大电路，如图 8-32 所示。图中由 NMOS 晶体管M_{N1}构成共源放大器，由 NMOS 晶体管M_{N2}构成共栅放大器，级联成共源共栅放大电路，PMOS 晶体管M_{P3}构成电流源负载，它的增益为共源放大与共栅放大增益的积。

为了再次提高共源共栅放大电路的增益，电流源负载也使用共源共栅结构，如图 8-33 所示为高增益共源共栅放大电路。与共源放大器相比，共源共栅放大电路有两个显著的优点：一是能提供更高的输出阻抗，类似于共源共栅电流镜；二是减小了放大器输入端的密勒电容效应，在考虑放大器的频率特性时很重要，可不需要增加密勒补偿。

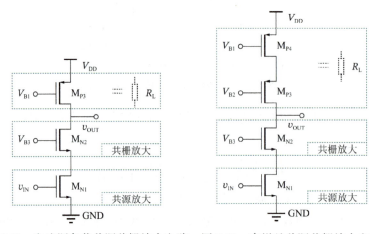

图 8-32　电流源负载共源共栅放大电路　图 8-33　高增益共源共栅放大电路

8.3.9　实操训练

1.　电流源负载共源放大器交流仿真分析

（1）训练目的

1）掌握 IC 设计软件绘制电路图及交流分析的参数设置与仿真。

2）掌握电流源负载共源放大器的工作原理及仿真流程。

8.3.9　实操训练-1

（2）电流源负载共源放大器仿真电路图

本实操训练电流源负载共源放大器仿真电路如图 8-34 所示。MOS 晶体管采用三端口器件，PMOS 晶体管模型名为 p18，NMOS 晶体管模型名为 n18，图中给出了 MOS 晶体管的沟道尺寸（宽度 w、长度 l）和电阻值。

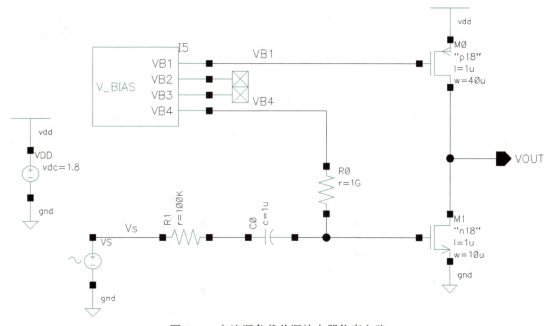

图 8-34　电流源负载共源放大器仿真电路

大电阻 R_0 和大电容 C_0 用于设定直流工作点，但不影响电路的交流工作。对于交流分析，大电阻等效为开路，大电容等效为短路。偏置电路使用电流镜项目里的，V_{B1} 提供的电压约为 1.2V，V_{B4} 提供的电压约为 0.6V，它们为 MOS 晶体管所提供的偏置电流大约为 40μA。增益计算为 $A_v = \frac{v_{out}}{v_{in}} = -g_{mn}(r_{dsn} \parallel r_{dsp}) = -432\mu A \times (720 \parallel 400)k\Omega = 111$，增益用 dB 表示为 $20\log_{10}A_v = 41dB$。

（3）电流源负载共源放大器仿真分析

图 8-35 所示为电流源负载共源放大器交流仿真图，横坐标为频率 f（Hz），图 8-35a 的纵坐标为相位（deg）；图 8-35b 的纵坐标为电压放大倍数，计算时输入参考电压值为 1，输出电压值就是放大倍数（dB）。

从电压放大倍数仿真图中可知，低频增益为 40.9227，随着频率的增大，增益开始衰减，衰减 3dB 时，对应的 $-3dB$ 频率约为 $2 \times 10^6 Hz$。

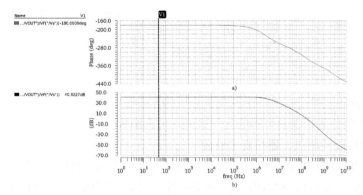

图 8-35　电流源负载共源放大器交流仿真图

2.　电流源负载共源共栅放大电路交流仿真分析

（1）训练目的
1）掌握 IC 设计软件绘制电路图及交流分析的参数设置与仿真。

2）掌握电流源负载共源共栅放大电路的工作原理及仿真流程。

8.3.9　实操训练-2

（2）电流源负载共源共栅放大电路仿真电路图
本实操训练电流源负载共源共栅放大电路仿真电路如图 8-36 所示。MOS 晶体管采用三端口器件，PMOS 晶体管模型名为 p18，NMOS 晶体管模型名为 n18，图中给出了 MOS 晶体管的沟道尺寸（宽度 w、长度 l）和电阻值。

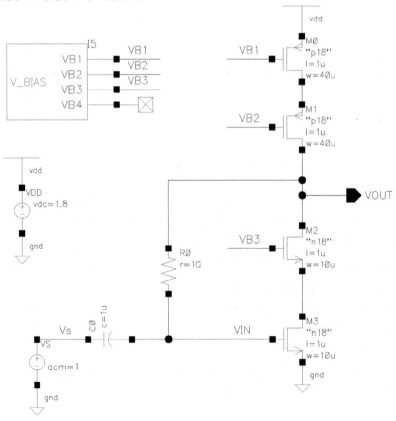

图 8-36　电流源负载共源共栅放大电路仿真电路

大电阻R_0和大电容C_0用于设定直流工作点，但不影响电路的交流工作。V_{B1}、V_{B2}、V_{B3}提供偏置电压，它为 MOS 晶体管所提供的偏置电流大约为 40μA。

（3）电流源负载共源共栅放大电路仿真图仿真分析

电流源负载共源共栅放大电路交流仿真图如图 8-37 所示，横坐标为频率f（Hz），纵坐标为电压放大倍数，计算时输入参考电压值为 1，输出电压值就是放大倍数（dB）。

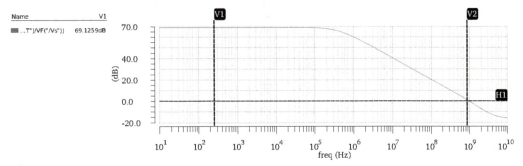

图 8-37　电流源负载共源共栅放大电路交流仿真图

从仿真图中可知，低频增益约为 69dB。

习题

一、单选题

1）反相器结构推挽 CMOS 放大器的 PMOS 晶体管和 NMOS 晶体管都工作在（　　　）。

    A. 线性区　　　　　　　　　　　　B. 饱和区

    C. 截止区　　　　　　　　　　　　D. 电阻区

2）共栅放大器输入和输出相位关系是（　　　）。

    A. 同相　　　　　　B. 反相　　　　　　C. 都可以

二、判断题

1）在交流分析时，通常我们会把直流电压源看作短路（将电流源看作开路），而且在交流分析中不包括任何直流电压和电流。　　　　　　　　　　　　　　　　（　　　）

2）在放大器电路中：可以通过增加密勒补偿电容，改变频率响应的零极点。　（　　　）

3）源跟随器的增益总小于 1，粗略计算时，可以约等于 1。　　　　　　　　（　　　）

4）有源负载是指 MOS 管栅漏短接以后，可以当作一个电阻来使用，其阻值是 $1/g_m$。

                                                                      （　　　）

三、计算题

画出图 **8-38** 中单管放大器的小信号模型，并求其放大倍数。

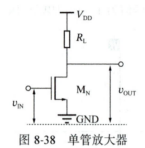

图 8-38　单管放大器

项目 9　运算放大器设计与仿真

【项目描述】

运算放大器是模拟集成电路的重要电路单元，应用非常广泛。因此，掌握运算放大器的工作原理是必需的。本项目从差分放大器入门知识开始，涉及差分共模输入电压范围、交流输入范围以及交流增益的计算，继而拓展到运算放大器的电路结构与工作原理及其各项参数及衡量指标，并以实操训练来验证。

【项目导航】

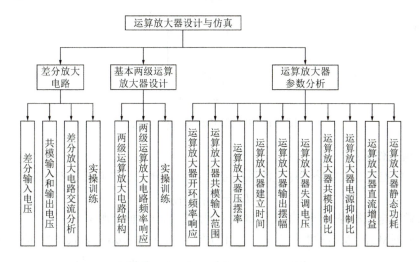

任务 9.1　差分放大电路

【任务导航】

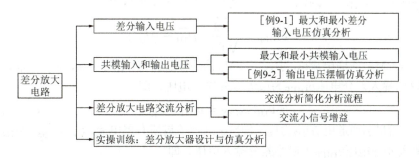

运算放大器（Operational Amplifier）是常用的模拟电路单元。在实际电路中，通常结合反馈网络共同组成某种功能模块。它的功能包括加、减、微分或积分等数学运算，因此得名"运算放大器"（简称"运放"）。运算放大器的两个输入端一般是差分（Difference）放大结构，因此先学习一下差分输入放大电路，从而掌握其工作原理和设计方法。

9.1.1 差分输入电压

电流镜负载差分放大电路如图 9-1 所示，NMOS 晶体管M_{N1}、M_{N2}构成差分输入对（源极耦合对）；共源共栅结构的 NMOS 晶体管M_{N3}、M_{N4}组成尾电流源；PMOS 晶体管M_{P1}、M_{P2}构成电流镜负载；输出端从晶体管M_{N2}的漏极输出。

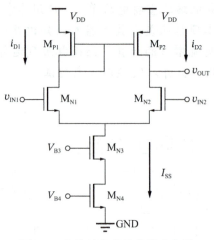

图 9-1 电流镜负载差分放大电路

（1）直流工作特点

图 9-1 中的差分放大电路的尾电流源I_{SS}值为两个差分支路的电流之和，即

$$I_{SS} = i_{D1} + i_{D2} \tag{9-1}$$

共源共栅尾电流源提供一个恒定的电流（理想情况下为恒流源）。

输入差分对M_{N1}、M_{N2}的栅极差分输入电压值v_{DIFF}为输入v_{IN1}与v_{IN2}的差值，即

$$v_{DIFF} = v_{IN1} - v_{IN2} = v_{GS1} - v_{GS2} \tag{9-2}$$

如果M_{N1}、M_{N2}的栅极电压相等，根据漏极电流方程，则有$i_{D1} = i_{D2} = I_{SS}/2$。

（2）最大和最小差分输入电压

差分放大器正常工作时，MOS 晶体管工作在饱和区。忽略沟道长度调制效应，漏极电流方程为$i_D = \frac{\beta_N}{2}(v_{GS} - V_{TH})^2$。因此，差分对栅极输入电压差可写为

$$v_{DIFF} = \sqrt{\frac{2}{\beta_N}}\left(\sqrt{i_{D1}} - \sqrt{i_{D2}}\right) \tag{9-3}$$

如果晶体管M_{N1}通道电流i_{D1}为I_{SS}（即M_{N1}通道流过所有尾电流源，$i_{D1} = I_{SS}$；M_{N2}截止，$i_{D2} = 0$），这时输入差分电压v_{DIFF}为最大差分输入电压，即

$$v_{DIFFMAX} = v_{IN1} - v_{IN2} \tag{9-4}$$

如果晶体管M_{N2}通道电流i_{D2}为I_{SS}（即M_{N2}通道流过所有尾电流，$i_{D2} = I_{SS}$；M_{N1}截止，$i_{D1} = 0$），这时输入差分电压v_{DIFF}为最小差分输入电压，即

$$v_{DIFFMIN} = -(v_{IN1} - v_{IN2}) \tag{9-5}$$

为了保证差分放大器正常工作，它有一个输入直流偏置电压，称为共模输入电压（V_{CM}）。最大和最小差分输入电压（交流）都是相对于共模输入电压V_{CM}而言的。最大差分输入电压为正值，表示比参考共模输入电压V_{CM}大；最小差分输入电压为负值，表示比参考共模输入电压V_{CM}小。

【例 9-1】最大和最小差分输入电压仿真分析。

（1）训练目的

1）掌握 IC 设计软件绘制电路图及 DC 分析的参数设置与仿真。

2）掌握最大和最小差分输入电压的工作原理及仿真流程。

例 9-1

（2）最大和最小差分输入电压仿真电路图

本实操训练最大和最小差分输入电压仿真电路如图 9-2 所示。MOS 晶体管采用三端口器件，NMOS 晶体管模型名为 n18，图中给出了 MOS 晶体管的沟道尺寸（宽度 w、长度 l）和电阻值。

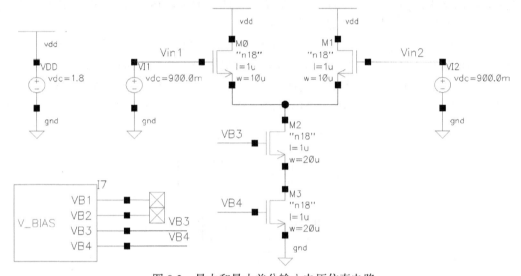

图 9-2 最大和最小差分输入电压仿真电路

从偏置电路 V_BIAS 中出来的偏置电压 $V_{B3} = 0.82V$、$V_{B4} = 0.6V$，偏置尾电流 $I_{SS} = 80\mu A$。

（3）最大和最小差分输入电压仿真分析

最大和最小差分输入电压仿真图如图 9-3 所示，横坐标为输入电压 V_I（V），纵坐标为漏极电流（μA）。V_I 在 0～1.8V 变化时，电路中漏极电流随输入电压 V_I 变化，图 9-3 所示为曲线局部放大图。

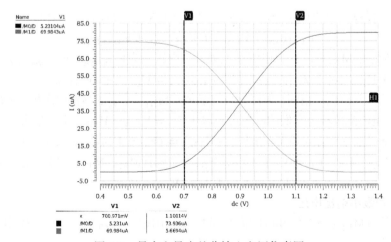

图 9-3 最大和最小差分输入电压仿真图

从仿真图中可知，相对 0.9V 直流参考偏置电压V_{CM}，最小差分电压约为 0.7V，最大差分电压约为 1.1V，当输入电压相等时为 0.9V，流过M_0和M_1的漏极电流相等，约为 40μA。

9.1.2 共模输入和输出电压

（1）最大和最小共模输入电压

为了保证差分放大器正常工作，它有一个最大、最小直流输入偏置电压范围，称为共模输入电压V_{CM}范围。差分放大器的两个输入端，任何一个输入电压超过此范围，都将引起差分放大器不能正常工作。之所以称为共模输入电压范围，是因为它的两个输入端电压的平均值$(v_{IN1}+v_{IN2})/2=V_{CM}$是基本相同的。这个共模电压把所有的 MOS 晶体管偏置在饱和状态，它是设定差分放大器直流静态工作点的关键参数。

两输入端连接在一起的差分放大器如图 9-4 所示。晶体管M_{N1}和M_{N2}工作在饱和区的最大和最小工作电压称为最大输入共模电压V_{CMMAX}和最小输入共模电压V_{CMMIN}。当共模电压V_{CM}过大时，晶体管M_{N1}、M_{N2}都处于线性区。当共模电压过小时，晶体管M_{N1}、M_{N2}均截止。只有当共模电压适中时，晶体管M_{N1}、M_{N2}都处于饱和区，差分放大器才能正常工作。

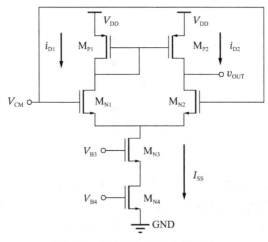

图 9-4 差分放大器输入端相连

对于最小共模输入电压V_{CMMIN}，需要满足晶体管M_{N1}、M_{N2}处于饱和区的最小条件为

$$V_{CMMIN} = V_{GS1,2} + V_{DS3,SAT} + V_{DS4,SAT} \tag{9-6}$$

其中，晶体管M_{N3}、M_{N4}构成的尾电流源上的最小电压降为$V_{DS3,SAT}=V_{DS4,SAT}=V_{DS,SAT}$，那么$V_{DS3,SAT}+V_{DS4,SAT}=2V_{DS,SAT}$，因此$V_{CMMIN}=V_{GS1,2}+2V_{DS,SAT}$。

因为差分输入共模电压相同，所以差分对晶体管M_{N1}、M_{N2}的漏极电压相同；PMOS 晶体管M_{P1}和M_{P2}构成电流镜负载，它们的漏极最小电压$V_D=V_{DD}-V_{SG}$，那么最大共模输入电压为

$$V_{DS,SAT} \geqslant V_{GS}-V_{THN} \Rightarrow V_D \geqslant V_G-V_{THN} \Rightarrow (V_G=V_{CMMAX}) \leqslant V_D+V_{THN} \tag{9-7}$$

其中，$V_D=V_{DS}-V_S$，$V_G=V_{GS}-V_S$，V_{GS}为晶体管M_{P1}、M_{P2}源极公共端。即

$$V_{CMMAX} = V_{DD} - V_{GS} + V_{THN} \tag{9-8}$$

（2）最大和最小输出电压

PMOS 晶体管M_{P2}保持在饱和区的最小漏源饱和电压$V_{SD,SAT}$限制了最大输出电压，可确定最大输出电压为

$$V_{\text{OUTMAX}} = V_{\text{DD}} - V_{\text{SD,SAT}} \tag{9-9}$$

最小输出电压由工作在饱和区的差分对管中 NMOS 晶体管 M_{N2} 栅极电压确定，即

$$V_{\text{DS,SAT}} \geqslant V_{\text{GS}} - V_{\text{THN}} \Rightarrow V_{\text{D}} \leqslant V_{\text{G}} - V_{\text{THN}} \Rightarrow V_{\text{OUTMIN}} = V_{\text{IN2}} - V_{\text{THN}} \tag{9-10}$$

（3）最小电源电压

差分放大器的最小电源电压 $V_{\text{DD,MIN}}$ 为

$$V_{\text{DD,MIN}} = V_{\text{GS(P1)}} + V_{\text{DS(N1),SAT}} + 2V_{\text{DS,SAT}} \tag{9-11}$$

若要降低最小电源电压，可以通过使用 NMOS 单管电流源（而不是共源共栅电流源）作为差分放大器的尾电流源。

【例 9-2】差分放大电路输出电压摆幅仿真分析。

（1）训练目的

1）掌握 IC 设计软件绘制电路图及 DC 分析的参数设置与仿真。

2）掌握差分放大电路输出电压摆幅的工作原理及仿真流程。

例 9-2

（2）差分放大电路输出电压摆幅仿真电路图

本实操训练差分放大电路输出电压摆幅仿真电路如图 9-5 所示。MOS 晶体管采用三端口器件，PMOS 晶体管模型名为 p18，NMOS 晶体管模型名为 n18，图中给出了 MOS 晶体管的沟道尺寸（宽度 w、长度 l）和电阻值。

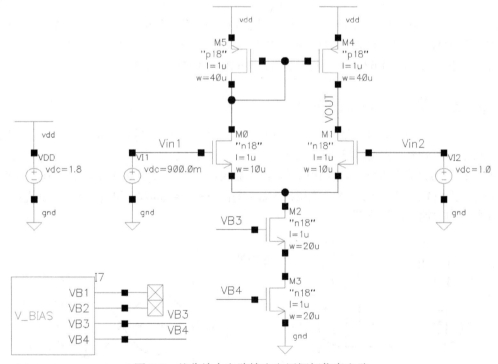

图 9-5　差分放大电路输出电压摆幅仿真电路

从偏置电路 V_BIAS 中出来的偏置电压 $V_{\text{B3}} = 0.82\text{V}$、$V_{\text{B4}} = 0.6\text{V}$，偏置尾电流 $I_{\text{SS}} = 80\mu\text{A}$。最小共模输入电压 $V_{\text{CMMIN}} = 0.42\text{V} + 0.36\text{V} = 0.78\text{V}$；最大共模输入电压 $V_{\text{CMMAX}} = 1.8\text{V} - 0.6\text{V} + 0.42\text{V} = 1.62\text{V}$（$V_{\text{SG}} = 0.6\text{V}$）。

（3）差分放大电路输出电压摆幅仿真分析

差分放大电路输出电压摆幅仿真图如图 9-6 所示，横坐标为输入电压 V_{I}（V），纵坐标为输

出电压（V）。V_I在 0.89～1.1V 变化时，电路中输出电压V_{OUT}随输入电压V_I变化，图 9-6 所示为曲线局部放大图。

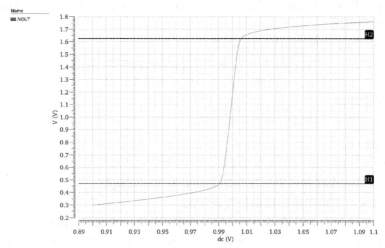

图 9-6　差分放大电路输出电压摆幅仿真图

从图 9-6 中可知，相对直流共模电压$V_{CM} = 1.0$V 时，在M_1进入线性区之前，输出幅值可降至 0.58V（$1V - 0.42V = 0.58V$）。仿真表明最小输出电压约为 0.47V，比预测结果小 110mV。这主要是因为M_0、M_1的体效应影响，阈值电压为 0.53V（而不是 0.42V）。在 M4 进入线性区之前，最大输出电压约为 1.62。输出电压摆幅为 $1.62V - 0.47V = 1.15V$。

9.1.3　差分放大电路交流分析

放大器交流分析时，用开路替代共源共栅尾电流源，用短路（接地）替代直流电源（V_{DD}）。图 9-7 所示为差分放大器交流分析简化图。

其中：负的交流电流仅仅意味着相对直流（总电流 = 直流 + 交流）在减小。那么图 9-7 中 NMOS 晶体管M_{N1}、M_{N2}的漏极交流电流为$i_d = i_{d1} = -i_{d2} = i_{diff}/2$，$M_{N1}$的漏极电流$i_{d1}$为正。图 9-8 所示为交流电流示意图。

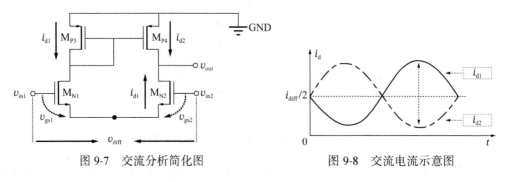

图 9-7　交流分析简化图　　　　　　图 9-8　交流电流示意图

NMOS 晶体管M_{N1}、M_{N2}等效压控电流源为$i_d = g_{m1}v_{gs1} = g_{m2}(-v_{gs2}) = (g_m v_{diff})/2$，其中$g_{m1} = g_{m2} = g_m$，$v_{in1} = -v_{in2}$，$v_{gs1} = -v_{gs2}$，从而有

$$v_{diff} = v_{in1} - v_{in2} = v_{gs1} - v_{gs2} = (i_{d1}/g_{m1} - i_{d2}/g_{m2}) = (i_{d1} - i_{d2})/g_m \qquad (9\text{-}12)$$

根据图 9-7 交流分析简化图，可以直观地写出交流小信号增益，不需要画等效小信号模型、

列节点电流方程去求解增益。

　　PMOS 晶体管栅漏短接为有源电阻，其值为$1/g_{m3}$。PMOS 晶体管M_{P4}等效交流电阻为r_{ds4}，NMOS 晶体管M_{P2}等效交流电阻为r_{ds2}。流入输出节点v_{out}的电流i_{d1}和i_{d2}方向相反、大小相同，因此输出电压v_{out}为

$$v_{out} = (i_{d1} - i_{d2})(r_{ds2} \parallel r_{ds4}) \tag{9-13}$$

　　由于式(9-12)中$v_{diff} = (i_{d1} - i_{d2})/g_{m}$，那么差分放大增益为

$$A_{diff} = \frac{v_{out}}{v_{diff}} = \frac{(i_{d1} - i_{d2})(r_{ds2} \parallel r_{ds4})}{(i_{d1} - i_{d2})/g_{m}} = g_{m}(r_{ds2} \parallel r_{ds4}) \tag{9-14}$$

　　随着晶体管M_{N1}栅极输入电压的增加，M_{N1}中的电流i_{d1}增加，这会引起输出电压增加（相对于输出节点v_{out}，i_{d1}为正）；当晶体管M_{N2}栅极输入电压增加，M_{N2}中的电流i_{d2}增加，引起输出电压下降（相对于输出节点v_{out}，i_{d2}为负）。因此，M_{N1}的栅极输入电压称为同相输入（输出随输入的增大而增大），而M_{N2}的栅极输入称为反相输入。

9.1.4　实操训练

名称：差分放大器设计与仿真分析

（1）训练目的

1）掌握 IC 设计软件绘制电路图及交流分析的参数设置与仿真。

2）掌握差分放大器的工作原理及仿真流程。

9.1.4　实操训练

（2）差分放大器仿真电路图

　　本实操训练差分放大器仿真电路如图 9-9 所示。MOS 晶体管采用三端口器件，PMOS 晶体管模型名为 p18，NMOS 晶体管模型名为 n18，图中给出了 MOS 晶体管的沟道尺寸（宽度w、长度l）和电阻值。

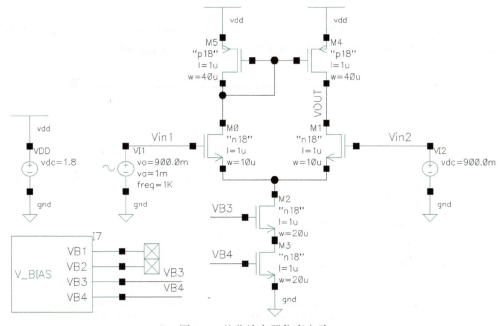

图 9-9　差分放大器仿真电路

从偏置电路 V_BIAS 中出来的偏置电压 $V_{B3} = 0.82V$、$V_{B4} = 0.6V$，尾电流 $I_{ss} = 80\mu A$。差分放大器增益计算结果为：$A_{diff} = g_{m1}(r_{ds1} \parallel r_{ds4}) = 432 \times 10^{-6} \times \left(\frac{440 \times 535}{440+535} \times 10^3\right) \approx 104$。这意味着 1mV 交流输入可产生 104mV 交流输出。输出端的直流电压为 $V_{DD} - V_{SG} = 1.18V$。对于输入幅值为 1mV、频率为 1kHz 的正弦波，输出电压为

$$v_{out(t)} = 1.18 + 0.104\sin(2\pi \times 1 \times 10^3 t) \tag{9-15}$$

（3）差分放大器仿真分析

差分放大器交流仿真图如图 9-10 所示，横坐标为频率 f（Hz），纵坐标为电压放大倍数，计算时输入参考电压值为 1，输出电压值（V）就是放大倍数。

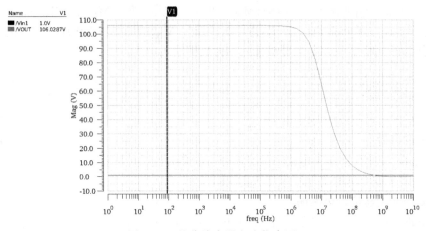

图 9-10　差分放大器交流仿真图

从图 9-10 中可知，低频增益约为 106，随着频率的增大，增益开始衰减，衰减 3dB 时，对应的 $-3dB$ 频率约为 10^6Hz。

差分放大器瞬态仿真图如图 9-11 所示，横坐标为时间 time（ms），纵坐标为电压（V/mV）。图中显示了时间在 0～2ms 变化时，输入电压 $V_{in}1$ 与输出电压 V_{OUT} 波形图。

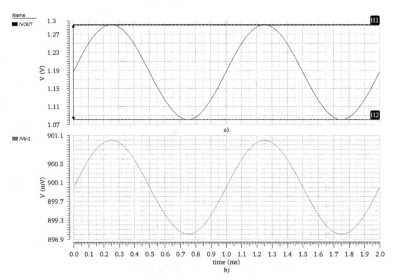

图 9-11　差分放大器瞬态仿真图

从图 9-11 中可知，输入峰-峰值为 2mV，输出峰-峰值为 $1.29V - 1.08V = 210mV$，增益为 105，与理论计算值相差不大。

基本两级运算放大器设计

【任务导航】

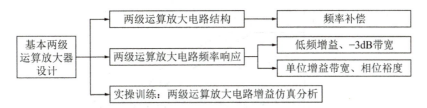

9.2.1　两级运算放大电路结构

两级运算放大器电路如图 9-12 所示。当差分放大电路的输入电压相同时，PMOS 晶体管 M_{P1} 与 M_{P2} 的电流相等（$I_{SS}/2$）。可知，M_{P2} 的漏极与 M_{P1} 栅极具有相同的电压，即 $V_{SG(P1)} = V_{SD(P2)}$。那么用这个电压作为 PMOS 晶体管 M_{P3} 的偏置栅压，它与 M_{P1} 栅极具有相同的电压。

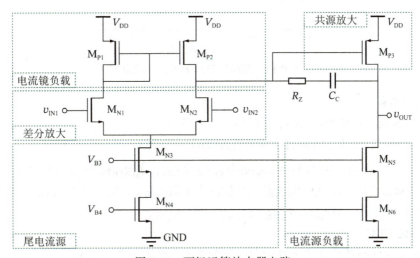

图 9-12　两级运算放大器电路

图 9-12 中的基本两级运算放大电路由第一级差分放大电路（差分输入对晶体管 M_{N1} 和 M_{N2}，共源共栅尾电流源 M_{N3} 和 M_{N4}，电流镜负载 M_{P1} 和 M_{P2}）和第二级 PMOS 晶体管 M_{P3} 共源放大电路（M_{P3} 是共源放大管，M_{N5} 和 M_{N6} 组成共源共栅电流源负载）构成。为了保证运算放大器的稳定性，不会产生自激振荡，在电路中增加密勒补偿电容 C_c 和消除零点电阻 R_Z，构成频率补偿网络。密勒补偿电容 C_c 与消除零点电阻 R_Z 串联后，跨接在输出与第二级放大晶体管 M_{P3} 栅极之间。这个运算放大器没有输出缓冲器（它的输出电流比较小），因此在驱动容性负载及重载时受到了一定限制。

9.2.2 两级运算放大电路频率响应

两级运算放大器频率响应如图 9-13 所示，图 9-13a 为幅频特性，图 9-13b 为相频特性。图中给出了频率补偿前与频率补偿后的幅频曲线与对应相频曲线。在幅频特性图中 $p1'$ 频率补偿前为放大器第一个极点，$p2'$ 频率补偿前为放大器第二个极点。没有频率补偿时的相位裕度大约为 0°（虚线所示），这时放大器是不稳定的，需要进行频率补偿。补偿后的第一个极点为 $p1$，第二个极点为 $p2$。已经频率补偿的相位裕度大约为 45°，达到了放大器稳定工作的下限。

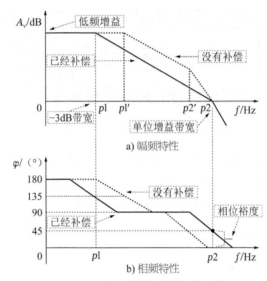

图 9-13 两级运算放大器频率响应

（1）低频增益

低频增益即低频开环增益 A_{OLDC}，也称为直流增益。

运算放大器的低频开环增益的计算是将各级的增益相乘，即

$$A_{OLDC} = A_1 A_2 = [g_{m(N2)}(r_{ds(N2)} \parallel r_{ds(P2)})][g_{m(P3)} \cdot r_{ds(P3)}] \tag{9-16}$$

其中，M_{N5}、M_{N6} 构成共源共栅电流源负载的输出电阻比 M_{P3} 的输出电阻 $r_{ds(P3)}$ 要大很多，那么负载电阻 $r_{ds(P3)} \parallel r_{ds(P2)}(r_{ds(N5)} r_{ds(N6)} g_{m(N5)})$ 约为 $r_{ds(P3)}$。

（2）−3dB 带宽

−3dB 带宽为低频增益衰减 3dB 时对应的频率值，即第一个极点 $p1$。

（3）单位增益带宽

单位增益带宽即增益是 1（0dB）的时候所对应的带宽 $GB = A_v(0)p1$，即增益带宽积一定，$A_v(0)$ 为低频开环增益。

（4）相位裕度

设定运算放大器在单位增益带宽处所对应的相位值与初始相位（低频 0Hz 相位）的绝对差为 $|P0|$，那么用 180° 减去这个差值为相位裕度，即 $180° - |P0|$。一般，运算放大器的单位增益带宽约在第二极点 $p2$ 这个位置，那么对应图 9-13 中相位裕度为 45°，正好满足了运算放大器闭环稳定性的下限。在实际应用中，45° 的相位裕度值是不够的，相位裕度应该大于或等于 60°，则单位增益带宽应该在第二极点之内。

9.2.3　实操训练

名称：两级运算放大电路增益仿真分析

9.2.3　实操训练

（1）训练目的

1）掌握 IC 设计软件绘制电路图及交流分析的参数设置与仿真。

2）掌握运算放大器的工作原理及仿真流程。

（2）运算放大器仿真电路图

本实操训练运算放大器仿真电路如图 9-14 所示。MOS 晶体管采用三端口器件，PMOS 晶体管模型名为 p18，NMOS 晶体管模型名为 n18，图中给出了 MOS 晶体管的沟道尺寸（宽度 w、长度 l）和电阻值。

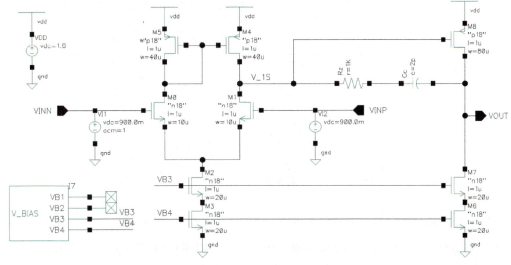

图 9-14　运算放大器仿真电路

从偏置电路 V_BIAS 中出来的偏置电压 $V_{B3} = 0.82V$、$V_{B4} = 0.6V$，尾电流 $I_{SS} = 80\mu A$。

（3）运算放大器仿真分析

运算放大器交流仿真图如图 9-15 所示，横坐标为频率 f（Hz），图 9-15a 的纵坐标为相位（deg）；图 9-15b 的纵坐标为电压放大倍数，计算时输入参考电压值为 1（0dB），输出电压值就是放大器增益（dB）。

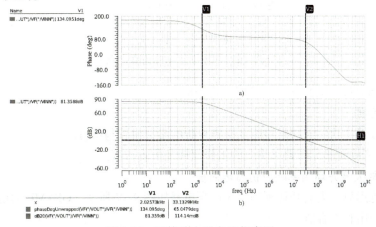

图 9-15　运算放大器交流仿真图

从频率响应图（幅频和相频）中可知，低频增益约为 81dB，−3dB 带宽约为 2kHz，单位增益带宽约为 33MHz，相位裕度约为 65°。

任务 9.3 运算放大器参数分析

【任务导航】

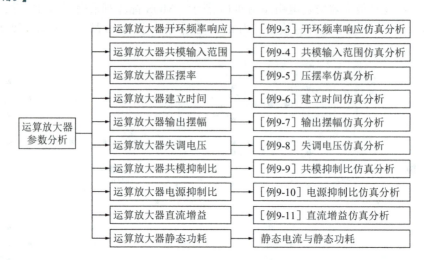

运算放大器参数分析
- 运算放大器开环频率响应 —— [例9-3] 开环频率响应仿真分析
- 运算放大器共模输入范围 —— [例9-4] 共模输入范围仿真分析
- 运算放大器压摆率 —— [例9-5] 压摆率仿真分析
- 运算放大器建立时间 —— [例9-6] 建立时间仿真分析
- 运算放大器输出摆幅 —— [例9-7] 输出摆幅仿真分析
- 运算放大器失调电压 —— [例9-8] 失调电压仿真分析
- 运算放大器共模抑制比 —— [例9-9] 共模抑制比仿真分析
- 运算放大器电源抑制比 —— [例9-10] 电源抑制比仿真分析
- 运算放大器直流增益 —— [例9-11] 直流增益仿真分析
- 运算放大器静态功耗 —— 静态电流与静态功耗

9.3.1 运算放大器开环频率响应

为了对运算放大器的开环频率响应进行仿真，可先把图 9-14 所示运算放大器封装成一个"符号"，仿真电路如图 9-16 所示。反馈大电阻和大电容形成的时间常数比较大，因此输出电压当中的交流成分都不会反馈回反相输入端，但是，设定直流静态工作点偏置电压会被反馈，因此运算放大器能正常工作，即所有 MOS 管都工作在饱和区。

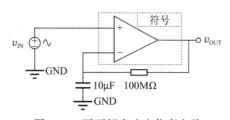

图 9-16　开环频率响应仿真电路

【例 9-3】运算放大器开环频率响应仿真分析。

（1）训练目的

1）掌握 IC 设计软件绘制电路图及交流分析的参数设置与仿真。

2）掌握运算放大器开环频率响应的工作原理及仿真流程。

（2）运算放大器开环频率响应仿真电路图

本实操训练运算放大器开环频率响应仿真电路如图 9-17 所示。OPAMP 为运算放大器，图中给出了反馈电阻和电容值。

例 9-3

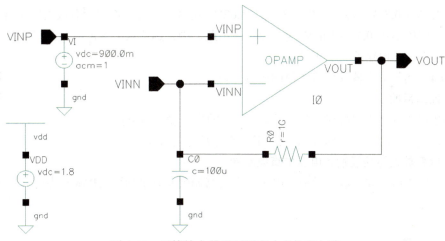

图 9-17　运算放大器开环频率响应仿真电路

（3）运算放大器开环频率响应仿真分析

运算放大器开环频率响应仿真图如图 9-18 所示，横坐标为频率 f（Hz），图 9-18a 中纵坐标为相位（deg）；图 9-18b 中纵坐标为电压放大倍数，计算时输入参考电压值为 1（0dB），输出电压值就是放大器增益（dB）。

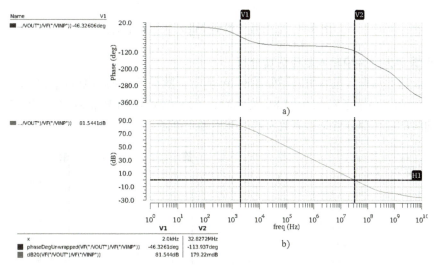

图 9-18　运算放大器开环频率响应仿真图

从频率响应图（幅频和相频）中可知，低频增益约为 81dB，−3dB 带宽约为 2kHz，单位增益带宽约为 33MHz，相位裕度约为 65°。

运算放大器的频率响应还可以通过稳定性测试台（Stability Test Bench, STB）仿真。STB 仿真主要是测试运算放大器电路的稳定性，在闭环电路中的增益和相位裕度的值，从而判别电路是否正常工作。

9.3.2　运算放大器共模输入范围

根据前面差分放大电路给出的最大和最小共模输入电压 [式(9-6)和式(9-8)]，可知理论上最小共模输入电压 0.78V，最大共模输入电压 1.62V。这就意味着要使此运算放大器正常工作，共模输入电压应该落在 0.78～1.62V 内。如果超出此范围，运算放大器的增益会降低，有可能采用此运算放大器的电路就无法正常工作。

【例 9-4】运算放大器共模输入范围仿真分析。

例 9-4

（1）训练目的

1）掌握 IC 设计软件绘制电路图及 DC 分析的参数设置与仿真。

2）掌握运算放大器共模输入电压的工作原理及仿真流程。

（2）运算放大器共模输入电压仿真电路图

本实操训练运算放大器共模输入电压仿真电路如图 9-19 所示。OPAMP 为运算放大器。

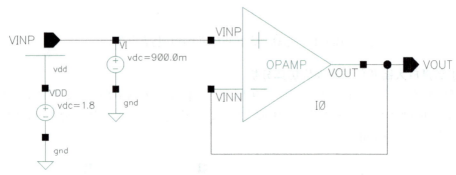

图 9-19　运算放大器共模输入电压仿真电路

（3）运算放大器共模输入电压仿真分析

运算放大器共模输入电压仿真图如图 9-20 所示，横坐标为输入电压V_I（V），纵坐标为输出电压（V）。图中显示了V_I在 0～1.8V 变化时，电路中输出电压V_{OUT}随输入电压V_I变化的曲线，传输曲线的斜率部分就是运算放大器的共模输入范围。

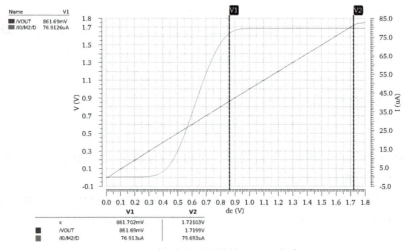

图 9-20　运算放大器共模输入电压仿真图

从图 9-20 中可知，运算放大器共模输入范围为输出跟随输入电压的区间，并且输入差分放大器部分所有晶体管处于饱和区时，此时差分放大部分设计电流大约为 80μA。在仿真图中可知，满足电流的条件下，输入低电压约为 0.78V，输入高电压约为 1.72V。

9.3.3 运算放大器压摆率

压摆率是测量输出信号的最大斜率变化的量，其定义为放大电路在闭环状态下，输出为大信号（例如阶跃信号）时，放大器输出电压对时间的最大变化率。

【例 9-5】运算放大器压摆率仿真分析。

例 9-5

（1）训练目的

1）掌握 IC 设计软件绘制电路图及瞬态分析的参数设置与仿真。

2）掌握运算放大器压摆率的工作原理及仿真流程。

（2）运算放大器压摆率仿真电路图

本实操训练运算放大器压摆率仿真电路如图 9-21 所示。OPAMP 为运算放大器。

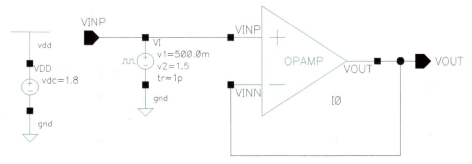

图 9-21 运算放大器压摆率仿真电路

（3）运算放大器压摆率仿真分析

运算放大器压摆率仿真图如图 9-22 所示，横坐标时间 time（ns），纵坐标为电压（V）。当时间在 0～200ns 变化时，输入电压 V_{IN} 与输出电压 V_{OUT} 波形图。

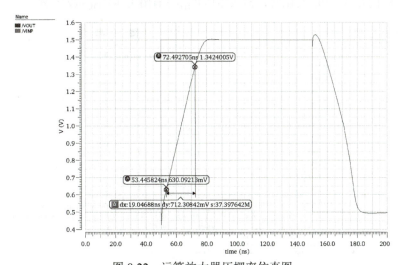

图 9-22 运算放大器压摆率仿真图

从图 9-22 中可知，压摆率为 37.397642V/μs。

9.3.4 运算放大器建立时间

运算放大器建立时间是用来描述电路输出信号的稳定状况，输入小信号经过电路正常工作后，输出信号经过一定时间内的起伏最后趋近稳定。对于阶跃响应小信号，建立时间包括建立时间和保持时间。

【**例 9-6**】运算放大器建立时间仿真分析。

例 9-6

（1）训练目的

1）掌握 IC 设计软件绘制电路图及瞬态分析的参数设置与仿真。

2）掌握运算放大器建立时间的工作原理及仿真流程。

（2）运算放大器建立时间仿真电路图

本实操训练运算放大器建立时间仿真电路如图 9-23 所示。OPAMP 为运算放大器。

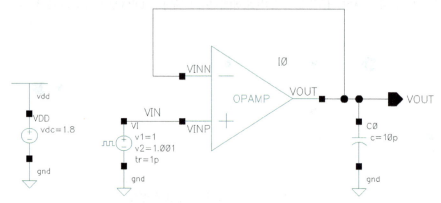

图 9-23　运算放大器建立时间仿真电路

（3）运算放大器建立时间仿真分析

运算放大器建立时间仿真图如图 9-24 所示，横坐标为时间 time（μs），纵坐标为电压（V）。图中显示了当时间在 0～2μs 变化时，输入电压 V_{IN} 与输出电压 V_{OUT} 波形图。

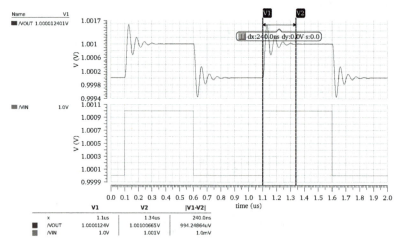

图 9-24　运算放大器建立时间仿真图

从图 9-24 中可知，运算放大器的建立时间大约为 240ns。

9.3.5　运算放大器输出摆幅

对于运算放大器而言，最大输出摆幅受到进入线性区工作的 MOS 晶体管限制。如果必须将 PMOS 晶体管的压降至少保持为 0.18V，那么最大输出电压理论值就是 1.62V；NMOS 晶体管饱和工作的最小压降也为 0.18V，那么最小输出电压理论值就是 0.36V。但是，由于运算放大器增益很大，MOS 晶体管工作在线性区仍然可以正常工作，因此运算放大器的输出摆幅很宽。

【例 9-7】运算放大器输出摆幅仿真分析。

（1）训练目的

1）掌握 IC 设计软件绘制电路图及瞬态分析的参数设置与仿真。

2）掌握运算放大器输出摆幅的工作原理及仿真流程。

例 9-7

（2）运算放大器输出摆幅仿真电路图

图 9-25 所示为本实操训练运算放大器输出摆幅仿真电路。OPAMP 为运算放大器。

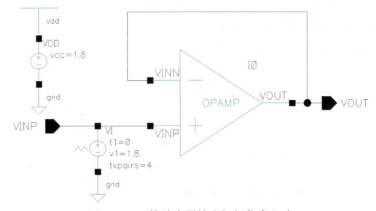

图 9-25　运算放大器输出摆幅仿真电路

（3）运算放大器输出摆幅仿真分析

运算放大器输出摆幅仿真图如图 9-26 所示，横坐标为时间 time（s），纵坐标为电压（V）。图中显示了当时间在 0～2s 变化时，输入电压 V_{IN} 与输出电压 V_{OUT} 波形图。

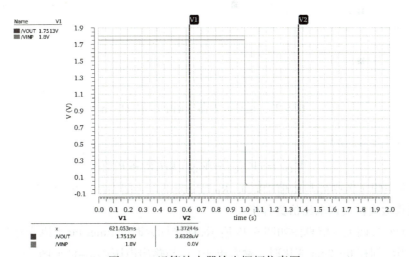

图 9-26　运算放大器输出摆幅仿真图

从图 9-26 中可知，运算放大器输出最大约为 1.75V，最小约为 3.6μV，输出摆幅为 3.6μV～1.75V。

9.3.6 运算放大器失调电压

失调电压，又称输入失调电压（Offset Voltage），是运算放大器内部电路的不匹配造成的。在差分放大器或差分输入的运算放大器中，为了在输出端获得恒定的零电压输出，需在两个输入端加的直流电压之差，称为失调电压；如果在差分放大器的两个输入端加有相等的输入电压，输出电压之差称为输出失调电压。

【例 9-8】运算放大器失调电压仿真分析。

例 9-8

（1）训练目的

1）掌握 IC 设计软件绘制电路图及瞬态分析的参数设置与仿真。

2）掌握运算放大器失调电压的工作原理及仿真流程。

（2）运算放大器失调电压仿真电路图

本实操训练运算放大器失调电压仿真电路如图 9-27 所示。OPAMP 为运算放大器，图中给出了电阻值。

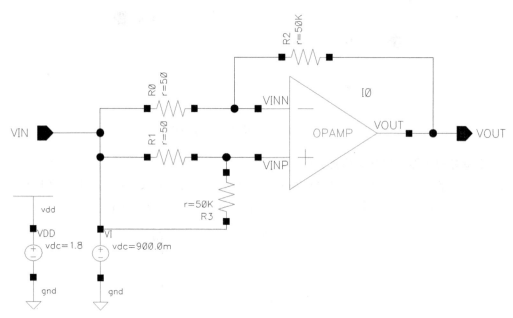

图 9-27　运算放大器失调电压仿真电路

失调电压计算公式为

$$V_{OS} = (V_{OUT} - V_{IN})[R_I/(R_I + R_F)] \tag{9-17}$$

R_I 为输入电阻（图中 R_0 与 R_1 值相同），R_F 为反馈电阻（图中 R_2 与 R_3 值相同）。

（3）运算放大器失调电压仿真分析

运算放大器失调电压仿真图如图 9-28 所示，横坐标为时间 time(ms)，纵坐标为电压(mV)。图中显示了当时间在 0～2ms 变化时，输入电压 V_{IN} 与输出电压 V_{OUT} 波形图。

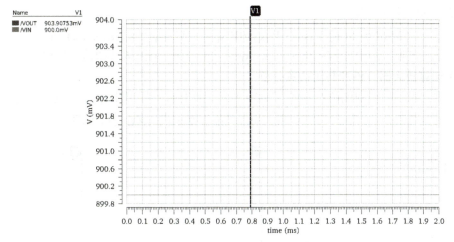

图 9-28　运算放大器失调电压仿真图

从图 9-28 中可知，当输入电压 V_{IN} 为 0.9V 时，输出电压 V_{OUT} 约为 0.9039V。根据式(9-17)，得 $(0.9034 - 0.9) \times [50/(50000 + 50)] = 3.4$（μV），可知运算放大器失调电压大约为 3.4μV。

9.3.7　运算放大器共模抑制比

为了说明运算放大器抑制共模信号及放大差模信号的能力，常用共模抑制比（Common Mode Rejection Ratio，CMRR）这个技术指标来衡量，其定义为放大器对差模信号的电压放大倍数与对共模信号的电压放大倍数之比，单位是分贝（dB）。

【例 9-9】运算放大器共模抑制比仿真分析。

（1）训练目的

1）掌握 IC 设计软件绘制电路图及瞬态分析的参数设置与仿真。

2）掌握运算放大器共模抑制比的工作原理及仿真流程。

例 9-9

（2）运算放大器共模抑制比仿真电路图

本实操训练运算放大器共模抑制比仿真电路如图 9-29 所示。OPAMP 为运算放大器，图中给出了电阻值。

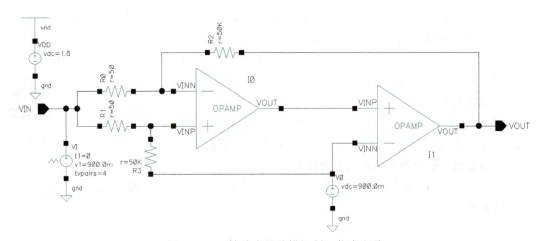

图 9-29　运算放大器共模抑制比仿真电路

共模抑制比计算公式为

$$CMRR = 20\lg[(V_{IN1} - V_{IN2})/|V_{OUT1} - V_{OUT2}|] \times [(R_I + R_F)/R_I] \tag{9-18}$$

R_I 为输入电阻（图中 R_0 与 R_1 值相同），R_F 为反馈电阻（图中 R_2 与 R_3 值相同）。

（3）运算放大器共模抑制比仿真分析

运算放大器共模抑制比仿真图如图 9-30 所示，横坐标为时间 time（s），纵坐标为电压（V）。图中显示了当时间在 0～2s 变化时，输入电压 V_{IN} 与输出电压 V_{OUT} 波形图。

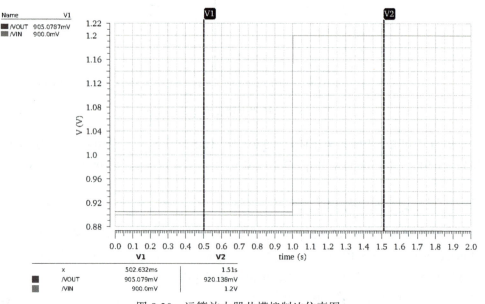

图 9-30　运算放大器共模抑制比仿真图

从图 9-30 中可知，当输入电压 V_{IN} 为 0.9V 时，输出电压 V_{OUT} 约为 0.905V；输入电压 V_{IN} 为 1.2V 时，输出电压 V_{OUT} 约为 0.920V。根据式(9-18)，得 $20\lg[(1.2 - 0.9)/(0.920 - 0.905) \times (1000 + 1)/1] = 20\lg 20020 = 86$（dB），可知运算放大器共模抑制比大约为 86dB。

9.3.8　运算放大器电源抑制比

运算放大器电源线上的噪声也会对输出信号造成影响，因此必须适当地"抑制"噪声。而电源抑制比（Power Supply Rejection Ratio，PSRR）就是测量运算放大器抑制这种偏差程度的参数。一般定义它为：从输入到输出的增益除以从电源到输出的增益，单位是分贝（dB）。

【例 9-10】运算放大器电源抑制比仿真分析。

（1）训练目的

1）掌握 IC 设计软件绘制电路图及瞬态分析的参数设置与仿真。

2）掌握运算放大器电源抑制比的工作原理及仿真流程。

例 9-10

（2）运算放大器电源抑制比仿真电路图

本实操训练运算放大器电源抑制比仿真电路如图 9-31 所示。OPAMP 为运算放大器，图中给出了电阻值。

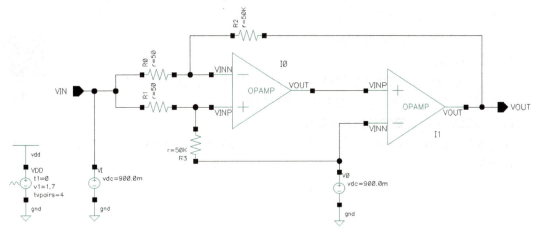

图 9-31　运算放大器电源抑制比仿真电路

电源抑制比计算公式为

$$PSRR = 20 \lg[(V_{DD1} - V_{DD2})/|V_{OUT1} - V_{OUT2}|] \cdot [(R_I + R_F)/R_I] \tag{9-19}$$

R_I 为输入电阻（图中 R_0 与 R_1 值相同），R_F 为反馈电阻（图中 R_2 与 R_3 值相同）。

（3）运算放大器电源抑制比仿真分析

运算放大器电源抑制比仿真图如图 9-32 所示，横坐标为时间 time(s)，纵坐标为电压(mV/V)。图中显示了当时间在 0～2s 变化时，输入电源电压 V_{DD}（vdd! ）与输出电压 V_{OUT} 波形图。

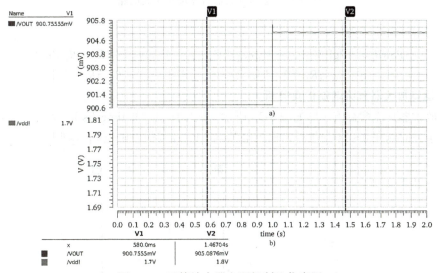

图 9-32　运算放大器电源抑制比仿真图

从图 9-32 中可知，当电源电压 V_{DD} 为 1.7V 时，输出电压 V_{OUT} 为 0.9V；电源电压 V_{DD} 为 1.7V 时，输出电压 V_{OUT} 约为 0.905V。根据式(9-19)，得 $20 \lg[(1.8 - 1.7)/(0.905 - 0.900) \times (1000 + 1)/1] = 20 \lg 20020 \approx 86$（dB），可知运算放大器电源抑制比大约为 86dB。

9.3.9　运算放大器直流增益

直流增益（开环电压增益）定义：运算放大器开环工作时，输出电压变化与差模输入电压变化之比。通常，直流增益越大越好。

【例 9-11】运算放大器直流增益仿真分析。

（1）训练目的

1）掌握 IC 设计软件绘制电路图及瞬态分析的参数设置与仿真。

2）掌握运算放大器直流增益的工作原理及仿真流程。

（2）运算放大器直流增益仿真电路图

本实操训练运算放大器直流增益仿真电路如图 9-33 所示。OPAMP 为运算放大器，图中给出了电阻值。

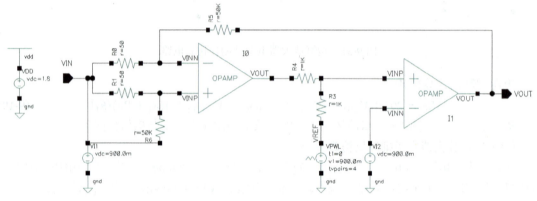

图 9-33   运算放大器直流增益仿真电路

直流增益计算公式为

$$PSRR = 20 \lg[(V_{REF1} - V_{REF2})/|V_{OUT1} - V_{OUT2}|] \cdot [(R_I + R_F)/R_I] \qquad (9-20)$$

R_I 为输入电阻（图中 R_0 与 R_1 值相同），R_F 为反馈电阻（图中 R_5 与 R_6 值相同）。

（3）运算放大器直流增益仿真分析

运算放大器直流增益仿真图如图 9-34 所示，横坐标为时间 time（s），纵坐标为电压（V）。图中显示了当时间在 0～2s 变化时，输入电源电压 V_{REF} 与输出电压 V_{OUT} 波形图。

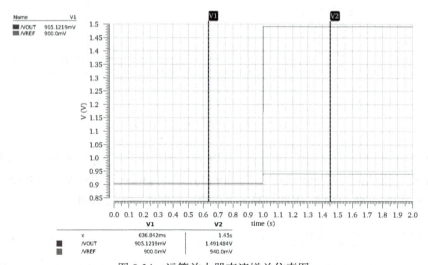

图 9-34   运算放大器直流增益仿真图

从图 9-34 中可知，当输入参考电压V_{REF}为 0.9V 时，输出电压V_{OUT}约为 0.905V；输入参考电压V_{REF}为 0.94V 时，输出电压V_{OUT}约为 1.491V。根据式(9-20)，得$20\lg[(1.491-0.905)/(0.940-0.900)\times(1000+1)/1]=20\lg14665\approx82$（dB），可知运算放大器直流增益大约为 82dB。

9.3.10 运算放大器静态功耗

运算放大器的总功耗包括静态功耗、输出级晶体管功耗。

静态电流（Quiescent current，Iq）产生的功耗为静态功耗（Quiescent Power，Pq）。静态功耗是指放大器输出不驱动负载时，内部电路所消耗的功耗，公式为$P_q=I_q\cdot V_{DD}$。通常运算放大器静态电流大小与压摆率呈正比关系。

习题

一、单选题

1）差分输入对（源端耦合对）可以是 NMOS 管，也可以是（   ）。

    A. CMOS   B. PMOS   C. LDMOS   D. DMOS

2）不属于运算放大器交流频率响应参数的是（   ）。

    A. 低频增益   B. −3dB 带宽   C. 单位增益带宽

    D. 相位裕度   E. 压摆率

二、判断题

1）共模电压指差分输入对管的两个偏置电压值是相等的。   （   ）

2）CMOS 差分放大器的所有管子都必须工作于饱和区。   （   ）

3）在放大器交流分析中，负的交流电流仅仅意味着相对直流（总电流 = 直流 + 交流）在减小。   （   ）

4）最大和最小差分输入电压都是相对于共模输入电压（直流偏置电压）的。   （   ）

三、计算题

已知电流镜 PMOS 管宽长比为 40/1，差分对 NMOS 管宽长比为 10/1，尾电流源 NMOS 管宽长比为 10/2（晶体管的宽、长单位为 μm），忽略沟道调制系数。偏置电压$V_{B3}=0.82$V、$V_{B4}=0.6$V，尾电流$I_{ss}=80$μA。

计算如图 9-35 所示差分放大器的输出电压，写出完整的正弦表达式[$y=A\sin(\omega x+\varphi)+k$]，并画出其输出波形示意图。

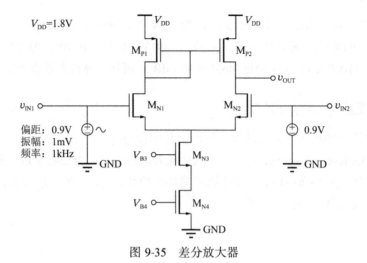

图 9-35　差分放大器

项目 10　电压基准源设计与仿真

【项目描述】

电压基准源是模拟集成电路的重要电路单元，基本上只要涉及模拟芯片设计，基准源是必不可少的。本项目在分析正温度系数电压与负温度系数电压的工作原理的基础上，结合两者的温度特性得出自偏置结构的零温度系数带隙电压基准源电路，对带隙基准源的工作原理与设计思路进行了详细的分析，以实操训练验证了温度系数与电源调整率。

【项目导航】

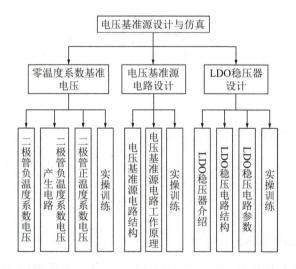

任务 10.1　零温度系数基准电压

【任务导航】

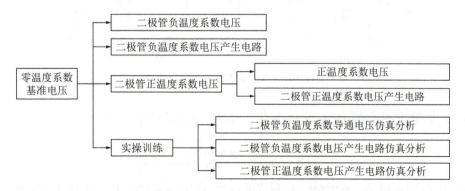

电源要输出一个精确的电压，需要一个精确的参考点，这个参考点就是基准电压。常用的

参考电压电路中，带隙基准源（Band Gap Reference）是一种常用且精准的基准源。带隙基准的原理是将一个具有正温度系数的电压（PTAT）与具有负温度系数的电压（CTAT）进行叠加，利用二者温度系数相互抵消，实现与温度无关的电压基准，如图 10-1 所示。其基准电压与硅的带隙电压差不多，因而称为带隙基准。带隙基准源由于其具有优异的温度稳定性，常用于高精度的电压参考。

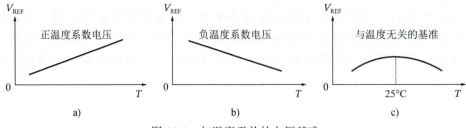

图 10-1　与温度无关的电压基准

　　把两个具有正温度系数和负温度系数的量以适当的权重α相加，若权重匹配合适，那么结果就会表现为零温度系数，对于随温度变化趋势相反的正温度系数电压V_1和负温度系数电压V_2来说，如果$\alpha_1 \frac{\partial V_1}{\partial T} + \alpha_2 \frac{\partial V_2}{\partial T} = 0$成立，那么就得到具有零温度系数的电压基准$V_{\text{REF}} = \alpha_1 V_1 + \alpha_2 V_2$，如图 10-2 所示。

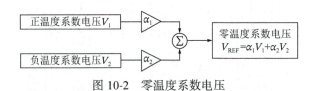

图 10-2　零温度系数电压

10.1.1　二极管负温度系数电压

　　双极晶体管（BJT）PNP 的基极-发射极电压V_{BE}，即二极管 PN 结的正向电压。图 10-3 所示为 PNP 等效二极管。图 10-3a 为一个 PNP 晶体管的等效二极管图，图 10-3b 为四个 PNP 晶体管并联二极管图。

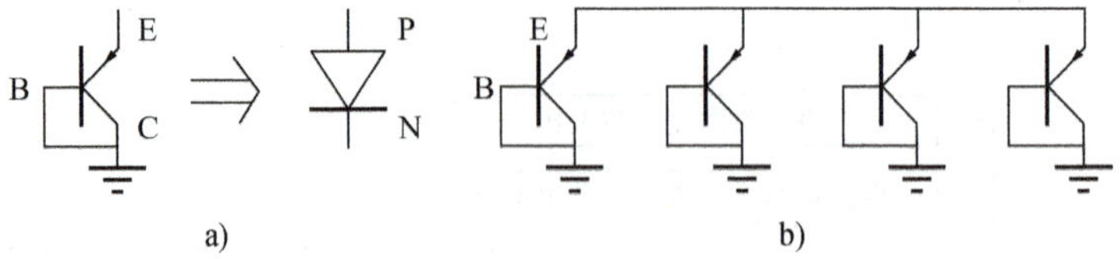

図 10-3　PNP 晶体管的等效二极管

　　PNP 的基极-发射极电压$V_{\text{BE}} = V_{\text{T}} \ln \frac{I_{\text{C}}}{I_{\text{S}}}$，通过对温度求偏导，为

$$\frac{\partial V_{\text{BE}}}{\partial T} = \frac{V_{\text{BE}} - (4+m)V_{\text{T}} - E_{\text{g}}/q}{T} \tag{10-1}$$

式中，热电压$V_{\text{T}} = kT/q = 0.026\text{V}$，迁移率的温度指数$m \approx -3/2$，$E_{\text{g}} \approx 1.12\text{eV}$ 为硅的带隙能量。

当 $V_{BE} \approx 0.70V$，$T = 25℃$，那么 $\frac{\partial V_{BE}}{\partial T} \approx -1.8\text{mV/℃}$。可以看出，它与温度成反比。

10.1.2　二极管负温度系数电压产生电路

电压基准源电路不仅要求与温度无关，一般还要求与电源电压无关，如图 10-4 所示为二极管负温度系数电压产生电路，它是一个与电源电压无关的共源共栅自偏置结构基准源电路。这个电路是电流镜项目中基准电路的拓扑结构，左侧为启动电路，右侧为主电路。电阻 R 两端电压 V_{REF} 即为 PNP 的基极-发射极电压 V_{BE}。

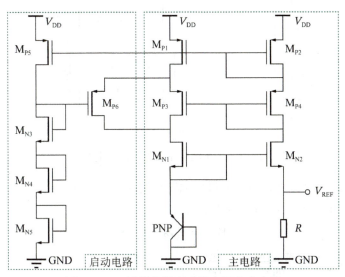

图 10-4　二极管负温度系数电压产生电路

10.1.3　二极管正温度系数电压

（1）正温度系数电压

如果两个双极晶体管 PNP 等效二极管（D_1、D_2）工作在不相等的电流下，那么它们的基极-发射极电压 V_{BE} 的差值（$V_{BE1} - V_{BE2}$）就与温度成正比，如图 10-5 所示。

如果两个相同制造工艺的晶体管，I_S 为二极管的标准电流，那么 $I_{S1} = I_{S2}$。D_1 和 D_2 集电极电流分别为 I_1、I_2。那么有

$$\begin{aligned}
\Delta V_{BE} &= V_{BE1} - V_{BE2} \\
&= V_T \ln \frac{I_1}{I_{S1}} - V_T \ln \frac{I_2}{I_{S2}} \\
&= V_T \ln K, K = I_1/I_2
\end{aligned} \tag{10-2}$$

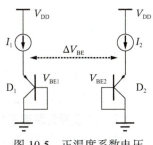

图 10-5　正温度系数电压

二极管 D_2 并联的个数是 D_1 的 K 倍，因为

$$\frac{\partial \Delta V_{BE}}{\partial T} = \frac{k}{q} \ln K$$

这样，V_{BE1}、V_{BE2} 的差值就表现为正温度系数。

（2）二极管正温度系数电压产生电路

正温度系数电压产生电路如图 10-6 所示。

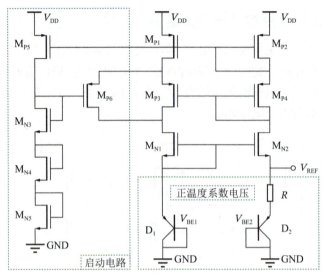

图 10-6　正温度系数电压产生电路

它是一个与电源电压无关的共源共栅自偏置结构基准源电路，等效二极管D_1两端的电压必须等于等效二极管D_2和R两端的电压之和，即

$$V_{BE1} = V_{BE2} + I_{BE2}R \tag{10-3}$$

从而可推导出：$R = \dfrac{V_{BE1} - V_{BE2}}{I_{BE2}} = \dfrac{V_T \ln K}{I_{BE2}}$

D_2尺寸必须比D_1大，尺寸越大，电流越大，导通电阻越小。因为两条支路的电流相等，所以两个二极管上的电压降之差ΔV_{BE}都落在了电阻R上，因此电阻R上的参考电压V_{REF}表现为正温度系数。

10.1.4　实操训练

1.　二极管负温度系数导通电压仿真分析

（1）训练目的

1）掌握 IC 设计软件绘制电路图及温度分析的参数设置与仿真。

2）掌握二极管负温度系数导通电压的工作原理及仿真流程。

10.1.4 实操训练-1

（2）二极管负温度系数导通电压仿真电路图

本实操训练二极管负温度系数导通电压仿真电路如图 10-7 所示。PNP 晶体管模型名分别为 pnp18a100、pnp18a25，面积不同，允许通过的最大电流不同。

正偏二极管电流$I_C = I_S \cdot e^{V_D / n \cdot V_T}$。$I_S$为二极管的标准电流，它的值为$1.0 \times 10^{-18}$；二极管两端的管压降$V_D = V_{BE}$约为 0.70V；$n$为发射系数，常规为 1，可调整为 0.9。$V_T$为热电压，室温下常规值为 26mV。计算得到在此条件下的二极管电流约 10μA。

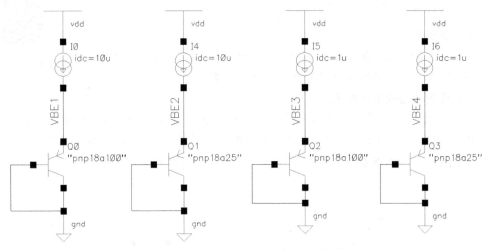

图 10-7　二极管负温度系数导通电压仿真电路

（3）二极管负温度系数导通电压仿真分析

二极管负温度系数导通电压仿真图如图 10-8 所示，横坐标为温度 temp（℃），纵坐标为电压（mV）。图中显示了当温度在 0～100℃变化时，电路中各个二极管导通电压随温度变化的曲线。

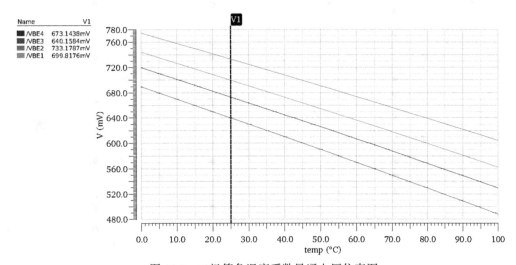

图 10-8　二极管负温度系数导通电压仿真图

从图 10-8 中可知，在室温 25℃时：BJT 晶体管 pnp18a100，电流为 10μA 时，二极管压降 V_{BE1} 约为 0.7V；BJT 晶体管 pnp18a25，电流为 10μA 时，二极管压降 V_{BE2} 约为 0.73V；BJT 晶体管 pnp18a100，电流为 1μA 时，二极管压降 V_{BE3} 约为 0.64V；BJT 晶体管 pnp18a25，电流为 1μA 时，二极管压降 V_{BE4} 约为 0.67V。

这些导通电压数值和二极管的直流电流有关，当 V_{BE} 不变化时，流过二极管的电流发生变化，温度系数会随着电流的变化而变化。

2. 二极管负温度系数电压产生电路仿真分析

10.1.4 实操训练-2

（1）训练目的

1）掌握 IC 设计软件绘制电路图及温度与 DC 分析的参数设置与仿真。

2）掌握二极管负温度系数电压产生电路的工作原理及仿真流程。

（2）二极管负温度系数电压产生电路

本实操训练二极管负温度系数电压产生电路如图 10-9 所示。PNP 晶体管模型名为 pnp18a100；MOS 晶体管采用三端口器件，PMOS 晶体管模型名为 p18，NMOS 晶体管模型名为 n18。图中给出了 MOS 晶体管的沟道尺寸（宽度 w、长度 l）和电阻值。

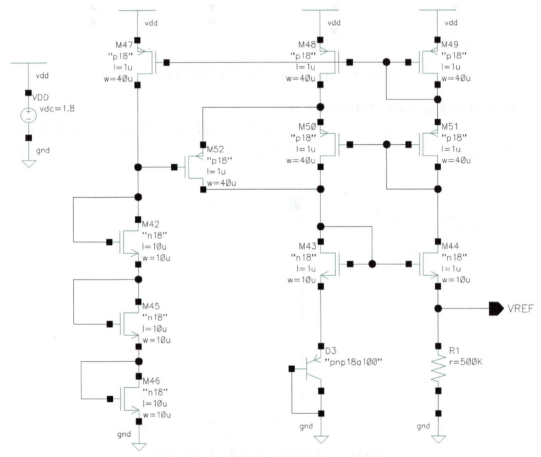

图 10-9 二极管负温度系数电压产生电路

正偏二极管电流 $I_C = I_S \cdot e^{V_D / n \cdot V_T}$。$I_S$ 为二极管的标准电流，它的值为 1.0×10^{-18}；二极管 D_3 两端的管压降 $V_D = V_{BE}$ 约为 0.64V；n 为发射系数，常规为 1，可调整为 0.9。V_T 为热电压，室温下常规值为 26mV。计算得到在此条件下的二极管电流约 1μA。

（3）二极管负温度系数电源调整率仿真分析

二极管负温度系数电源调整率仿真图如图 10-10 所示，横坐标为电源电压（V），纵坐标为参考电压（mV）。图中显示了当电源电压在 0～3V 变化时，输出参考电压随电源电压变化的曲线。

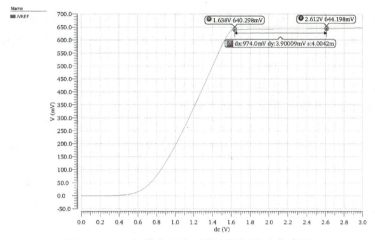

图 10-10　二极管负温度系数电源调整率仿真图

从图 10-10 中可知，当输出电压稳定时，在电源电压 $V_1 = 1.638\text{V}$ 处，参考电压 $V_{\text{REF1}} = 640.298\text{mV}$；在电源电压 $V_2 = 2.612\text{V}$ 处，参考电压 $V_{\text{REF2}} = 644.198\text{mV}$。计算公式为 $\dfrac{V_{\text{REF2}} - V_{\text{REF1}}}{V_2 - V_1}$，可知电源调整率约为 0.4%。

3.　二极管正温度系数电压产生电路仿真分析

（1）训练目的

1）掌握 IC 设计软件绘制电路图及温度与 DC 分析的参数设置与仿真。

2）掌握二极管正温度系数电压产生电路的工作原理及仿真流程。

10.1.4　实操训练-3

（2）二极管正温度系数电压产生电路

本实操训练二极管正温度系数电压产生电路如图 10-11 所示。PNP 晶体管模型名为 pnp18a100；MOS 晶体管采用三端口器件，PMOS 晶体管模型名为 p18，NMOS 晶体管模型名为 n18。图中给出了 MOS 晶体管的沟道尺寸（宽度 w、长度 l）和电阻值。

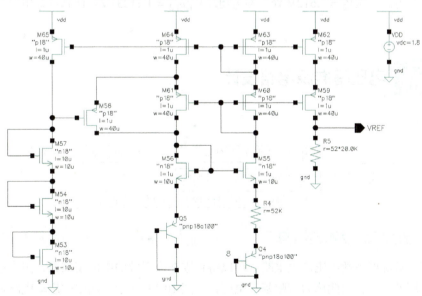

图 10-11　二极管正温度系数电压产生电路

说明：自偏置共源共栅电流镜的镜像电流在电阻R_5上产生的电压为V_{REF}，电阻R_5是电阻R_4的L倍，即$R_5 = LR_4$，那么有$V_{REF} = I_{REF}LR_4$。由于$R = \dfrac{V_T \ln K}{I_{REF}}$，$K = 8$，在室温下参考电流$I_{REF} = 1\mu A$，二极管压降约为0.64V，计算可得$R = 52k\Omega$。

要得到$V_{REF} = 1V$，那么$L = 20$，$R_5 = 1.04M\Omega$。

（3）二极管正温度系数电源调整率仿真分析

二极管正温度系数电源调整率仿真图如图10-12所示，横坐标为电源电压（V），纵坐标为参考电压（V）。图中显示了当电源电压在0～3V变化时，输出参考电压随电源电压变化的曲线。

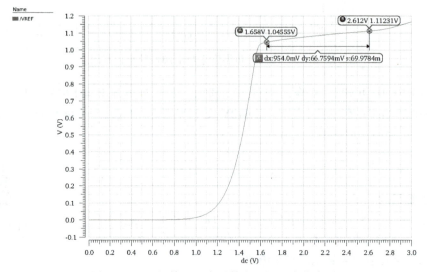

图10-12　二极管正温度系数电源调整率仿真图

从图10-12中可知，当输出电压稳定时，在电源电压$V_1 = 1.658V$处，参考电压$V_{REF1} = 1.04555V$；在电源电压$V_2 = 2.612V$处，参考电压$V_{REF2} = 1.11231V$。计算可知电源调整率约为6.9%。

任务 10.2　电压基准源电路设计

【任务导航】

10.2.1　电压基准源电路结构

通过正、负温度系数电压产生电路，可以得到零温度系数的电压基准源，因为这个电压与硅的带隙电压差不多，因此称为带隙基准电压，如图10-13所示。图中的启动电路是由正温度系数电压电路与负温度系数电压电路叠加在一起构成的。电流I_{R1}为正温度系数电压产生电路的共源共栅镜像电流，具有正温度特性，I_{R2}为负温度系数电压产生电路的电流，正负温度特性以一定的权重相加，得到输出参考基准电压V_{REF}具有零温度特性。

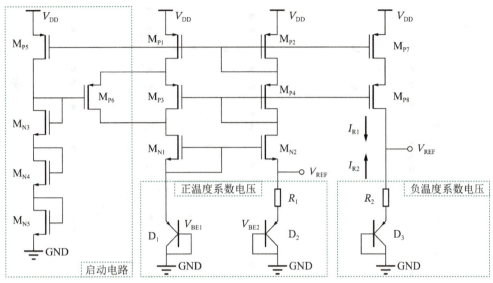

图 10-13　零温度系数电压基准源

10.2.2　电压基准源电路工作原理

根据正、负温度系数电压知识，图 10-13 中电阻R_1上压降为$\Delta V_{BE} = V_{BE1} - V_{BE2} = V_T \ln K$。PNP 晶体管基极、集电极短接，等效为二极管，那么二极管D_3与D_2一样，也为D_1的K倍（K表示并联二极管的个数），因此，当$K = 8$，$V_T \ln K = 26\text{mV} \times 2 = 0.052\text{V}$，即$V_{R1} = 0.052\text{V}$。

又有$V_{BE3} = V_{BE2} = V_{BE1} - \Delta V_{BE} = V_{BE1} - V_T \ln K \approx 0.64\text{V} - 0.052\text{V} \approx 0.588\text{V}$。

根据$V_{REF} = \alpha_1 V_1 + \alpha_2 V_2$，室温下当$\alpha_1 = 1$，$\alpha_2 = L$，那么参考电压$V_{REF}$的表达式为$V_{REF} = 1 \cdot V_{BE3} + L \cdot (V_T \ln K)$。

设定$V_{REF} \approx 1.14\text{V}$，那么有$V_{REF} \approx 1.14\text{V} = (0.588 + L \cdot 0.052)\text{V}$，因此有$L \approx 10.6$。

根据图 10-13 所示，参考电压的表达式又可写为$V_{REF} = V_{BE3} + I_{REF}LR$，流入$D_1$、$D_2$、$D_3$的电流约为$I_{REF} = 1\mu\text{A}$ 时，那么可计算出电阻为$R \approx 52\text{k}\Omega$。

10.2.3　实操训练

（1）训练目的

1）掌握 IC 设计软件绘制电路图及温度与 DC 分析的参数设置与仿真。

2）掌握电压基准源电路的工作原理及仿真流程。

10.2.3　实操训练

（2）电压基准源电路仿真电路图

本实操训练电压基准源电路如图 10-14 所示。PNP 晶体管模型名为 pnp18a100；MOS 晶体管采用三端口器件，PMOS 晶体管模型名为 p18，NMOS 晶体管模型名为 n18。图中给出了 MOS 晶体管的沟道尺寸（宽度w、长度l）和电阻值。

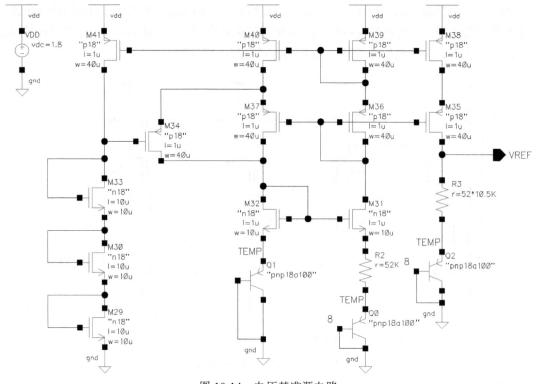

图 10-14　电压基准源电路

（3）电压基准源电路温度特性仿真分析

电压基准源电路温度特性仿真图如图 10-15 所示，横坐标为温度 temp（℃），纵坐标为电压（V）。图中显示了当温度在−20～100℃变化时，电压基准源电路随温度变化的曲线。

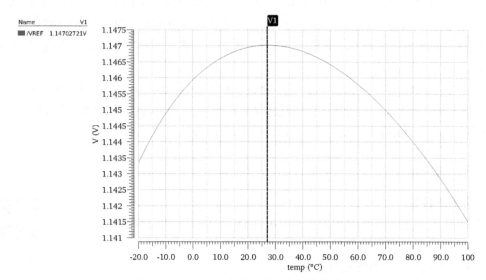

图 10-15　电压基准源电路温度特性仿真图

从图 10-15 中可知，在温度为 27℃时，此时温度系数大约为零，参考基准电压约为 1.147V。温度从−20～100℃这个范围内，温度系数为$[(1.147 - 1.1415)/(1.147 \times 120)] \times 10^{6} = 39\text{ppm}/℃$。

说明：温度系数计算公式为 $\left(\frac{V_{\text{MAX}}-V_{\text{MIN}}}{V_{\text{REF}}}\right)/(T_{\text{MAX}}-T_{\text{MIN}})\times 10^6$，单位为 ppm/℃。

（4）电压基准源电路电源调整率仿真分析

二极管电压基准源电路电源调整率仿真图如图 10-16 所示，横坐标为电源电压（V），纵坐标为参考电压（V）。图中显示了当电源电压在 0～3V 变化时，输出参考电压随电源电压变化的曲线。

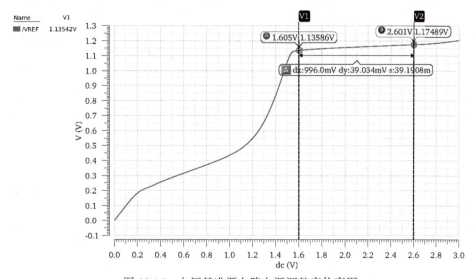

图 10-16 电压基准源电路电源调整率仿真图

从图 10-16 中可知，当输出电压稳定时，在电源电压 $V_1 = 1.605\text{V}$ 处，参考电压 $V_{\text{REF1}} = 1.13586\text{V}$；在电源电压 $V_2 = 2.601\text{V}$ 处，参考电压 $V_{\text{REF2}} = 1.17489\text{V}$。计算可知电源调整率约为 3.9%。

任务 10.3 LDO 稳压器设计

【任务导航】

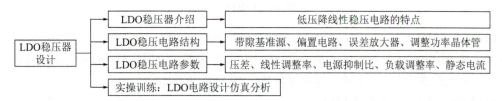

10.3.1 LDO 稳压器介绍

电源管理 IC 是集成电路中最基本的种类之一，对于现代电子设备的性能和能耗管理起着非常重要的作用。如表 10-1 所示，电源管理 IC 可按其功能分为两大类，低压差线性（Low Drop Out，LDO）稳压器和直流-直流（DC-DC）转换器。随着尖端技术的不断进步，电源管理 IC 的需求在各类电子产品中不断增长，包括手机、计算机、汽车电子以及高性能微处理器等。电源管理 IC 的性能直接影响着应用电子产品的性能，而其核心性能指标包括芯片的效率、功耗、启动时间和集成度等。对于不同应用场合，需要根据其性能需求选择合适的电源管理 IC。

表 10-1　电源管理 IC 分类

电源管理 IC 分类	作用	优点	应用
LDO 稳压器	降压稳压、电源隔离	成本低、噪声低、静态电流小	基本的电源 IC
DC-DC 转换器	升压或降压、LED 驱动器	高频工作、效率高	便携式设备、汽车等领域

LDO 具有输出纹波电压小、电压稳定性好、电路简单等优点。同时，为应对复杂的应用环境，LDO 还提供短路保护、过载保护和过温保护等功能。总之，LDO 作为一种基本的线性稳压器，在更广泛的使用领域中，将会有着蓬勃的发展。

10.3.2　LDO 稳压电路结构

LDO 的工作原理基于负反馈机制，通过调节输入误差放大器的电压来产生稳定的输出电压。LDO 的结构如图 10-17 所示，主要包括带隙基准源、偏置电路、误差放大器（AMP）、保护电路、调整管与采样反馈网络。

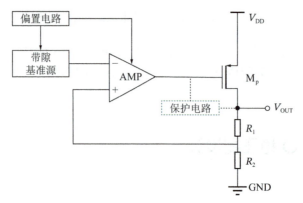

图 10-17　LDO 的结构

LDO 的工作原理：通过 PMOS 功率调整晶体管 M_P 漏极输出端电阻 R_1、R_2 分压产生的负反馈信号传递给误差放大器同向输入端，误差放大器与参考基准电压比较，输出电压调节 M_P 的栅极电压，从而改变输出电流大小，达到维持输出电压稳定的目的。

LDO 的结构一般包括以下模块。

（1）偏置电路

偏置电路通常是设计成与电源无关的自偏置电路，尽可能地避免工艺和温度的影响，为各个电路模块提供稳定的偏置电流。

（2）带隙基准源

带隙基准源产生基准电压，为误差放大器提供可以比较的参考电压。

（3）误差放大器

误差放大器主要用于比较基准电压和反馈信号，通过这个反馈回路实时调节输出电压，使之趋于稳定。

（4）调整管与采样反馈网络

当误差放大器的输出电压发生改变时，调节调整管栅极的电压，使得调整管输出的电流和电压发生变化，达到使 LDO 输出稳定的效果。这里选用 PMOS 晶体管作为调整管，采用分压电阻式的采样反馈网络。

（5）保护电路（可选）

当 LDO 输出的电流比芯片能承受的电流大很多时，则有烧毁电路的风险，为此设计了限流保护电路。将其接入 LDO 输出端，反馈信号给调整管，以此对调整管的栅极电压进行及时调节。

10.3.3　LDO 稳压电路参数

LDO 稳压电路常用参数包括压差、线性调整率（Line Regulation）、电源抑制比（Power Supply Rejection Ratio，PSRR）、负载调整率（Load Regulation）、静态电流等。

（1）压差

LDO 的最低压差（V_{dropout}）定义为在保持输出电压稳定的条件下，LDO 正常工作时输入 V_{IN} 减去输出 V_{OUT} 的最小值，即 $V_{\text{dropout}} = (V_{\text{IN}} - V_{\text{OUT}})|_{\text{MIN}}$。

（2）线性调整率

线性调整率（符号为 S_{V}）也称为电源调整率，指的是输入 LDO 的电压发生改变时，输出维持稳定的能力，即 $S_{\text{V}} = \frac{\Delta V_{\text{OUT}}}{\Delta V_{\text{IN}}}$。

（3）电源抑制比

电源抑制比是指输入电源变化量（小信号噪声）与 LDO 输出变化量的比值，常用分贝（dB）表示。

（4）负载调整率

负载调整率（符号为 S_{I}）是指在电源电压一定的条件下，电压输出变化量与负载变化量之间的比，即 $S_{\text{V}} = \frac{\Delta V_{\text{OUT}}}{V_{\text{OUT(NOM)}}}$。

式中，$V_{\text{OUT(NOM)}}$ 指的是 LDO 输出电压的标称值（Nominal）。

（5）静态电流

静态电流是在空载的情况下，芯片正常工作时电路内部消耗的电流值。静态电流 I_{Q} 等于输入电流 I_{IN} 减去带负载输出电流 I_{OUT}，即 $I_{\text{Q}} = I_{\text{IN}} - I_{\text{OUT}}$。

10.3.4　实操训练

名称：LDO 电路设计仿真分析

（1）训练目的

1）掌握 IC 设计软件绘制电路图及温度与 DC 分析的参数设置与仿真。

2）掌握 LDO 电路的工作原理及仿真流程。

10.3.4 实操训练

（2）LDO 仿真电路图

本实操训练 LDO 仿真电路如图 10-18 所示。VERF 为参考基准电压；AMP 为误差放大器；MOS 晶体管采用三端口器件，PMOS 晶体管模型名为 p50。图中给出了 MOS 晶体管的沟道尺寸（宽度w、长度l）和电阻值。

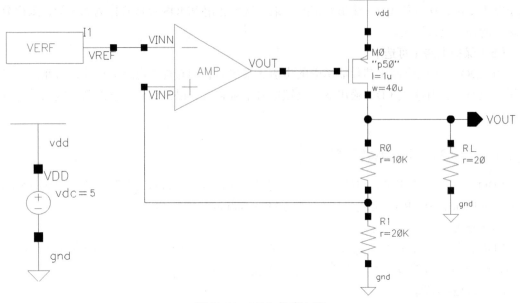

图 10-18　LDO 仿真电路

LDO 电路可实现 5V 转 1.8V 的功能。

（3）LDO 电路线性调整率仿真分析

LDO 电路线性调整率仿真图如图 10-19 所示，横坐标为输入电源电压（V），纵坐标为参考电压（V）。图中显示了当电源电压V_{DD}在 0～6.5V 变化时，输出电压V_{OUT}随电源电压变化的曲线。

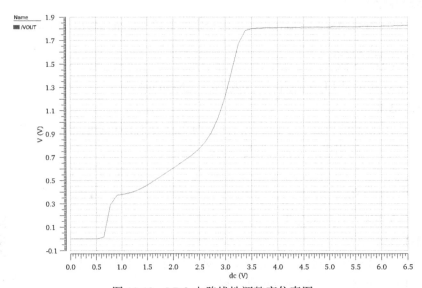

图 10-19　LDO 电路线性调整率仿真图

从图 10-19 中可知，在电源电压为 5V 时，输出基准电压约为 1.81V。电源电压为 3.5V 处，输出电压约为 1.80V；电源电压为 6.5V 处，输出电压约为 1.83V。可知线性调整率约为 1%。

稳定时，LDO 最低输入电压为 3.5V，输出电压为 1.8V，最低压差为 1.7V；最高输入电压为 6.5V，输出电压为 1.8V，最大压差为 4.7V。

（4）LDO 电路电源抑制比仿真分析

LDO 电路电源抑制比仿真图如图 10-20 所示，横坐标为频率 f（Hz），纵坐标为输出 LDO 电源抑制比（dB）。

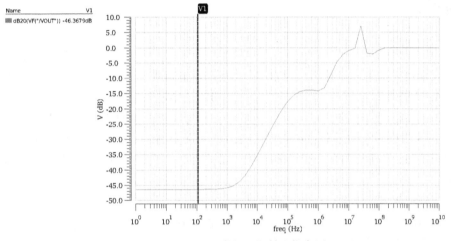

图 10-20　LDO 电路电源抑制比仿真图

从图 10-20 中可知，电源抑制比约为 −46dB。

（5）LDO 电路负载调整率仿真分析

LDO 电路负载调整率仿真图如图 10-21 所示，横坐标为负载电阻 R_L（Ω），纵坐标为参考输出电压（V）。图中显示了当负载电阻在 0～50Ω 变化时，输出电压 V_{OUT} 随负载电阻变化的曲线。

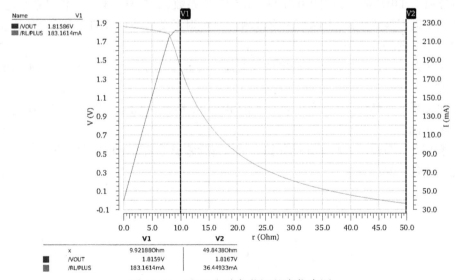

图 10-21　LDO 电路负载调整率仿真图

从图 10-21 中可知，在负载电阻值为 7.6Ω 时，LDO 电路稳定输出电压 1.8V，最大输出电流为 238mA。0.238mA × 7.6Ω = 1.8V。负载电阻值为 10Ω 时，输出电压为 1.8168V；负载电阻值为 50Ω 时，输出电压为 1.8159V，通过计算可知，负载调整率约为 0.03%。

电源电压为 5V 时，负载为空载（0Ω），电流约为 755μA。计算可知静态功耗为 5V × 755μA = 3.775mW。

习题

一、选择题

1）与温度无关的基准源中，因为这个电压与硅的带隙电压差不多，因此称为（　　　）。
    A. 带隙基准电压
            B. 正温度系数电压
    C. 负温度系数电压
            D. 零温度系数电压

2）正偏二极管电流 $I_C = I_S \cdot e^{V_C/nV_T}$。$I_S$ 为二极管的标准电流，值为 1×10^{-18}；V_C 为二极管两端的管压降，约为 0.71V；n 为发射系数，常规为 1，可调整。V_T 为热电压，室温下常规值为 26mV。

计算得到在此条件下的二极管电流约是（　　　）。
    A. 1μA
         B. 2μA
         C. 3μA
         D. 4μA

3）有关简并偏置点的描述正确的是（　　　）。
    A. 电路中没有电流且能稳定持续存在下去的状态
    B. 电路中没有电流且不能稳定持续存在下去的状态

二、判断题

1）带隙基准电压源是利用热电压具有正的温度系数、二极管具有负的温度系数这一特点，通过一个与绝对温度成正比（PTAT）电流源和一个绝对温度相补（CTAT）电流源的叠加来产生具有零温度系数的基准电压源。（　　　）

2）为了基准电路在电源上电时能够摆脱简并偏置点，必须有一个启动电路来保证电路能够正常工作。（　　　）

3）如果两个双极晶体管工作在不相等的电流下，那么它们的基极-发射极电压的差值就与绝对温度成正比。（　　　）

4）利用正、负温度系数电压的知识，可以得到零温度系数的电压源。此时该电压值不随温度变化而变化，保持恒定。（　　　）

参 考 文 献

[1] 何乐年. 模拟集成电路设计与仿真[M]. 北京: 科学出版社，2024.

[2] 李潇然，王兴华，陈志铭，等. 芯片设计——CMOS 模拟集成电路设计与仿真实例: 基于 Cadence IC617[M]. 北京: 机械工业出版社，2021.

[3] 陈铖颖，尹飞飞，范军. CMOS 模拟集成电路设计与仿真实例: 基于 Hspice[M]. 北京: 电子工业出版社，2014.

[4] KANG S M，等. CMOS 数字集成电路: 分析与设计[M]. 4 版. 王志功，等译. 北京: 电子工业出版社，2015.

[5] RABAEY J M，等. 数字集成电路: 电路、系统与设计[M]. 周润德，等译. 北京: 电子工业出版社，2010.

[6] GRAY P R，等. 模拟集成电路的分析与设计[M]. 4 版. 张晓林，等译. 北京: 高等教育出版社，2005.

[7] ALLEN P E，等. CMOS 模拟集成电路设计[M]. 3 版. 冯军，等译. 北京: 电子工业出版社，2021.

[8] RAZAVI B. 模拟 CMOS 集成电路设计[M]. 2 版. 陈贵灿，等译. 西安: 西安交通大学出版社，2018.

[9] BAKER R J. CMOS 电路设计、布局与仿真[M]. 刘艳艳，等译. 北京: 人民邮电出版社，2008.

[10] WILLY M C SANSEN. 模拟集成电路设计精粹[M]. 陈莹梅，译. 北京: 清华大学出版，2021.

[11] HODGES D A，等. 数字集成电路分析与设计[M]. 北京: 清华大学出版社，2004.

[12] RABAEY J M, CHANDRKASAN A, NIKOLIC B. 数字集成电路[M]. 北京: 清华大学出版社，2004.

[13] 胡远奇，王昭昊. Empyrean 模拟集成电路设计与工程[M]. 北京: 人民邮电出版社，2024.

[14] 邹志革，刘冬生. CMOS 模拟集成电路设计基础[M]. 武汉: 华中科技大学出版社，2024.

[15] BAKER R J. CMOS 集成电路设计手册: 模拟电路篇[M]. 3 版. 张雅丽，等译. 北京: 人民邮电出版社，2014.